水利工程施工组织和管理研究

刘波　刘洋洋　王俊　主编

延吉·延边大学出版社

图书在版编目（CIP）数据

水利工程施工组织和管理研究 / 刘波，刘洋洋，王俊主编. -- 延吉 ：延边大学出版社，2023.8
　　ISBN 978-7-230-05352-5

　　Ⅰ．①水… Ⅱ．①刘… ②刘… ③王… Ⅲ．①水利工程－工程施工－施工组织②水利工程－施工管理 Ⅳ.①TV512

中国国家版本馆 CIP 数据核字(2023)第 160340 号

水利工程施工组织和管理研究

主　　编：刘　波　刘洋洋　王　俊
责任编辑：尹昌静
封面设计：延大兴业
出版发行：延边大学出版社
社　　址：吉林省延吉市公园路 977 号　　　邮　　编：133002
网　　址：http://www.ydcbs.com　　　　E-mail：ydcbs@ydcbs.com
电　　话：0433-2732435　　　　　　　传　　真：0433-2732434
制　　作：山东延大兴业文化传媒有限责任公司
印　　刷：三河市嵩川印刷有限公司
开　　本：787×1092　1/16
印　　张：21
字　　数：300 千字
版　　次：2023 年 8 月 第 1 版
印　　次：2024 年 1 月 第 1 次印刷
书　　号：ISBN 978-7-230-05352-5

定价：95.00 元

作 者 简 介

　　刘波，男，汉族，山东邹平人，1991 年 7 月毕业于武汉无线电工业学校无线电机械制造专业，中专，高级工程师，淄博市周村区水利事业服务中心工作，现主要从事水利工程施工管理工作。

　　刘洋洋，男，山东东营利津人，本科，水利工程师，在山东省调水工程运行维护中心博兴管理站工作，主要的研究方向是水利水电工程，主要负责水利工程施工、泵站水电水机运行管理及渠道管理工作。

　　王俊，女，现就职于淄博市周村区河湖长制保障服务中心，主要研究方向为水利工程管理。长期从事水利工程建设、规划设计及运行管理等方面的工作。

前　　言

　　水利工程是改造大自然并充分利用大自然资源为人类造福的工程。在当前的市场竞争环境中，大幅提升企业项目管理水平，降低施工成本，提高施工技术水平，是水利施工单位立足国内市场、开拓国际市场的关键所在。施工单位的管理水平影响着水利工程建设与水利工程管理的质量。

　　水利工程管理人员在进行施工管理的过程中，要处理好各因素之间的关系，确保水利工程的正常顺利实施，做好水利工程项目管理工作是提高经济效益以及社会效益的有效保障，同时也是实现水利工程可持续发展目标的前提条件。

　　全书共分为十四章。首先，对水利工程做了基本的介绍，阐述了水利工程建设的必要性，水利工程的分类，水利工程建设项目法人；其次，阐述了水利工程的主要类型，包括地基处理工程、导截流工程、爆破工程、土石坝工程、重力坝工程、管道工程和水闸；再次，提出了水利工程项目管理的模式，并从水利工程建设项目合同管理、水利工程建设项目成本管理、水利工程建设项目质量管理、水利工程建设项目进度管理、水利工程档案管理、水利工程建设项目风险管理等几方面阐述了如何对水利工程项目进行管理；最后，阐述了水利工程建设施工企业如何进行安全管理，并提出了水利工程建设管理云平台的建立。

　　需要说明的是，水利工程建设与项目管理并不止于本书的内容，尤其其中的某些项目管理方法、测评技术等，都在随着科技的发展而不断进步。这还需要项目管理者根据现实情况合理利用。

本书在撰写过程中得到了相关领导的支持和鼓励，同时参考和借鉴了有关专家、学者的研究成果，在此表示诚挚的感谢！

由于编者水平有限，加上时间仓促，书中难免存在疏漏与不妥之处，欢迎广大读者给予批评指正！

目　录

第一章　水利工程概述

第一节　水利工程建设的必要性

我国的经济在改革开放之后得到发展，国民生活水平大幅度提高，各项制度不断完善，水利设施建设也在大刀阔斧地进行。随着经济的发展，能源需求也急速增加。

一、促进经济发展的需要

山丘区资源丰富，有大量的矿产资源，如金、银、铁、铜、大理石等，由于缺电，这些矿产资源不能得到合理的开采和深加工。同时，山丘区的加工业及其他产业发展也受到限制，严重制约着山区农村经济的发展。水利工程建成以后，由于电力资源丰富，可以促进农村经济的发展。水电站是山区水利和水利工程的重要组成部分，是山区经济发展的重要支柱、地方财政收入的重要来源、农民增收的根本途径，对精神文明建设，以及乡镇工、副业的发展和农村电气化的发展将发挥重要作用。

二、改善生态环境的需要

堤坝建设形成了旱涝保收、稳产、高产的基本农田和饲料基地，使农民由过去的广种薄收转变为少种多收，促进了农村产业结构调整，为发展经济创造了条件，解除了群众的后顾之忧。堤坝建设与国家退耕还林政策相配合，就能够保证现有坡耕地"退得下、稳得住、不反弹"，为植被恢复创造条件，实现山川秀美。

加快堤坝建设，可以快速控制水土流失，提高水资源利用率。通过促进退耕还林、还草及封禁保护，加快生态自我修复，实现生态环境的良性循环。

三、实现防洪安全的需要

泥沙主要来源于高原。修建于沟道中的堤坝，从源头上封堵了向下游输送泥沙的通道，在泥沙的汇集和通道处形成了一道人工屏障。它不但能够拦蓄坡面汇入沟道内的泥沙，而且能够固定沟床，抬高侵蚀基准面，稳定沟坡，制止沟岸扩张、沟底下切和沟头前进，减轻沟道侵蚀。

四、达成兴利除害的需要

水利枢纽是指在河流或渠道的适宜地段修建的不同类型水工建筑物的综合体。水利枢纽按承担任务的不同，可分为防洪枢纽、灌溉枢纽、水力发电枢纽和航运枢纽等。多数水利枢纽承担多项任务，称为综合性水利枢纽。影响水利枢纽功能的主要因素是选定合理的位置和最优的布置方案。水利枢纽工程的位置一般通过河流流域规划或地区水利规划确定。具体位置需要充分考虑地形、地质条件，使各个水工建筑物都能布置在安全可靠的地基上，并能满足建筑物的尺度和布置要求，以及施工的必需条件。水利枢纽工程的布置，一般通过可行性研究和初步设计确定。枢纽布置必须使各个不同功能的建筑物在位置上各得其所，在运用中相互协调，充分有效地完成所承担的任务；各个水工建筑物单独使用或联合使用时水流条件良好，上下游的水流和冲淤变化不影响或少影响枢纽的正常运行，总之技术上要安全可靠；在满足基本要求的前提下，要力求建筑物布置紧凑，使一个建筑物能发挥多种作用，减少工程量和工程占地，以减小投资；同时要充分考虑管理运行的要求和施工便利，工期要短。

水利工程的效益主要体现在航运上，以三峡工程为例：三峡工程位于长江上游与中游的交界处，地理位置得天独厚，对上可以渠化三斗坪至重庆河段，对下可以增加葛洲坝水利枢纽以下长江中游航道枯水季节流量，能够较为充分地改善重庆至武汉的通航条件，满足长江上中游航运事业远景发展的需要。使长江的通航能力从之前的每年 1000 万吨提高到 5000 万吨。长江三峡水利枢纽工程在养殖、旅游、保护生态、净化环境、开发性移民、南水北调、供水灌溉等方面均有巨大效益。

总之，建设水利工程是国家实施可持续发展战略的重要体现，将为水电发展提供新的动力。小水电作为清洁可再生绿色能源，越来越广泛地得到全社会的肯定。发展小水电既可减少有限的矿物燃料消耗、减少二氧化碳的排放、减少环境污染，又可以解决农民的烧柴和农村能源问题，有利于农村能源结构的调整，有利于退耕还林、封山绿化、植树造林和改善生态环境，有利于人口、环境的协调发展，有利于水资源和水能资源的可持续利用，从而促进当地经济的可持续发展。

第二节　水利工程的分类

一、按照功能和作用分类

水利工程建设项目按照其功能和作用分为甲类（公益性项目）、乙类（准公益性和经营性项目）。

（一）公益性项目

指具有防洪、排涝、抗旱和水资源管理等社会公益性管理和服务功能，自身无法得到相应经济回报的水利项目。如堤防工程、河道整治工程、蓄洪区安全建设、除涝、水土保持、生态建设、水资源保护、贫困地区人畜饮水、防汛通信、水文设施等。

1.公益性水利工程基本特征分析

（1）公益性水利工程经济学特征

公益性水利工程是典型的公共物品，因此，它的经济学特征主要表现为：

①项目的国家主体性。公益性水利工程具有明显的社会效益和生态效益，直接的经济效益不显著或根本没有，但其间接经济效益明显，加之投资规模都比较大，这就决定了私人无法或不愿进入公益性水利工程领域进行投资，而只有依靠政府通过税收的集中和财政预算的方式决定公益性水利工程的供给数量，因此，国家便成为公益性水利工程的项目投资主体。

②消费的非竞争性。消费的非竞争性是指受益者的增加不会引起其他受益者所享受到的效益的减少，换言之，受益者的增加引起的社会边际成本为零。在公益性水利工程的效益享受上，每个受益者能获得相同的效应，而且互不干扰。尽管新增受益者的边际费用为零，但提供公益性水利工程的费

用并不为零，这一费用必须由政府通过某种途径加以补偿。

③消费的非排他性。如同经济学中所称的"灯塔现象"，虽然在公益性水利工程保护区内的众多企事业单位和广大城乡居民都得到了生命财产安全保障的好处和利益，但要其为此支付费用和承担责任是非常困难的，这就是公共物品消费中的"搭便车"现象。因此，公益性水利工程难于进行市场交换，一般企业不愿也无法提供这类产品或服务。

④生产中的自然垄断性。水利工程的规模经济性决定了它的自然垄断性，同时由于公共物品消费的非竞争性和非排他性，政府便成了生产和供给公共物品的行为主体，在公共物品的生产和供给上一般不会出现像私人商品那样激烈的竞争，从而排除了有效竞争性，这将导致低效率和资源浪费。由于没有市场竞争加以约束和限制，为了保证公益性水利工程的质量、工期和资金使用效率，就需要某种形式的公共干预。

（2）公益性水利工程财务特征

①工程本身不直接创造财富，而是具有除害效益或减少损失的效益，也就是说，公益性水利工程本身没有财务效益，因此，项目难以完全按照市场经济的规律运行。

②伴随洪水的随机性，工程的减灾效益表现为不确定性。如临淮岗洪水控制工程，工程建成后可将淮河中游正阳关以下地区防洪标准提高到百年一遇，但如果不发生百年一遇的大洪水，该工程不仅收不到任何经济效益，每年还要产生大量的维护费用。

（3）公益性水利工程项目管理特征

①项目建设的行政管理力度大。公益性水利工程的上述特点，决定了国家成为公益性水利工程筹建和运营的主体。项目的立项、策划、设计与审批要经过国家各级主管部门的严格把关，各级计划、水利、财政、监察等部门依据各自的职权范围，对工程项目建设单位贯彻执行国家有关法律、行政法规和方针政策的情况；建设项目的招标投标、工程质量、进度等情况；资金使用、概算控制的真实性、合法性以及单位主要负责人的经营管理行为进行

行政管理和监督。另外，公益性水利工程产生的社会效益和间接经济效益虽然十分可观，但对于局部地区和少数人来说，可能会使其利益受损，因此，在建设中存在大量的协调工作，很多问题无法用经济方式来解决，需要地方政府组建工程项目协调机构，采用各种手段，以行政手段为主、经济手段为辅对工程建设的外部环境负责协调保障，这也是公益性水利工程项目管理的一大特点。

②项目建设管理过程中不同阶段决策难度和风险差别较大。在项目的立项阶段，对于项目是否兴建、如何兴建、项目的经济合理性与技术可行性等方面，对项目的管理主要侧重在决策，且持续时间较长。在具体实施阶段，项目管理的重点主要集中在建设项目施工的"三控制、二管理、一协调"，即进度控制、投资控制、质量控制，合同管理、信息管理以及协调各方关系，对项目的管理主要侧重在组织、控制、协调，对时间有一定的要求。在项目建成后的管理阶段，主要是保持工程的良好工情，按正确的调度原则进行调度运行，发挥工程作用，这一阶段对项目的管理是比较程序化的管理。针对不同阶段的特点，可以选择相应阶段的责任主体负责建设管理。

（二）准公益性项目

指既有社会效益，又有经济效益，并以社会效益为主的水利项目。如综合利用的水利枢纽（水库）工程、大型灌区节水改造工程等。

（三）经营性项目

指以经济效益为主的水利项目。如城市供水、水力发电、水库养殖、水上旅游及水利综合经营等。

二、按照对社会和国民经济发展的影响分类

水利工程建设项目按其对社会和国民经济发展的影响分为中央水利基

本建设项目（简称中央项目）和地方水利基本建设项目（简称地方项目）。

（一）中央项目

指对国民经济全局、社会稳定和生态环境有重大影响的防洪、水资源配置、水土保持、生态建设、水资源保护等项目，或中央认为负有直接建设责任的项目。中央项目在审批项目建议书或可行性研究报告时明确，中央项目由水利部（或流域机构）负责组织建设并承担相应责任。

（二）地方项目

指局部受益的防洪除涝、城市防洪、灌溉排水、河道整治、供水、水土保持、水资源保护、中小型水电建设等项目。地方项目应在规划中界定，在审批项目建议书或可行性研究报告中明确，由地方人民政府负责组织建设并承担相应责任。

三、按照规模大小分类

水利工程建设项目根据其规模和投资额分为大中型项目和小型项目。

大中型项目是指满足下列条件之一的项目：①堤防工程：一、二级堤防。②水库工程：总库容1亿立方米以上。③水电工程：电站总装机容量5万千瓦以上。④灌溉工程：灌溉面积30万亩以上。⑤供水工程：日供水10万吨以上。⑥总投资在国家规定限额（3000万元）以上的项目。

小型项目是指上述规模标准以下的项目。

四、按照水利行业标准分类

按照《水利水电工程等级划分及洪水标准》（SL 252—2017）的规定，

水库工程项目总库容在 0.1 亿～1 亿立方米的为中型水库，总库容大于 1 亿立方米的为大型水库；灌区工程项目灌溉面积在 5 万～50 万亩的为中型灌区，灌溉面积大于 50 万亩的为大型灌区。

第三节　水利工程建设项目法人

一、水利工程建设项目法人的发展历程

水利工程建设项目法人从 20 世纪 90 年代初期开始，在相关制度的制定与具体行为的实施中，经历了由萌芽、尝试、成形到问题逐步暴露这一发展过程，当前正是问题集中显现的时期，急需抓紧研究解决，否则，会严重影响水利建设行业在市场经济发展的进程。

1992 年国家计委（现国家发展和改革委员会，下同）颁发了《关于建设项目实行业主责任制的暂行规定》，第一次明确提出项目业主（由项目投资方组成的项目管理班子）对建设项目的筹划、筹资、设计、建设实施直至生产经营、归还贷款及债券本息等全面负责并承担投资风险，要求从 1992 年开始对所有的建设项目实行项目业主责任制。

在推行项目业主责任制的基础上，1996 年国家计委正式下发了《关于实行建设项目法人责任制的暂行规定》，进一步要求项目投资方按《公司法》的要求在建设阶段组建项目法人，对项目的策划、资金筹措、建设实施、生产经营、债务偿还和资产的保值增值实行全过程负责。

在此之前，1995 年水利部颁布了《水利工程建设项目实行项目法人责

任制的若干意见》，首次转换项目建设与经营体制，建设管理模式与国际接轨，在项目建设与经营过程中运用现代企业制度进行管理，要求生产经营性项目原则上都要实行项目法人责任制。至 1998 年，经营性水利工程和大中型水利枢纽工程基本都实现了按项目法人责任制要求进行建设管理。

1998 年长江发生全流域性大洪水后，为拉动内需，保持国民经济持续发展，我国开始大量使用国债资金进行大规模的包括堤防建设在内的基础设施建设。1999 年，为确保工程质量，国务院办公厅下发《关于加强基础设施工程质量管理的通知》，明确规定除军事项目外的基础设施项目都要按政企分开的原则组建项目法人，实行建设项目法人责任制。

2000 年，国务院批转了国家计委、财政部、水利部、建设部《关于加强公益性水利工程建设管理的若干意见》，2001 年水利部印发了《关于贯彻落实加强公益性水利工程建设管理若干意见的实施意见的通知》（水建管〔2001〕74 号）。

2023 年水利部《水利工程质量管理规定》（水利部令〔2023〕第 52 号发布）针对公益性水利工程建设实施项目法人责任制提出了具体要求。至此，以堤防工程为主的公益性水利建设项目也开始按项目法人责任制要求进行项目管理。

二、公益性水利建设项目法人责任制实施现状与问题

公益性水利项目的效益、投入产出规律、产权归属等，与准公益性项目、经营性项目有着明显的差别。因此，公益性水利项目筹资建设和经营责任难以由现代公司法人承担，应当在可行性研究方案中提出项目法人的筹建计划，可行性研究方案批准后组建项目法人机构，作为公益性水利项目的责任主体。除项目建设、运行、维修费用由政府拨款外，项目法人负责项目的策划、资金筹措、建设实施、生产运营和资产的保值增值。中央项目由水利部

（或流域机构）负责组建项目法人，地方项目由项目所在地的县级以上地方人民政府组建项目法人，项目法人对项目的策划、资金筹措、建设实施、生产运营、维修管理全过程负责，与主管部门签订投资包干协议，承担资产的保值责任。政府负责检查监督包干执行情况，拨付建设、运行和维修费用。

公益性水利工程建设过去一直沿用指挥部的建管形式，当时在某些地方确实做出了成绩，但是它所造成的损失和低效率的影响也是无法估计的。工程指挥部由主管部门的各职能部门建设单位和地方政府抽调人员组成，是临时性行政机构，其任务是运用政府提供的各种资源，担负项目建设、资金管理、工程管理等职责。项目建成验收后，将项目交付某一指定机构负责营运管理，指挥部也就完成了历史使命。

指挥部的建管形式也存在诸多问题，一方面人员大多是临时的，专业人员少，非本职的人员多，组织松散，管理水平差。工程结束后，机构解散，没有明确的、独立的单位对项目全过程负责，设计、施工、管理相互脱节，投资效益无人负责，管理混乱，投资浪费严重。另一方面政府参与建设全过程管理，无法从烦琐的具体事务中解脱出来，不仅使政府在建设管理中承担了无限责任，同时政府作为监督管理部门的职能被削弱。

1995 年以后明确实行项目法人责任制，经营性项目法人由各投资方按照《公司法》的规定设置股东会、董事会与监事会等机构，法人组织机构健全，项目法人的责、权、利较统一。而公益性项目法人由政府或主管部门组建，大部分项目都按照国家有关规定组建，设立专业的、常设的法人机构，具有明确的职责分工，组织、机构、人员、制度健全，和上级主管部门签订了建设管理责任，对工程建设的投资、质量、进度负责，实行的效果较好。

但是一些项目由各级行政领导和主管部门负责人组成项目法人领导班子，项目管理仍以行政手段为主，辅以经济手段，实质上是行政领导责任制。政府在项目建设中起着决定性的作用，在很多工作方式和工作手段上沿袭了过去指挥部的一些做法，一些项目法人组建不规范，不具备项目法人应具备的条件，水平差，管理乱，对工程建设危害很大；对公益性项目法人没有一套具体可操作的实施办法，只是参照经营性项目执行，没有形成一套规范的管理模式；项目法人责任制也只是提及建设阶段的项目法人，对项目全过程责任的界定不清晰，造成责任主体与法人的责、权、利不明确，法人行为不规范，对项目法人缺乏刚性约束力和必要的监督。这些问题如不能得到及时有效的解决，将会对水利工程建设质量和投资控制产生极大影响，公益性水利工程实行项目法人责任制的效果将会大大减弱。

三、水利工程建设项目法人管理的几种主要模式

目前水利工程在确定项目法人时，一般是根据工程的作用和受益范围确定是中央项目还是地方项目，是中央项目就由水利部或相关流域机构负责组建项目法人，是地方项目就由县级以上地方政府负责组建项目法人。对于投资在 2 亿元以上的公益性或准公益性项目，还要求省级人民政府或同级水行政主管部门负责或委托组建项目法人。按照这一工作思路，我国目前水利工程建设项目法人基本上可分为以下几种组建模式：

（一）中央与地方联合建设模式

中央与地方联合建设的项目都是比较重要的大型流域控制性骨干工程。此类项目由中央与地方合资兴建，水利部（或流域机构代水利部）控股，水利部（或流域机构）与地方政府按各自出资比例联合组建项目法人单位，负责工程的建设及运营管理，并按投入工程建设资本金比例进行效益分成；同时，为及时解决工程建设中出现的各种政策问题，协调中央与地方的利益关系，保障良好的外部环境，水利部与工程所在省（区）还专门成立了工程建设领导小组，领导小组不定期召开领导小组会议，及时研究解决工程建设中出现的问题，指导项目法人的工作。中央与地方联合建设的项目所组建的项

目法人按工程类别不同而有所区别，其中公益性项目组建的项目法人单位为事业性质，准公益性项目组建的项目法人单位大多为企业性质。

（二）中央独立建设模式

这种类型的工程一般投资额较大，且以公益性项目或以公益效益为主的项目居多，一般由中央出资，水利部或流域机构组建项目法人承担工程建设。如小浪底水利枢纽工程（以下简称小浪底工程）和西霞院反调节水库由水利部组建的小浪底水利枢纽工程建设管理局作为项目法人；长江重要堤防隐蔽工程由长江水利委员会成立长江重要堤防隐蔽工程建设管理局对建设全过程负责；对于治淮工程，淮河水利委员会成立了治淮工程建设管理局负责中央项目和省界工程的建设管理；黄河水利委员会则明确地市级黄河河务局作为所辖黄河流域堤防工程建设项目法人。小浪底工程和西霞院反调节水库属于新建枢纽工程，实行建管一体；黄河堤防因历史原因一直是黄河水利委员会负责主要的建设与管理的任务，因此也属建管一体；而长江重要堤防隐蔽工程和治淮工程属于建管分离的模式，建设期项目法人在建成工程后就移交给管理单位。

（三）地方独立建设模式

近些年来，水利工程多以中央补助地方、地方政府或地方水行政主管部门独立组建项目法人负责工程建设管理为主要建设形式，即地方独立建设模式。

（四）工程代建制管理模式

所谓工程代建制，顾名思义就是利用市场资源代替政府部门从事工程具体的建设管理工作，它作为一种新型的建设理念，与上述所列举的中央建设模式与地方建设模式有着本质的不同，它不依据工程的所属，也不依据工程的规模，而是以真正的市场理念替代传统的假市场模式，改变水利工程建设中存在的政府部门既是"裁判员"又是"运动员"的现状，真正用市场的手来达到工程建设的"帕累托最优"。工程代建制的出发点是通过专业化、市场化的建设行为方式，达到保证工程建设质量、降低建设管理成本的目的。实行工程代建制的主体——企业性质的建设公司或事业性质的建设单位从事水利工程的建设管理，利用的资本是自身的人才资源和管理资源，按照近几年的运行情况来看，其直接的收益来自于工程的建设管理费。近年来，随着我国市场经济环境的不断成熟和人们思想观念的逐步转变，一些经济较发达的省区在水利工程建设管理体制改革方面已做出了有益的尝试。上海水利投资建设有限公司作为上海市建设体制改革首批 11 家代建制单位之一，目前已承担了多项国家和市重点工程的建设；而早在 2000 年之前，上海浦东机场的建设中就已经出现了水利队伍通过招投标承揽浦东机场海堤工程建设管理任务的工程实例，成为水利工程代建制的较早雏形。

四、项目法人的组织形式及组建

项目法人责任制是水利工程建设管理体制的核心制度，项目法人是工程建设的主体，承担工程建设管理运营的第一责任。《水利工程建设管理暂行规定》（水建管〔1995〕128 号）和《水利工程质量管理规定》（2023 年 1 月 12 日水利部令第 52 号发布）规定了所有水利工程建设项目必须实行项目法人制。

（一）项目法人的组织形式

近年来开工的水利工程建设项目基本都实行了项目法人制度，在实践过程中，由于项目性质的不同，项目法人的类型和模式也有不同的形式。目前主要有建设管理局、董事会（有限责任公司）、项目建设办公室以及已有项目法人建设制等模式。

1.建设管理局制

建设管理局制是目前公益性和准公益性项目中最普遍的项目法人模式，

单一建设主体的水利工程建设项目法人一般都采用这种模式。比如水利部小浪底水利枢纽建设管理局就是由水利部负责组建的项目法人单位，负责小浪底水利枢纽工程的筹资、建设，竣工后的运营、还贷等工作。淮河最大的控制性工程——临淮岗控制性工程就是由淮河水利委员会负责组建的项目法人，即淮河水利委员会临淮岗控制性工程建设管理局，负责该工程建设及竣工后的管理运行。长江重要堤防隐蔽工程建设管理局、嫩江右岸省界堤防工程建设管理局，只负责工程建设，建成后交归地方运行管理。地方项目如辽宁省白石水库建设管理局等，都属于这种建设管理体制。

2.董事会制（下设有限责任公司负责工程建设和运营管理）

多个投资主体共同投资建设的准公益性水利工程建设项目，一般采用这种体制组建项目法人。第一个采用这种体制的大型水利枢纽工程是黄河万家寨水利枢纽工程，由水利部、山西省政府、内蒙古自治区政府共同投资建设，三方通过各自出资代表——水利部新华水利水电投资公司、山西省万家寨引黄工程总公司和内蒙古自治区电力（集团）总公司共同出资组建黄河万家寨水利枢纽有限公司，公司实行董事会领导下的总经理负责制，负责工程的筹资、建设、运营管理、还贷工作，形成了万家寨建设管理模式。后来又采用同样的模式建设嫩江尼尔基水利枢纽工程（水利部、黑龙江省政府、内蒙古自治区政府共同出资组建嫩江尼尔基水利枢纽有限公司）、广西百色水利枢纽工程（水利部和广西壮族自治区政府组建广西右江水利开发有限公司）。

3.项目建设办公室制

这种建设体制一般很少采用，是近年来利用外资进行公益性水利工程项目建设的一种模式。如利用亚行贷款松花江防洪工程建设项目、利用亚行贷款黄河防洪项目，项目本身无法产生直接经济效益和承担还贷任务，必须由国家财政担保，统一向亚行贷款，由中央财政和项目所在的有关省级行政区政府负责还贷。在项目实施阶段根据工程特点，设置了相应的机构。

4.已有项目法人建设制

这种模式被普遍运用在原有水利工程项目的加固改造上，比如水库的除险加固、原有灌区的改造扩建、原有堤防工程的加高培厚等。在项目实施阶段，原管理单位就是建设项目的项目法人单位，这样既有利于工程建设的实施，又有利于竣工后的运行管理。

（二）项目法人的组建

项目法人是工程建设的主体，是项目由构想到实体的组织者、执行者。项目法人的组建是关系到项目成败的大事。

1.项目法人的组建时间

水利工程建设项目的项目法人组建一般是在项目建议书批复以后，组建项目的筹建机构；待项目可行性研究报告批复（即立项）后，根据项目性质和特点组建工程建设的项目法人。

2.组建项目法人的审批和备案

组建的项目法人要按项目管理权限报上级主管部门审批和备案。

中央项目由水利部（或流域机构）负责组建项目法人。流域机构负责组建项目法人的，须报水利部备案。

地方项目由县级以上人民政府或委托的同级水行政主管部门负责组建项目法人，并报上级人民政府或委托的水行政主管部门审批，其中2亿元以上的地方大型水利工程项目由项目所在地的省（自治区、直辖市）及计划单列市人民政府或其委托的水行政主管部门负责组建项目法人，任命法定代表人。

对于经营性水利工程建设项目，按照《中华人民共和国公司法》组建国有独资或合资的有限责任公司。

新建项目一般应按建管一体的原则组建项目法人。除险加固、续建配套、改建扩建等建设项目，原管理单位基本具备项目法人条件的，原则上由原管理单位作为项目法人或以其为基础组建项目法人。

3.组建项目法人的上报材料

组建项目法人需上报材料的主要内容如下：

（1）项目主管部门名称。

（2）项目法人名称、办公地址。

（3）法人代表姓名、年龄、文化程度、专业技术职称、参加工程建设简历。

（4）技术负责人姓名、年龄、文化程度、专业技术职称、参加工程建设简历。

（5）机构设置、职能及管理人员情况。

（6）主要规章制度。

4.项目法人的机构组成

水利工程建设项目在建设期一般需要设立以下部门：综合管理部门（或办公室）、财务部门、计划合同部门、工程管理部门、征地移民管理部门以及物资管理和机电管理部门（根据工程特点按需要和职责设立），大型项目还需设立安全保卫部门。

5.项目法人的组织结构形式

项目法人的组织结构形式一般采用线性职能制，各部门按照职能进行分工，垂直管理。对于一个项目法人同时承担多个项目建设的，也可以按照矩阵式组织结构模式。如长江重要堤防隐蔽工程建设管理局，负责长江重要堤防隐蔽工程28项，其项目位于湖北、湖南、安徽、江西等省份。为了有效管理，长江重要堤防隐蔽工程建设管理局设立25个工程建设代表处作为工程项目法人的现场派出机构，全过程负责施工现场管理。

第二章 地基处理工程、导截流工程与爆破工程

第一节 地基处理工程

在工程和水文因素的影响下，天然地基会存在一定程度的缺陷，需要对其进行一定的处理，使其具有水利工程所需的强度、整体性和抗渗性。

地基按地层的性质分为两大类，一类是软基（包括土基和砂砾石地基），另一类是岩基。开挖是地基处理中最为常见的方法，受工期、开挖条件、费用和机械设备性能等客观条件的限制，还需要根据工程对地基处理的要求，采用更有效的方法。

一、土基处理

（一）换填法

换填法是将建筑物基础下的软弱土层或缺陷土层的一部分或全部挖去，然后换填密度大、压缩性低、强度高、水稳性好的天然或人工材料，并分层夯（振、压）实至设计要求的密实度，达到改善地基应力分布、提高地基稳

定性和减少地基沉降的目的。

换填法的处理对象主要是淤泥、淤泥质土、湿陷性土、膨胀土、冻胀土、杂填土地基。水利工程中常用的垫层材料有砂砾土、碎（卵）石土、灰土、素土（壤土）、中砂、粗砂、矿渣等。近年来，土工合成材料加筋垫层施工工艺因为良好的处理效果而受到重视并得到广泛的应用。换土垫层与原土相比，优点是具有很高的承载力，刚度大、变形小，可提高地基排水固结的速度，防止季节性冻土的冻胀，清除膨胀土地基的胀缩性及湿陷性土层的湿陷性。灰土垫层还可以使其下土层含水量均衡转移，减小土层的差异性。

根据换填材料的不同，将垫层分为砂石（砂砾、碎卵石）垫层、土垫层（素土、灰土、二灰土垫层）、粉煤灰垫层、矿渣垫层、加筋砂石垫层等。

在不同的工程中，垫层所起的作用也是不相同的。例如，一般水闸、泵房基础下的砂垫层主要起到换土的作用，而在路堤和土坝等工程中，砂垫层主要起排水固结的作用。

（二）排水法

排水法分为水平排水法和竖直排水法。

水平排水法是在软基的表面铺一层粗砂或有级配的砂砾石做排水通道，在垫层上堆土或施加其他荷载，使孔隙水压力增高，形成水压差，孔隙水通过砂垫层逐步排出，孔隙减小，土被压缩，密度增加，地基强度提高。

竖直排水法是在软土层中建若干排水井，灌入砂子，形成竖向排水通道，在堆土或外荷载作用下达到排水固结、提高强度的目的。排水距离短，这样就大大缩短了排水和固结的时间。砂井直径一般为 20～100cm，井距为 1.0～2.5m。井深主要取决于土层情况：当软土层较薄时，砂井宜贯穿软土层；当软土层较厚且夹有砂层时，一般可设在砂层上；当软土层较厚又无砂层，或软土层下有承压水时，则不应打穿。

（三）强夯法

强夯法是使用吊升设备将重锤起吊至较大高度后，通过其自由落下所产生的巨大冲击能量来对地基产生强大的冲击和振动，从而加密和固实地基土壤，使地基土壤的各方面特性得到很好的改善，如渗透性、压缩性降低，密实度、承载力和稳定性提高。

强夯法适用于处理碎石土、砂土及低饱和度的粉土、黏性土、杂填土、湿陷性黄土等各类地基。强夯法具有设备简单、施工速度快、不添加特殊材料等特点，因此，强夯法已成为我国目前最常用的地基处理方法之一。

二、岩基处理

岩基的一般地质缺陷，经过开挖和灌浆处理后，地基的承载力和防渗性能都可以得到不同程度的改善。但对于一些比较特殊的地质缺陷，如断层破碎带、缓倾角的软弱夹层和层理以及岩溶地区较大的空洞和漏水通道等，如果这些缺陷埋深较大或延伸较远，采用开挖处理在技术上就不太可行，在经济上也不划算，常需针对工程具体条件，采取一些特殊的处理措施。

（一）断层破碎带处理

由于地质构造原因形成的破碎带，有断层破碎带和挤压破碎带两种。经过地质错动和挤压，其中的岩块极易破碎，且风化强烈，常夹有泥质充填物。对于宽度较小或闭合的断层破碎带，如果延伸不深，常采用开挖和回填混凝土的方法进行处理，即将一定深度范围内的断层和破碎风化岩层清理干净，直到新鲜岩基裸露，然后回填混凝土。如果断层破碎带需要处理的深度很大，为了克服深层开挖的困难，可以采用大直径钻头（直径在 1m 以上）钻孔，钻孔到需要深度再回填混凝土。

对于埋深较大且为陡倾角的断层破碎带，在断层露出处回填混凝土，形成混凝土塞（取断层宽度的 1.5 倍），必要时可沿破碎带开挖斜井和平洞，回填混凝土，与断层相交一定长度，组成抗滑塞群，并有防渗帷幕穿过，组成混合结构。

（二）软弱夹层处理

软弱夹层是指基岩层面之间或裂隙面中间强度较低、已经泥化或容易泥化的夹层，其受到上部结构荷载作用后，很容易产生沉陷变形和滑动变形。软弱夹层的处理方法视夹层产状和地基的受力条件而定。

对于陡倾角软弱夹层，如果没有与上、下游河水相通，可在断层入口进行开挖，回填混凝土，提高地基的承载力；如果夹层与库水相通，除对坝基范围内的夹层开挖回填混凝土外，还要对夹层入渗部位进行封闭处理；对于坝肩部位的陡倾角软弱夹层，主要是防止不稳定岩石塌滑，进行必要的锚固处理。对于缓倾角软弱夹层，如果夹层埋藏不深，开挖量不是很大，最好的办法是彻底挖除；如果夹层埋藏较深，当夹层上部有足够的支撑岩体能维持基岩稳定时，可只对上游夹层进行挖除，回填混凝土，进行封闭处理。

（三）岩溶处理

岩溶是可溶性岩层长期受地表水或地下水的溶蚀和溶滤作用产生的一种自然现象。由岩溶现象形成的溶槽、漏斗、溶洞、暗河、岩溶湖、岩溶泉等地质缺陷，削弱了基岩的承载能力，形成了漏水的通道。处理岩溶的主要目的是防止渗漏，保证蓄水，提高坝基的承载能力，确保大坝的安全稳定。

对坝基表层或较浅的地层，可开挖、清除后填充混凝土；对松散的大型溶洞，可对洞内进行高压旋喷灌浆，使填充物和浆液混合，连成一体，提高松散物的承受能力；对裂缝较大的岩溶地段，先用群孔水气冲洗，再用高压灌浆对裂缝进行填充。

对岩溶的处理可采取堵、铺、截、围、导、灌等措施。堵就是堵塞漏水的洞眼；铺就是在漏水的地段做铺盖；截就是修筑截水墙；围就是将间歇泉、落水洞等围住，使之与库水隔开；导就是将建筑物下游的泉水导出建筑物以外；灌就是进行固结灌浆和帷幕灌浆。

（四）岩基锚固

岩基锚固是指用预应力锚束对基岩施加主动预压应力的一种锚固技术，达到加固和改善地基受力条件的目的。

对于缓倾角软弱夹层，当分布较浅、层数较多时，可设置钢筋混凝土桩和预应力锚索进行加固。在基础范围内，沿夹层自上而下钻孔或开挖竖井，穿过夹层，浇筑钢筋混凝土，形成抗剪桩。在一些工程中采用预应力锚固技术，加固软弱夹层，效果明显，其形式有锚筋和锚索，可对局部及大面积地基进行加固。

三、基础与地基的锚固

土层锚杆一般是由内锚固段（锚根）、自由段（锚束）、外锚固段（锚头）组成。

内锚固段是必须有的，其锚固长度及锚固方式取决于锚杆的极限抗拔能力，外锚固段设置与否、自由段的长度大小取决于是否要施加预应力及预应力施加的范围，整个锚杆的配置取决于锚杆的设计拉力。

（一）内锚固段（锚根）

内锚固段即锚杆深入并固定在锚孔底部扩孔段的部分，要求能保证对锚束施加预应力。按固定方式一般分为黏着式和机械式。

（1）黏着式锚固段。按锚固段的胶结材料是先于锚杆填入还是后于锚杆灌浆，分为填入法和灌浆法。胶结材料有高强水泥砂浆或纯水泥浆、化工树脂等。在天然地层中的锚固方法多以钻孔灌浆为主，称为灌浆锚杆，施工工艺有常压灌浆和高压灌浆、预压灌浆、化学灌浆和许多特殊的锚固灌浆技术（专利）。目前，国内多用水泥砂浆灌浆。

（2）机械式锚固段。它是利用特制的三片钢齿状夹板的倒楔作用，将锚固段根部挤固在孔底，称为机械锚杆。

（二）自由段（锚束）

锚束是承受张拉力，提供正向压力，对岩（土）体起加固作用的主体。采用的钢材与钢筋混凝土中的钢材相同，注意应具有足够大的弹性模量满足张拉的要求，宜选用高强度钢材，降低锚杆张拉要求的用钢量，但不得在预应力锚束上使用两种不同的金属材料，避免因异种金属长期接触发生化学腐蚀。常用材料可分为以下两大类：

（1）粗钢筋。我国常用热乳光面钢筋和变形（调质）钢筋。变形钢筋可增强钢筋与砂浆的握裹力。钢筋直径常用 25～32mm，其抗拉强度标准值采用国标《混凝土结构设计规范》（GB 50010—2010）的规定。

（2）锚束。通常由高强钢丝、钢绞线组成。其规格按《预应力混凝土用钢丝》（GB/T 5223-2014）与《预应力混凝土用钢绞线》（GB/T 5224—2014）的规定选用。高强钢丝能够密集排列，多用于大吨位锚束，适用于混凝土锚头、镦头锚及组合锚等。钢绞线对于编束、锚固均比较方便，但价格较高，锚具也较贵，多用于中小型锚束。

（三）外锚固段（锚头）

锚头是实施锚束张拉并予以锁定，以保持锚束预应力的构件，即孔口上的承载体。锚头一般由台座、承压垫板和紧固器三部分组成。因每个工点的情况不同，设计拉力也不同，必须进行具体设计。

（1）台座。预应力承压面与锚束方向不垂直时，用台座调正并固定位置，可以防止预应力集中破坏。台座用型钢或钢筋混凝土做成。

（2）承压垫板。在台座与紧固器之间使用承压垫板，能使锚束的集中力均匀地分散到台座上。承压垫板一般采用 20～40mm 厚的钢板。

（3）紧固器。张拉后的锚束通过紧固器的紧固作用，与垫板、台座、构筑物贴紧锚固成一体。钢筋的紧固器采用螺母或专用的联结器或压熔杆端。钢丝或钢绞线的紧固器可使用楔形紧固器（锚圈与锚塞或锚盘与夹片）或组合式锚头装置。

第二节　导截流工程

一、截流施工

在施工导流中，只有截断原河床水流（简称截流），把河水引向导流泄水建筑物下泄，才能在河床中全面开展主体建筑物的施工。截流过程一般为：先在河床的一侧或两侧向河床中填筑截流戗堤，逐步缩窄河床，称为进占。戗堤进占到一定程度，河床束窄，形成流速较大的泄水缺口，叫龙口。封堵龙口的工作叫合龙。合龙以后，龙口段及戗堤本身仍然漏水，必须在戗堤全线设置防渗措施，这一工作叫闭气。所以，整个截流过程包括戗堤进占、龙口裹头及护底、合龙、闭气等工作。截流后，对戗堤进一步加高培厚，修筑成围堰。截流在施工导流中占有重要的地位，如果截流不能按时完成（截流失败，失去了以水文年计算的良好截流时机），就会延误相关建筑物的开工日期，甚至可能拖延工期一年。截流本身在技术上和施工组织上就具有相当的艰巨性和复杂性。为了截流成功，必须充分掌握河流的水文、地形、地质等条件，掌握截流过程中水流的变化规律及其影响，做好周密的施工组织工作，在狭小的工作面上用较大的施工强度，在较短的时间内完成截流。所以，在施工导流中，常把截流看作一个关键性工作，它是影响施工进度的一个控制项目。

（一）截流的方法

河道截流有立堵法、平堵法、综合法、下闸截流及定向爆破截流等多种方法，基本方法为立堵法和平堵法两种。以下介绍了立堵法、平堵法、综合法三种截流方法：

1.立堵法

立堵法截流是将截流材料从一侧戗堤或两侧戗堤向中间抛投进占，逐渐束窄河床，直至全部拦断。

立堵法截流不需架设浮桥，准备工作比较简单，造价较低。但截流时水文条件较为不利，龙口单宽流量较大，流速也较大，易造成河床冲刷，需抛投单个质量较大的截流材料。由于工作前线狭窄，抛投强度受到限制。立堵法截流适用于大流量、岩基或覆盖层较薄的岩基河床，对于软基河床，应采取护底措施后才能使用。

2.平堵法

平堵法截流是沿整个龙口宽度全线抛投截流材料，使抛投材料堆筑体全面上升，直至露出水面。因此，合龙前必须在龙口架设浮桥，由于它是沿龙口全宽均匀的抛投，所以其单宽流量小，流速也较小，需要的单个材料的质量也较轻。沿龙口全宽同时抛投，强度较大，施工速度快，但有碍于通航。平堵法截流适用于软基河床、河流架桥方便且对通航影响不大的河流。

3.综合法

（1）立平堵。为了既发挥平堵法水力条件较好的优点，又降低架桥的费用，有的工程采用先立堵、后在栈桥上平堵的方法。

（2）平立堵。对于软基河床，单纯立堵易造成河床冲刷，可采用先平抛护底，再立堵合龙的方法。平抛多利用驳船进行。我国青铜峡、丹江口、大化及葛洲坝和三峡工程在二期大江截流时均采用了该方法，取得了满意的效果。由于护底均为局部性，故这类工程本质上属于立堵法截流。

（二）截流日期及截流设计流量确定

截流年份应结合施工进度的安排来确定。截流年份内截流时段的选择，既要把握截流时机，选择在枯水流量、风险较小的时段进行；又要为后续的基坑工作和主体建筑物施工留有余地，不致于影响整个工程的施工进度。在确定截流时段时，应考虑以下要求：

第一，截流以后，需要继续加高围堰，完成排水、清基、基础处理等大量基坑工作，并应把围堰或永久建筑物在汛期到来前抢修到一定高程以上。为了保证这些工作的完成，截流时段应尽量提前。

第二，在通航的河流上进行截流，截流时段最好选择在对航运影响较小的时段内。因为截流过程中，航运必须停止，即使船闸已经修好，但因截流时水位变化较大，亦需停航。

第三，在北方有冰凌的河流上，截流不应在流冰期进行，因为冰凌很容易堵塞河道或导流泄水建筑物，壅高上游水位，给截流带来极大困难。

综上所述，截流时间应根据河流水文特征、气候条件、围堰施工及通航、过木等因素综合分析确定。一般多选在枯水期初期，流量已有显著下降的时候。严寒地区应尽量避开河道流冰及封冻期。

截流设计流量是指某一确定的截流时间的截流设计流量。一般按频率法确定，根据已选定的截流时段，采用该时段内一定频率的流量作为设计流量，截流设计标准一般可采用截流时段重现期5～10年的月或旬平均流量。除频率法外，也有不少工程采用实测资料分析法。当水文资料系列较长，河道水文特性稳定时，可应用这种方法。

在大型工程截流设计中，通常以选取一个流量为主，再考虑较大、较小流量出现的可能性，用几个流量进行截流计算和模型试验研究。对于有深槽和浅滩的河道，如分流建筑物布置在浅滩上，对截流的不利条件要特别进行研究。

（三）龙口位置和宽度的选择

龙口位置的选择与截流工作能否顺利展开有密切关系。一般说来，龙口附近应有较宽阔的场地，以便布置截流运输线路和制作、堆放截流材料。它要设置在河床主流部位，方向力求与主流垂直，并选择在耐冲河床上，以免截流时因流速增大，引起过分冲刷。

原则上龙口宽度应尽可能窄些，这样可以减少合龙工程量，缩短截流延续时间，但应以不引起龙口及下游河床的冲刷为限。

二、施工排水

（一）初期排水

初期排水主要包括基坑积水和围堰与基坑渗水两大部分。因为初期排水是在围堰或截流戗堤合龙闭气后立即进行的，此时枯水期的降雨量很少，一般可不予考虑。除积水和渗水外，有时还需考虑填方和基础中的饱和水。

通常，当填方和覆盖层体积不太大时，在初期排水且基础覆盖层尚未开挖时，可以不必计算饱和水总水量。若需计算，可按基坑内覆盖层总体积和孔隙率估算饱和水总水量。

在初期排水过程中，可以通过试抽法进行校核和调整，并为经常性排水计算积累一些必要资料。试抽时如果水位下降很快，则显然是所选择的排水设备容量过大，此时应关闭一部分排水设备，使水位下降速度符合设计规定。试抽时若水位不变，则显然是设备容量过小或有较大渗漏通道存在，此时应增加排水设备容量或找出渗漏通道予以堵塞，然后进行抽水。还有一种情况是水位降至一定深度后就不再下降，这说明此时排水流量与渗流量相等，据此可估算出需增加的设备容量。

（二）基坑排水

基坑排水要考虑基坑开挖过程中和开挖完成后修建建筑物时的排水系统布置，使排水系统尽可能不影响施工。

基坑开挖过程中的排水系统应以不妨碍开挖和运输工作为原则。一般常将排水干沟布置在基坑中部，以利于两侧出土。随基坑开挖工作的进展，逐渐加深排水干沟和支沟。通常保持干沟深度为 1.0～1.5m，支沟深度为 0.3～0.5m。集水井多布置在建筑物轮廓线外侧，井底应低于干沟沟底。但是，由于基坑坑底高程不一，有的工程就采用层层设截流沟、分级抽水的办法，即在不同高程上分别布置截水沟、集水井和水泵站，进行分级抽水。

建筑物施工时的排水系统通常都布置在基坑四周。排水沟应布置在建筑物轮廓线外侧，且距离基坑边坡坡脚 0.3～0.5m。排水沟的断面尺寸和底坡大小取决于排水量的大小，一般排水沟底宽不小于 0.3m，沟深大于 1.0m，底坡不小于 0.002m，在密实土层中，排水沟可以不用支撑，但在松散土层中，则需用木板或麻袋装石来加固。

为防止降雨时地面径流进入基坑而增加抽水量，通常在基坑外缘边坡上挖截水沟，以拦截地面水。截水沟的断面及底坡应根据流量和土质而定，一般沟宽和沟深不小于 0.5m，底坡不小于 0.002m，基坑外地面排水系统最好与道路排水系统相结合，以便自流排水。为了降低排水费用，当基坑渗水水质符合饮用水或其他施工用水要求时，可将基坑排水与生活、施工供水相结合。

（三）经常性排水

经常性排水的排水量主要包括围堰和基坑的渗水、降雨、地基岩石冲洗及混凝土养护废水等。设计中一般考虑两种不同的组合，一种组合是渗水加降雨，另一种组合是渗水加施工废水。从中选择效用较大者，以选择排水设备。降雨和施工废水不必组合在一起，这是因为二者不会同时出现。

（1）降雨量的确定。在基坑排水设计中，对降雨量的确定尚无统一的标准。大型工程可采用 20 年一遇 3 日降雨中最大的连续 6 小时雨量，再减去估计的径流损失值（1mm/h）作为降雨强度；也有的工程采用日最大降雨强度，基坑内的降雨量可根据上述计算的降雨强度和基坑集雨面积求得。

（2）施工废水。施工废水主要考虑混凝土养护废水，其用水量估算应根据气温条件和混凝土养护的要求而定。一般初估时可按每立方米混凝土每次用水 5L、每天养护 8 次计算。

（3）渗透流量计算。通常，基坑渗透总量包括围堰渗透量和基础渗透量两大部分。

第三节　爆破工程

一、爆破的概念、常用术语及分类

（一）爆破的概念

爆破是指炸药爆炸作用于周围介质的结果。埋在介质内的炸药被引爆后，在极短的时间内由固态转变为气态，体积增加数百倍至几千倍，伴随产生极大的压力和冲击力，同时产生很高的温度，使周围介质受到各种不同程度的破坏，称为爆破。

（二）爆破的常用术语

1.爆破作用圈

当具有一定质量的球形药包在无限均质介质内部爆炸时，在爆炸作用下，距离药包中心不同区域的介质，因受到的作用力有所不同，会产生不同程度的破坏或震动现象。整个被影响的范围叫作爆破作用圈。爆破作用圈指的是炸药爆炸时所产生的膨胀力和冲击波，以药包为中心向四周传播的同心圆，从中心向外依次为压缩圈、抛掷圈、松动圈和震动圈。

（1）压缩圈。

在压缩圈的范围内，介质会直接承受药包爆炸产生的巨大作用力，如果是可塑性的土壤介质，会因为受到巨大的压缩形成孔腔；如果是坚硬的脆性岩石介质，则会因为巨大的作用力而粉碎。因此压缩圈又叫破碎圈。

（2）抛掷圈。

抛掷圈紧邻压缩圈的外部。其受到的爆破作用力虽然比压缩圈小，但爆炸的能量破坏了介质的原有结构，使其分裂成具有一定运动速度的碎块。如果这个地带的某一部分处于自由面上，碎块便会产生抛掷现象。

（3）松动圈。

松动圈又叫作破坏圈。它是抛掷圈外的一部分介质，其受到的作用力更弱，爆炸的能量只能使介质结构受到不同程度的破坏，不能使被破坏的碎片产生抛掷运动。

（4）震动圈。

震动圈为松动圈以外的范围，爆炸的能量甚至不能使介质产生破坏，介质只能在应力波的传播下，发生震动现象。震动圈以外，爆破作用的能量就完全消失了。

以上各圈是为说明爆破作用划分的，并无明显界限，其作用半径的大小与炸药的用量、药包结构、起爆方法和介质特性等有关。

2.爆破漏斗

把药包埋入有限介质中，爆破产生的气体沿着裂隙冲出，使裂隙扩大、介质移动，于是靠近自由面一侧的介质被完全破坏而形成的漏斗状的坑，叫作爆破漏斗。

爆破漏斗的几何特征参数有：药包中心至临空面的最短距离，即最小抵抗线长度 W；爆破漏斗底半径 r；可见漏斗深度 h；爆破作用指数 n。

n 可由式（2-1）求得

$$n=r/W \qquad\qquad (2\text{-}1)$$

爆破漏斗的几何特征反映了爆破作用的影响范围，它与岩土性质、炸药量和药包埋置深度有密切关系。n 值大形成宽浅式漏斗；n 值小形成窄深式漏斗，甚至不出现爆破漏斗。

工程应用中，通常根据 n 值的大小对爆破进行分类：

当 n=1 时，漏斗的张开角度为 90°，称为标准抛掷爆破；当 n>1 时，漏斗的张开角度大于 90°，称为加强抛掷爆破；当 0.75<n<1 时，漏斗的张开角度小于 90°，称为减弱抛掷爆破；当 0.33<n≤0.75 时，无岩块抛出，称为松动爆破；当 n≤0.33 时，地表无破裂现象，称为隐藏式爆破。

3.自由面

自由面又叫作临空面，是指被爆破介质与空气或水的接触面。

4.单位耗药量

单位耗药量指的是爆破单位体积岩石的炸药消耗量。

（三）爆破的分类

按药包形式分类，爆破分为集中药包法、延长药包法、平面药包法、异形药包法。

按装药方式与装药空间形状的不同分类，爆破分为药室法、药壶法、炮孔法、裸露药包法。

按爆破作用指数分类，爆破分为标准抛掷爆破、加强抛掷爆破、减弱抛掷爆破、松动爆破等。

二、爆破材料与起爆方法

（一）爆破材料

1.炸药

炸药是指在一定能量作用下，无须外界供氧，能够发生快速化学反应，生成大量的热和气体的物质。单一化合物的炸药称为单质炸药，两种或两种以上物质组成的炸药称为混合炸药。

（1）炸药的爆炸性能

①感度。炸药的感度是指炸药在外界能量（如热能、电能、光能、机械能及爆能等）的作用下发生爆炸的难易程度，不同的炸药在同一地点的感度不同。影响炸药感度的因素很多，主要有以下几种。

a.温度。随着温度的升高，炸药的各种感度指标都升高。

b.密度。随着炸药密度的增大，其感度通常是降低的。

c.杂质。杂质对炸药的感度有很大的影响，不同的杂质有不同的影响。一般来说，固体杂质，特别是硬度大、有尖棱和高熔点的杂质，如砂子、玻璃屑和某些金属粉末等，能增加炸药的感度。

②威力。威力是指炸药爆炸时做功的能力，即对周围介质的破坏能力。

③猛度。猛度是指炸药在爆炸后爆轰产物对药包附近的介质进行破坏、局部压缩和击穿的猛烈程度。猛度越大，表示该炸药对周围介质的粉碎破坏程度越大。

④殉爆。殉爆是指炸药药包爆炸时引起位于一定距离外与其不接触的另一个炸药药包也发生爆炸的现象。起始爆炸的药包称为主发药包，受它爆炸影响而爆炸的药包称为被发药包。因主发药包爆炸而引起被发药包爆炸的最大距离，称为殉爆距离。殉爆反映了炸药对冲击波的感度。

⑤安定性。安定性是指炸药在一定储存期间内保持其物理性质、化学性质和爆炸性质的能力。

（2）常用的工程炸药

①铵油炸药。铵油炸药是指由硝酸铵和燃料组成的一种粉状或粒状爆炸性混合物。铵油炸药取材方便，成本低廉，使用安全，易于加工，被广泛用于爆破，但因其具有吸湿结块性，最好现拌现用。

②TNT（三硝基甲苯）。TNT 为黄色粉末或鱼鳞状，无臭，能耐受撞击和摩擦，比较安全，难溶于水，可用于水下爆破。爆炸时产生有毒的一氧化碳气体，因此不适用于通风不畅的环境。

③黑火药。黑火药是由硝酸钾、硫黄和木炭混合而成的深灰色的坚硬颗粒，对摩擦、火花和撞击极其敏感，容易受潮，制作简单。

④胶质炸药。胶质炸药是以硝酸盐和胶化的硝酸甘油或胶化的爆炸油为主要组成成分的胶状硝酸甘油类炸药。其威力大，起爆感度高，抗水性强，可用于水下和地下爆破工程，具有较高的密度和可塑性。它的冻结温度高达 13.2℃，冻结后，敏感度高，安全性差，可加入二硝基乙二醇形成难冻状态，降低敏感度。国产 SHJ–K 水胶炸药不仅威力大、抗水性好，而且敏感度低，运输、储存、使用均较安全。

2.起爆器材

激发炸药爆炸反应的装置或材料应能安全可靠地按要求的时间和顺序起爆炸药。常用的起爆器材包括导火索、导爆索、火雷管、电雷管等。

（1）导火索。导火索是以黑火药为索芯，用棉线包裹索芯和芯线，将防湿剂涂在表层的一种传递火焰的索状点火器材，常用来引爆火雷管与黑火药。一般导火索的外径不大于 6.2mm，每米的燃烧时间为 100~125s。

（2）导爆索。导爆索是一种药芯为太安（季戊四醇四硝酸酯）或黑索金（三亚甲基三硝胺）的传递爆轰波的索状器材，其结构与导火索的结构基本相同，外表涂成红色，以示区别，可直接起爆炸药，但自身需要雷管起爆。药量为 12~14g/m，爆破速度不低于 6500m/s。导爆索起爆使网络连接简便，使用安全，不受杂散电流、静电和射频电的影响，与继爆管配合使用，可实现非电毫秒爆破，但成本较高。

（3）火雷管。火雷管由管壳、加强帽、正副起爆药和聚能穴组成。管壳用来装填药剂，减少其受外界的影响，同时可以增大起爆能力和提高震动安全性。加强帽用来"密封"雷管药剂以减少其受外界的影响，同时可以阻止燃烧气体从上部逸出，缩短燃烧转爆轰的时间，增大起爆能力和提高震动安全性。加强帽中间有一穿火孔，用来接受导火索传递的火焰。

（4）电雷管。电雷管的装药部分与火雷管相同，电雷管是用电气点火装置点火引爆正起爆药，再激发副起爆药产生爆炸。毫秒延期电雷管是指在引火头与起爆药之间插入一段精制的导火索，引火头点燃导火索，由导火索长度控制延期时间。毫秒延期电雷管利用延期药的药量和配方控制毫秒延期的时间。

（二）起爆方法

常用的起爆方法有电力起爆和非电力起爆两类。其中，非电力起爆又包括火花起爆、导爆管起爆和导爆索起爆。

1.电力起爆

电力起爆是电源通过电线传输电能激发电雷管引发炸药爆炸的起爆方法。该法的优点是可以一次引发多个药包，也可间隔地按一定时间和顺序对药包进行有效的控制，比较安全可靠。缺点是长距离的起爆电路复杂，成本高，准备工作量大等。

2.非电力起爆

（1）火花起爆。

火花起爆是最早使用的起爆方法。它是用导火索燃烧的火花来引爆雷管和炸药的方法。火花起爆法操作简单，准备工作少，为保证操作人员的安全，导火索的长度不可短于 1.2m。

（2）导爆管起爆。

导爆管起爆是通过激发源轴向激发导爆管，在管内形成稳定的冲击波使末端的导爆管起爆，并进而引起药包爆炸的一种新式起爆方法。它亦可同时起爆多个药包，并不受电场的干扰，但导爆管的连接系统和网络较为复杂。

（3）导爆索起爆。

导爆索起爆是通过导爆索来传递炮轰波以引爆药包的方法。这种起爆方法所用的器材有导爆索、继爆管、雷管等。导爆索起爆法的准爆性好，连接形式简单，但成本较高且不能用仪表检查线路的好坏。

三、爆破工序

（一）装药

装药前先对炮孔参数、炮孔位置、炮孔深度进行检查，看是否符合设计要求，再对炮孔进行清孔，可用风管通入孔底，利用压缩空气将孔内的岩渣和水分吹出。

确认炮孔合格后，即可进行装药工作。应严格按照预先计算好的每孔装药量和装药结构进行装药，当炮孔中有水或潮湿时，应采取防水措施或改用防水炸药。

装炸药时，注意起爆药包的安放位置要符合设计要求。当采用散装药时，应在装入药量的 80%~85% 之后再放入起爆药包，这样做有利于防止静电等因素引起的早爆事故的发生。

（二）堵塞

炮孔装药后孔口未装药部分应该用堵塞物进行堵塞。良好的堵塞能阻止爆轰气体产物过早地从孔门冲出，提高爆炸能量的利用率。常用的堵塞材料有砂、黏土、岩粉等。

（三）起爆网络连接

采用电雷管或塑料导爆管雷管起爆系统时，应根据具体设计要求进行网络连接。

（四）警戒后起爆

警戒人员应在规定的警戒点进行警戒，在未确认撤除警戒前不得擅离职守。要有专人核对装药量、起爆炮孔数，并检查起爆网络、起爆电源开关及起爆主线。爆破指挥人员在确认周围的安全警戒工作和起爆准备工作完成，且爆破信号已发布起效后，方可发出起爆命令。起爆时，由专人观察起爆情况，起爆后，经检查确认炮孔全部起爆后，方可发出解除警戒信号、撤除警戒人员。若发现哑炮，在采取安全防范措施后，才能解除警戒信号。

（五）哑炮处理

产生哑炮后，应立即封锁现场，由现场技术人员针对装药时的具体情况，找出拒爆原因，采取相应措施处理。处理哑炮一般可采用二次爆破法、冲洗法及炸毁法。属于漏起爆的拒爆药包，可再找出原来的导火索、塑料导爆管或雷管脚线，经检查确认完好后，进行二次起爆；对于不防水的硝铵炸药，可用水冲洗炮孔中的炸药，使其失去爆炸能力；对用防水炸药装填的炮孔，可用掏勺细心地掏出堵塞物，再装入起爆药包将其炸毁。如果拒爆孔周围岩石尚未发生松动破碎，可以在距拒爆孔 30cm 处钻一平行新孔，重新装药起爆，将拒爆孔引爆。

第三章 土石坝工程与重力坝工程

第一节 土石坝工程

土石坝是指用当地的散粒土、石料或混合料，经过抛填、碾压等方法堆筑成的挡水坝。坝体材料以土和砂砾为主时称为土坝，以石渣、卵石、爆破石料为主时称为石坝。土石坝是历史最为悠久、最为古老的一种坝型。水利工程中，拦水坝多数为土石坝。

土石坝可以充分利用当地的材料，几乎所有的土料，只要不含大量的有机物和水溶性盐类，都可用于筑坝。它有利于群众性施工，将重型振动碾应用于石堆的压实，解决了混凝土面板漏水的问题；大型施工机械的广泛应用、施工人数的减少、工期的缩短，使得土石坝成为应用最广泛和发展前景最好的坝型。

土石坝工程的基本施工过程是开采、运输和压实。

一、坝料规划

（一）空间规划

空间规划是指对料场的空间位置、高程做出恰当选择和合理布置。为加快运输速度，提高效率，土石料的运距要尽可能短些。高程要利于重车下坡，避免因料场的位置高、运输坡陡而引起事故。坝的上、下游和左、右岸都要有料场，这样可以实现上、下游和左、右岸同时采料，减少施工干扰，保证坝体均衡上升。料场位置要有利于开采设备的放置，保证车辆运输的通畅及地表水和地下水的排水通畅。取料时离建筑物的轮廓线不要太近，不影响枢纽建筑物防渗。

石料场选址时还要与重要建筑物和居民区有一定的防爆、防震安全距离，以减少安全隐患。

（二）时间规划

时间规划是指施工时要考虑施工强度和坝体填筑部位的变化、季节对坝前蓄水能力变化的影响等。先用近料和上游易淹的坝料，后用远料和下游不易淹的坝料。在上坝强度高时用运距近、开采条件好的料场，上坝强度低时用运距远的料场。旱季时要选用含水量大的料场，雨季时要选用含水量小的料场。

为满足拦洪度汛和筑坝合龙时大量用料的要求，在料场规划时还要在近处留有大坝合龙用料。

（三）质与量规划

质与量规划是指对料场的质量和储料量的合理规划。它是料场规划的最基本的要求，在选择和规划料场时，要对料场进行全面的勘测，包括料场的地质成因、产状、埋藏深度、储量和各种物理力学指标等。料场的总储量要满足坝体总方量的要求，并且用料要满足各阶段施工中的最大用料强度要求。勘探精度要随设计深度的加深而提高。

充分利用建筑物基础开挖时的弃料，减少往外运输的工作量和运输干扰，减少废料堆放场地。考虑弃料的出料、堆料、弃放的位置，避免施工干扰，加快开采和运输的速度。规划时除考虑主料场外，还应考虑备用料场，主料场不仅要质量好、储量大（比需要的总方量多 1～1.5 倍）、运距近，而且要有利于常年开采；备用料场要在淹没范围以外，当主料场被淹没或由于其他原因中断使用时，使用备用料场，备用料场的储藏量应为主料场总储藏量的 20%～30%。

二、土石料开采和运输

对坝料进行规划后，还需要对土石料进行开采和运输。对土石料开挖一般采用机械施工，挖运机械有挖掘机械、铲运机械、运输机械三类。而运输道路的布置对土石料的运输有重要的作用，下面将详细论述土石料的开采和运输。

（一）土石料的开采

1.挖掘机械的不同类型

（1）单斗式挖掘机。单斗式挖掘机是只有一个铲土斗的挖掘机械，其工作装置有正向铲、反向铲、拉铲和抓铲四种。

①正向铲挖掘机。电动正向铲挖掘机是单斗挖掘机中最主要的形式，其特点是铲斗前伸向上，强制铲土，挖掘力较大，主要用来挖掘停机面以上的土石方，一般用于开挖无地下水的大型基坑和料堆，适合挖掘 Ⅰ—Ⅳ 级土壤或爆破后 Ⅴ—Ⅵ 级的岩石。

②反向铲挖掘机。电动反向铲挖掘机是正向铲更换工作装置后的工作形式，其特点是铲斗后扒向下，强制挖土，主要用于挖掘停机面以下的土石方，一般用于开挖小型基坑或地下水位较高的土方，适合挖掘 Ⅰ—Ⅲ 级砂土或黏土，硬土需要先行刨松。

③拉铲挖掘机。电动拉铲挖掘机用于挖掘停机面以下的土方。由于卸料是利用自身重力和离心力的作用在机身回转过程中进行的，湿黏土也能卸

净，因此拉铲挖掘机最适于开挖水下及含水量大的土料。但由于铲斗仅靠自身重力切入土中，铲土力小，一般只能挖掘Ⅰ—Ⅱ级土，不能开挖硬土。其挖掘半径、卸土半径和卸载高度较大，适合直接向弃土区弃土。

④抓铲挖掘机。抓铲挖掘机利用其瓣式铲斗自由下落的冲力切入土中，而后抓取土料提升，回转后卸掉。抓铲挖掘深度较大，适于挖掘窄深基坑或沉井中的水下淤泥及砂卵石等松软土方，也可用于装卸散粒材料。

（2）多斗式挖掘机。多斗式挖掘机是一种由若干个挖斗依次连续循环进行挖掘的专用机械，生产效率和机械化程度较高，在大量土方开挖工程中使用。多斗式挖掘机按工作装置不同，可分为链斗式和斗轮式两种。链斗式挖掘机是多斗式挖掘机中最常用的形式，主要进行下采式工作。

2.土石料开挖的原则

土石坝施工中，从料场的开采、运运，到坝面的铺料和压实各工序，应力争实现综合机械化。施工组织时应遵循以下原则：

第一，确保主要机械发挥作用。主要机械是指在机械化生产线中起主导作用的机械，充分发挥它的生产效率，有利于加快施工进度，降低工程成本。

第二，根据机械工作特点进行配套组合，充分发挥配套机械作用。连续式开挖机械和连续式运输机械配合；循环式开挖机械和循环式运输机械配合，形成连续生产线。在选择配套机械，确定配套机械的型号、规格和数量时，其生产能力要略大于主要机械的生产能力，以保证主要机械的生产能力。

第三，加强保养，合理布置，提高工效。严格遵守机械保养制度，使机械处于最佳状态，合理布置流水作业工作面和运输道路，能极大提高工作效率。

3.开挖运输方案的选择

坝料的开挖与运输是保证上坝强度的重要环节之一。开挖运输方案主要根据坝体结构布置特点、坝料性质、填筑强度、料场特性、运距远近、可供选择的机械型号等因素，综合分析比较确定。坝料的开挖运输方案主要有以下几种：

（1）挖掘机开挖，自卸汽车运输上坝。正向铲开挖、装车，自卸汽车运输直接上坝，适宜运距小于 10km。自卸汽车可运各种坝料，通用性好，运输能力高，能直接铺料，转弯半径小，爬坡能力较强，机动灵活，使用管理方便，设备易于获得。在施工布置上，正向铲一般采用立面开挖，汽车运输道路可布置成循环路线，装料时停在挖掘机一侧的同一平面上，即汽车鱼贯式地装料与行驶，这种布置形式可避免或减少汽车的倒车时间，正向铲采用 60°～90°角侧向卸料，回转角度小，生产率高，能充分发挥正向铲与汽车的效率。

（2）挖掘机开挖，胶带机运输上坝。胶带机的爬坡能力强，架设简易，运输费用较低，与自卸汽车相比可降低 1/3～1/2 的费用，运输能力也较强，适宜运距小于10km。胶带机可直接从料场运输上坝；也可与自卸汽车配合，在坝前经漏斗卸入汽车做长距离运输，转运上坝；或与有轨机车配合，用胶带机作短距离运输，转运上坝。

（3）采砂船开挖，机车运输，转胶带机上坝。国内一些大、中型水利工程施工中，广泛采用采砂船开采水下的砂砾料，配合有轨机车运输。当料场集中、运输量大、运距大于 10km 时，可用有轨机车进行水平运输。有轨机车不能直接上坝，要在坝脚经卸料装置转胶带机后运输上坝。

（4）斗轮式挖掘机开挖，胶带机运输，转自卸汽车上坝。当填筑方量大、上坝强度高、料场储量大而集中时，可采用斗轮式挖掘机开挖。斗轮式挖掘机挖料转入移动式胶带机，其后接长距离的固定式胶带机至坝面或坝面附近，经自卸汽车运至填筑面。这种布置方案可使挖、装、运连续进行，简化了施工工艺，提高了机械化水平和生产率。

坝料的开挖运输方案有很多，但无论采用何种方案，都应结合工程施工的具体条件，组织好挖、装、运、卸的机械化联合作业，提高机械利用率；减少坝料的转运次数；各种坝料的铺筑方法及设备应尽量一致，减少辅助设施；充分利用地形条件，统筹规划和布置。

（二）土石料的运输

1.运输道路布置原则和要求

第一，运输道路宜自成体系，并尽量与永久道路相结合。运输道路不要穿越居民点或工作区，尽量与公路分离。根据地形条件、枢纽布置、工程量大小、填筑强度、自卸汽车吨位，应用科学的规划方法进行运输网络优化，统筹布置场内施工道路。

第二，连接坝体上下游交通的主要干线，应布置在坝体轮廓线以外。干线与不同高程的上坝道路相连接，应避免穿越坝肩处岸坡。坝面内的道路应结合坝体的分期填筑规划统一布置，在平面与立面上协调好不同高程的进坝道路的连接，使坝面内临时道路的形成与覆盖满足坝体填筑要求。

第三，运输道路的标准应符合自卸汽车吨位和行车速度的要求。实践证明，用于高质量标准道路增加的投资，足以用降低的汽车维修费用及提高的生产率来补偿。要求路基坚实，路面平整，靠山坡一侧设置纵向排水沟，顺畅排出雨水和泥水，以避免雨天运输车辆将路面泥水带入坝面，污染坝料。

第四，道路沿线应有较好的照明设施，确保夜间行车安全。

第五，运输道路应经常维护和保养，及时清除路面上影响运输的杂物，并经常洒水，这样能减少运输车辆的磨损。

2.坝料运输道路的布置方式

坝料运输道路的布置方式有岸坡式、坝坡式和混合式三种，然后进入坝体轮廓线内，与坝体内临时道路连接，组成到达坝料填筑区的运输体系。

由于单车环形线路比往复双车线路行车效率更高、更安全，所以应尽可能采用单车环形线路。一般干线多用双车道，尽量做到会车不减速，坝区及料场多用单车道。岸坡式上坝道路宜布置在地形较为平缓的坡面，以减少开挖工程量。

当两岸陡峻、地质条件较差、沿岸坡修路困难、工程量大时，可在坝下游坡面设计线以外布置临时或永久性的上坝道路，称为坝坡式。其中的临时道路在坝体填筑完成后消除。

在岸坡陡峻的狭窄河谷内，根据地形条件，有的工程用交通洞通向坝区。用竖井卸料以连接不同高程的道路，有时也是可行的。非单纯的岸坡式或坝坡式的上坝道路布置方式，称为混合式。

3.坝内临时道路的布置

（1）堆石体内道路。根据坝体分期填筑的需要，除防渗体、反滤过渡层及相邻的部分堆石体要求平起填筑外，不限制堆石体内设置临时道路，其布置为"之"字形，道路随着坝体升高而逐步延伸，连接不同高程的两级上坝道路。为了减小上坝道路的长度，临时道路的纵坡一般较陡，为 10%左右，局部可达 12%～15%。

（2）过防渗体道路。心墙、斜墙防渗体应避免重型车辆频繁压过，以免破坏。如果上坝道路布置困难，而运输坝料的车辆必须压过防渗体，应调整防渗体填筑工艺，在防渗体局部布置压过的临时道路。

三、土石料压实

压实机械采用碾压、夯实、振动三种作用力来达到压实的目的。碾压的作用力是静压力，其大小不随作用时间而变化。夯实的作用力为瞬时动力，其大小跟高度有关系。振动的作用力为周期性的重复动力，其大小随时间呈周期性变化，振动周期的长短随振动频率的大小而变化。

常用的压实机械有羊脚碾、振动碾、夯实机械。

（一）羊脚碾

羊脚碾是指碾的滚筒表面设有交错排列的截头圆锥体，状如羊脚。碾压时，羊脚碾的羊脚插入土中，不仅使羊脚端部的土料受到压实，也使侧向土料受到挤压，从而达到均匀压实的效果。

羊脚碾的开行方式有两种，即进退错距法和圈转套压法。进退错距法操作简便，使碾压、铺土和质检等工序协调，便于分段流水作业，压实质量容易保证。圈转套压法适合于多碾滚组合碾压，其生产效率高，但碾压中转弯套压交接处重压过多，容易超压。当转弯半径小时，容易引起土层扭曲，产生剪力破坏；在转弯的角部容易漏压，质量难以保证。

（二）振动碾

振动碾是一种静压和振动同时作用的压实机械。它由起振柴油机带动碾滚内的偏心轴旋转，通过连接碾面的隔板，将振动力传至碾滚表面，然后以压力波的形式传到土体内部。非黏性土的颗粒比较粗，在这种小振幅、高频率的振动力的作用下，内摩擦力大大降低，由于颗粒不均匀，受惯性力大小不同而产生相对位移，细粒滑入粗粒空隙而使空隙体积减小，从而使土料密实。然而，黏性土颗粒间的黏结力是主要的作用力，且土粒相对比较均匀，在振动作用下，不能取得像非黏性土那样的压实效果。

（三）夯实机械

夯实机械是一种利用冲击能来击实土料的机械，用于夯实砂砾料或黏性土。其适于在碾压机械难于施工的部位压实土料。常用的夯实机械有以下两种：

（1）强夯机。它是由高架起重机和铸铁块或钢筋混凝土块做成的夯砣组成的。夯砣的质量一般为10t～40t，由起重机提升至一定高度后自由下落冲击土层，压实效果好，生产率高，用于杂土填方、软基及水下地层。

（2）挖掘机夯板。挖掘机夯板一般做成圆形或方形，面积约 $1m^2$，质量为1t～2t，提升高度为3～4m。主要优点是压实功能强，生产率高，有利于在雨季、冬季施工。但当被夯石块直径大于50cm时，工效大大降低，压实黏土料时，表层容易发生剪力破坏，目前有逐渐被振动碾取代之势。

四、土料防渗体坝

土料防渗体坝工序包括铺料、压实,对不同的土石料,根据强度、级配、湿陷程度不同,还要进行其他处理。

(一)铺料

坝基经处理合格后或下层填筑面经压实合格后,即可开始铺料。铺料包括卸料和平料,两道工序相互衔接,紧密配合。选择铺料方法主要与上坝运输方法、卸料方式和坝料的类型有关。

1.自卸汽车卸料、推土机平料

铺料的基本方法有进占法、后退法和混合法三种。

堆石料一般采用进占法铺料,堆石强度为 60～80MPa 的中等硬度岩石,施工可操作性好。对于特硬岩(强度>200MPa),由于其岩块边棱锋利,易对施工机械的轮胎、链轨造成严重损坏,同时因硬岩堆石料往往级配不良,表面不平整影响振动碾压实质量,因此施工中要采取一定的措施,如在铺层表面增铺一薄层细料,以改善平整度。

级配较好的石料如强度 30MPa 以下的软岩堆石料、砂砾(卵)石料等,宜用后退法铺料,以减少分离,有利于提高密度。

不管采用何种铺料方法,卸料时都要控制好料堆分布密度,使其摊铺后厚度符合设计要求,不要因过厚而不予处理,尤其是以后退法铺料时更需注意。

下面介绍几种常见的坝料类型及其对应的铺料方式:

(1)支撑体料。心墙上、下游或斜墙下游的支撑体(简称坝壳)各为独立的作业区,在区内各工序进行流水作业。坝壳一般选用砂砾料或堆石料。由于堆石料中往往含有大量的大粒径石料,不仅影响汽车在坝料堆上行驶和卸料,还影响推土机平料,并易损坏推土机履带和汽车轮胎。为此,应采用进占法卸料，即自卸汽车在铺平的坝面上行驶和卸料，推土机在同一侧随时平料。其优点是：大粒径块石易被推至铺料的前沿下部，细料可以填入堆石料间空隙，使表面平整，便于车辆行驶。坝壳的施工要点是防止坝料粗细颗粒分离和使铺层厚度均匀。

（2）反滤料和过渡料。反滤层和过渡层常用砂砾料，铺料方法采用常规的后退法卸料。自卸汽车在压实面上卸料，推土机在松土堆上平料。优点是可以避免平料造成的粗细颗粒分离，使汽车行驶方便，可提高铺料效率。要控制上坝料的最大粒径，允许最大粒径不超过铺层厚度的 1/3～1/2，当含有特大粒径（如 0.5～1.0m 的石料）时，应清除至填筑体以外，以免产生局部松散甚至空洞，造成隐患。砂砾料铺层厚度根据施工前现场碾压试验确定，一般不大于 1.0m。

（3）防渗体土料。心墙、斜墙防渗体土料主要有黏性土和砾质土等。选择铺料方法时主要考虑以下两点：一是坝面平整，铺料层厚均匀，不得超厚；二是对已压实合格土料不过压，防止产生剪切破坏。

铺料时应注意以下问题：

①采用进占法卸料。即推土机和汽车都在刚铺平的松土上行进，逐步向前推进。要避免所有的汽车行驶同一条道路，如果中、重型汽车反复多次在压实土层上行驶，会使土体产生剪切破坏，形成弹簧土和光面，严重影响土层间结合质。

②推土机功率必须与自卸汽车载重吨位相配。如果汽车斗容过大，而推土机功率过小（刀片过小），则每一车料要经过推土机多次推运，才能将土料铺散、铺平，在推土机履带的反复碾压下，会将局部表层土压实，甚至出现弹簧土和剪切破坏，造成汽车卸料困难，更严重的是很容易产生平土厚薄不均。

③采用后退法定量卸料。汽车在已压实合格的坝面上行驶并卸料，为防止对已压实土料产生过压，一般采用轻型汽车。根据每一填土区的面积，按

铺土厚度定出所需的土方量（松方），使得推土机平料均匀，不产生大面积过厚、过薄的现象。

④沿坝轴线方向铺料。防渗体填筑面一般较窄，为了防止两侧坝料混入防渗体，杜绝因漏压而形成贯穿上、下游的渗流通道，一般不允许车辆穿越防渗体，所以严禁垂直坝轴线方向铺料。特殊部位如两岸接坡处、溢洪道边墙处以及穿越坝体建筑物等结合部位，当只能垂直坝轴线方向铺料时，在施工过程中，质检人员应现场监视，严禁坝料掺混。

2.移动式皮带机上坝卸料、推土机平料

皮带机上坝卸料适用于黏性土、砂砾料和砾质土。利用皮带机直接上坝，配合推土机平料，或配合铲运机运料和平料，其优点是不需专门道路，但随着坝体升高需要经常移动皮带机。为防止粗细颗粒分离，推土机采用分层平料，每次铺层厚度为要求的 1/3～1/2，推距最好在 20m 左右，最大不超过 50m。

3.铲运机上坝卸料和平料

铲运机是一种能综合完成挖、装、运、卸、平料等工序的施工机械，当料场位于距大坝 800～1500m 处，散料距离在 300～600m 时，使用铲运机是经济有效的。铲运机铺料时，平行于坝轴线依次卸料，从填筑面边缘逐行向内铺料，空机从压实合格面上返回取土区。铺到填筑面中心线（约一半宽度）后，铲运机反向运行，接续已铺土料逐行向填筑面的另一半的外缘铺料，空机从刚铺填好的松土层上返回取土区。

（二）压实

1.非黏性土的压实

（1）压实方法。非黏性土透水料和半透水料的主要压实机械有振动平碾、气胎碾等。振动平碾适用于堆石与含有漂石的砂卵石、砂砾石和砾质土的压实。振动平碾压实功能强，碾压遍数少（4～8 遍），压实效果好，生产效率高，应优先选用。气胎碾可用于压实砂、砂砾料、砾质土。

除坝面特殊部位外，碾压方向应沿轴线方向进行。一般均采用进退错距法作业。在碾压遍数较少时，也可采用一次压够次数后再行错车的方法，即搭接法。

要严格控制铺料厚度、碾压遍数、加水量、振动碾的行驶速度、振动频率和振幅等主要施工参数。分段碾压时，相邻两段交接带的碾迹应彼此搭接，垂直碾压方向，搭接宽度应不小于0.3～0.5m，顺碾压方向搭接宽度应为1.0～1.5m。

（2）土料含水量调整。适当加水能提高堆石、砂砾石料的压实效果，减少后期沉降量。但大量加水需增加工序和设施，影响填筑进度。堆石料加水的主要作用除了在颗粒间起润滑作用以便压实外，更重要的是软化石块接触点，压实中搓磨石块尖角和边棱，使堆石体更为密实，以减少坝体后期沉降量。砂砾料在洒水充分饱和条件下，才能得到有效的压实。

堆石、砂砾料的加水量一般依其岩性、细粒含量而异。对于软化系数大、吸水率低（饱和吸水率小于2%）的硬岩，加水效果不明显，可经对比实验决定是否加水。对于软岩及风化岩石，其填筑含水量必须大于湿陷含水量，最好充分加水，但应视其当时含水量而定。

对砂砾料或细料较多的堆石，宜在碾压前洒水一次，然后边加水边碾压，力求加水均匀。对含细粒较少的大块堆石，宜在碾压前洒水一次，以冲掉填料层面上的细粒料，改善层间结合状况。但碾压前洒水，大块石裸露会给振动碾碾压带来不利。对软岩堆石，由于振动碾碾压后表面产生一层岩粉，碾压后也应洒水，尽量冲掉表面岩粉，以利于层间结合。

当加水碾压将引起泥化现象时，其加水量应通过试验确定。堆石加水量依其岩性、风化程度而异，一般为填筑量的10%～25%；砂砾料的加水量宜为填筑量的10%～20%；对粒径小于5mm含泥量大于30%及含泥量大于5%的砂砾石，其加水量宜通过实验确定。

2.黏性土的压实

（1）压实方法。碾压机械压实方法均采用进退错距法，要求的碾压遍数很少时，可采用一次压够遍数再错车的方法。分段碾压的碾迹搭接宽度：垂直碾压方向的应为 0.3～0.5m，顺延碾压方向的应为 1.0～1.5m。碾压方向应沿坝轴方向进行。在特殊部位，如防渗体截水槽内或与岸坡结合处，应用专用设备在划定范围沿接坡方向碾压，碾压行车速度一般取 2～3km/h。

（2）土料含水量调整。土料含水量调整应在料场进行，仅在特殊情况下可考虑在坝面作少许调整。

①土料加水。当上坝土料的平均含水量与碾压施工含水量相差不大，仅需增加 1%～2%时，可在坝面直接洒水。

加水方式分为汽车洒水和管道加水两种。汽车喷雾洒水均匀，施工干扰小，效率高，宜优先采用。管道加水方式多用于施工场面小、施工强度较低的情况。加水后的土料一般应用圆盘耙或犁进行翻松使其含水均匀。

粗粒残积土在碾压过程中，随着粗粒被破碎，细粒含量不断增多，压实最优含水量也在提高。碾压开始时比较湿润的土料，随着碾压可能变得干燥，因此碾压过程中要适当补充洒水。

②土料的干燥。当土料的含水量大于施工控制含水量上限的 1%时，碾压前可用圆盘耙或犁在填筑面进行翻松晾晒。

（3）填土层结合面处理。当使用震动平碾、气胎碾及轮胎牵引凸块碾等机械碾压时，在坝面将形成光滑的表面。为保证土层之间结合良好，对于中、高坝黏土心墙或窄心墙，铺土前必须将已压实合格面洒水湿润并刨毛深1～2cm。对于低坝，经实验论证后可以不刨毛，但仍须洒水湿润，严禁在表土干燥状态下在其上铺填新土。

第二节　重力坝工程

一、重力坝施工导流的基本方法

在河床上修建水利工程时，为了使水工建筑物能在干地施工，需要用围堰围护基坑，并将河水引向预定的泄水建筑物泄向下游，这就是施工导流。

施工导流的方法大体上分为两类：一类是全段围堰法（河床外导流），另一类是分段围堰法（河床内导流）。

（一）全段围堰法导流

全段围堰法导流是指在河床主体工程的上下游各建一道拦河围堰，使上游来水通过预先修筑的临时或永久泄水建筑物（如明渠、隧洞等）泄向下游，主体建筑物在排干的基坑中进行施工，主体工程建成或接近建成时再封堵临时泄水道。这种方法的优点是工作面大，河床内的建筑物在一次性围堰的围护下建造，如能利用水利枢纽中的永久泄水建筑物导流，可大大节约工程投资。

全段围堰法按泄水建筑物的不同类型可分为明渠导流、隧洞导流等。

1. 明渠导流

上下游围堰一次拦断河床形成基坑，保护主体建筑物干地施工，天然河道水流经河岸或滩地上开挖的导流明渠泄向下游的导流方式称为明渠导流。

（1）明渠导流的适用条件

如坝址河床较窄，或河床覆盖层很深，分期导流困难，且具备下列条件之一者，可考虑采用明渠导流：

①河床一岸有较宽的台地、垭口或古河道；②导流流量大，地质条件不

适于开挖导流隧洞；③施工期有通航、过木、排冰要求；④总工期紧，不具备挖洞经验和设备。

在导流方案比较过程中，当明渠导流和隧洞导流均可采用时，一般倾向于明渠导流，这是因为明渠开挖可采用大型设备，加快施工进度，有利于主体工程提前开工。对于施工期间河道有通航、过木和排冰要求时，明渠导流更是明显有利。

（2）导流明渠布置

导流明渠布置分为在岸坡上和滩地上两种布置形式。

①导流明渠轴线的布置

导流明渠应布置在较宽台地、垭口或古河道一岸；渠身轴线要伸出上下游围堰外坡脚，水平距离要满足防冲要求，一般为 50～100m；明渠进出口应与上下游水流相衔接，与河道主流的交角以 30°为宜；为保证水流畅通，明渠转弯半径应大于 5 倍渠底宽；明渠轴线布置应尽可能缩短明渠长度和避免深挖方。

②明渠进出口位置和高程的确定

明渠进出口力求不冲、不淤和不产生回流，可通过水力学模型试验调整进出口形状和位置，以达到这一目的；进口高程按截流设计选择，出口高程一般由下游消能控制；进出口高程和渠道水流流态应满足施工期通航、过木和排冰要求；在满足上述条件下，尽可能抬高进出口高程，以减少水下开挖量。

（3）导流明渠断面设计

①明渠断面尺寸的确定

明渠断面尺寸由设计导流流量控制，并受地形地质和允许抗冲流速影响，应按不同的明渠断面尺寸与围堰的组合，通过综合分析确定。

②明渠断面形式的选择

明渠断面一般设计成梯形，渠底为坚硬基岩时，可设计成矩形。有时为满足截流和通航的不同目的，也可设计成复式梯形断面。

③明渠糙率的确定

明渠糙率大小直接影响到明渠的泄水能力，而影响糙率大小的因素有衬砌的材料、开挖的方法、渠底的平整度等，可根据具体情况查阅有关手册确定，对大型明渠工程，应通过模型试验选取糙率。

（4）明渠封堵

导流明渠结构布置应考虑后期封堵要求。当施工期有通航、过木和排冰任务，且明渠较宽时，可在明渠内预设闸门墩，以利于后期封堵。施工期无通航、过木和排冰任务时，应于明渠通水前，将明渠坝段施工到适当高程，并设置导流底孔和坝面口使二者联合泄流。

2.隧洞导流

上下游围堰一次拦断河床形成基坑，保护主体建筑物干地施工，天然河道水流全部由导流隧洞宣泄的导流方式称为隧洞导流。

（1）隧洞导流适用条件

导流流量不大，坝址河床狭窄，两岸地形陡峻，如一岸或两岸地形、地质条件良好，可考虑采用隧洞导流。

（2）导流隧洞的布置

①隧洞轴线沿线地质条件良好，足以保证隧洞施工和运行的安全。

②隧洞轴线宜按直线布置，如有转弯，转弯半径不小于 5 倍洞径（或洞宽），转角不宜大于 60°，弯道首尾应设直线段，长度不应小于 3～5 倍的洞径（或洞宽）；进出口引渠轴线与河流主流方向夹角宜小于 30°。

③隧洞间净距、隧洞与永久建筑物间距、洞脸与洞顶围岩厚度均应满足结构和应力要求。

④隧洞进出口位置应保证水力学条件良好，并伸出堰外坡脚一定距离，一般距离应大于 50m，以满足围堰防冲要求。进口高程多由截流控制，出口高程由下游消耗能力控制，洞底按需要设计成缓坡或急坡，避免成反坡。

（3）导流隧洞断面设计

隧洞断面尺寸的大小，取决于设计流量、地质和施工条件，洞径应控制在施工技术和结构安全允许范围内，目前国内单洞断面尺寸多在 200 m² 以下，单洞泄量不超过 2000～2500 m³/s。

隧洞断面形式取决于地质条件、隧洞工作状况（有压或无压）及施工条件，常用断面形式有圆形、马蹄形、方圆形（城门洞形）。圆形多用于高水头处，马蹄形多用于地质条件不良处，方圆形有利于截流和施工，国内外导流隧洞多采用方圆形。

洞身设计中，糙率 n 值的选择是十分重要的问题。糙率的大小直接影响到断面的大小，而衬砌与否、衬砌的材料和施工质量、开挖的方法和质量则是影响糙率大小的因素。一般混凝土衬砌糙率值为 0.014～0.017，不衬砌隧洞的糙率变化较大，光面爆破时为 0.025～0.032，一般炮眼爆破时为 0.035～0.044。设计时应根据具体条件，查阅有关手册，选取合适的糙率值。对重要的导流隧洞工程，应通过水工模型试验验证其糙率的合理性。

导流隧洞设计应考虑后期封堵要求，布置封堵闸门门槽及启闭平台设施。如果有条件，应使导流隧洞与永久隧洞结合，以利节省投资（如小浪底工程的三条导流隧洞后期将改建为三条孔板消能泄洪洞）。一般高水头枢纽，导流隧洞只可能与永久隧洞部分相结合，中低水头枢纽则有可能全部相结合。

（二）分段围堰法导流

分段围堰法，也称分期围堰法或河床内导流，就是用围堰将建筑物分段分期围护起来进行施工的方法。

所谓分段，就是从空间上将河床围护成若干个干地施工的基坑段进行施工。所谓分期，就是从时间上将导流过程划分成阶段。导流的分期数和围堰的分段数并不一定相同，因为在同一导流分期中，建筑物可以在一段围堰内施工，也可以同时在不同段内施工。必须指出，段数分的越多，围堰工程量越大，施工也越复杂；同样，期数分的越多，工期有可能拖得越长。因此，在工程实践中，二段二期导流法采用得最多（如葛洲坝工程、三门峡工程等）。只有在比较宽阔的通航河道上施工，不允许断航或其他特殊情况下，才采用多段多期导流法。

分段围堰法导流一般适用于河床宽阔、流量大、施工期较长的工程，尤其在通航河流和冰凌严重的河流上。这种导流方法的费用较低，国内外一些大、中型水利工程采用较多。分段围堰法导流，前期由束窄的原河道导流，后期可利用事先修建好的泄水道导流，常见泄水道的类型有底孔、缺口等。

1.底孔导流

利用设置在混凝土坝体中的永久底孔或临时底孔作为泄水道，是二期导流经常采用的方法。导流时让全部或部分导流流量通过底孔宣泄到下游，保证后期工程的施工。如果是临时底孔，在工程接近完工或需要蓄水时要加以封堵。采用临时底孔时，底孔的尺寸、数目和布置，要通过相应的水力学计算确定，其中底孔的尺寸在很大程度上取决于导流的任务（过水、过船、过木和过鱼）以及水工建筑物结构特点和封堵用闸门设备的类型。底孔的布置要满足截流、围堰工程以及本身的封堵要求。如底坎高程布置较高，截流时落差就大，围堰也高，但封堵时的水头较低，封堵措施就容易。一般底孔的底坎高程应布置在枯水位之下，以保证枯水期泄水。当底孔数目较多时可把底孔布置在不同的高程，封堵时从最低高程的底孔堵起，这样可以减少封堵时所承受的水压力。

临时底孔的断面形状多采用矩形，为了改善孔周的应力状况，也可采用有圆角的矩形。按水工结构要求，孔口尺寸应尽量小，但某些工程由于导游流量较大，只好采用尺寸较大的底孔。

底孔导流的优点是：挡水建筑物上部的施工可以不受水流的干扰，有利于均衡连续施工和修建高坝。若坝体内设有永久底孔可以用来导流，则更为理想。底孔导流的缺点是：由于坝体内设置了临时底孔，使钢材用量增加；如果封堵质量不好，会削弱坝体的整体性，还有可能漏水；在导流过程中底孔有被漂浮物堵塞的危险；封堵时由于水头较高，安放闸门及止水等均较困难。

2.坝体缺口导流

混凝土坝施工过程中，当汛期河水暴涨暴落，其他导流建筑物不足以宣泄全部流量时，为了不影响坝体施工进度，使坝体在涨水时仍能继续施工，可以在未建成的坝体上预留缺口，以便配合其他建筑物宣泄洪峰流量，待洪峰过后，上游水位回落，再继续修筑缺口。所留缺口的宽度和高度取决于导流设计流量、其他建筑物的泄水能力、建筑物的结构特点和施工条件。采用底坎高程不同的缺口时，为避免高低缺口单宽流量相差过大，产生高缺口向低缺口的侧向泄流，引起压力分布不均匀，需要适当控制高低缺口间的高差。其高差以不超过 4～6m 为宜。在修建混凝土坝，特别是大体积混凝土坝时，由于坝体缺口导流方法比较简单，故常被采用。

上述两种导流方式，一般只适用于混凝土坝，特别是重力式混凝土坝枢纽。至于土石坝或非重力式混凝土坝枢纽，多采用分段围堰法导流，常与隧洞导流、明渠导流等河床外导流方式相结合。

二、重力坝施工总体布置

（一）施工总体布置的任务

施工总体布置设计，涉及的问题比较广泛，且每个工程各有其特点，共性少，难有一定格式可以沿用。所以在设计过程中，要根据工程规模、特点和施工条件，以永久建筑物为中心，研究解决主体工程施工与其辅助企业、交通道路、仓库、临时房屋、施工动力、给排水管线及其他施工设施等总体布置问题，即正确解决施工地区的空间组织问题，以期在规定期限内完成整个工程的建设任务，并应注意下列各点：

（1）施工临时设施与水利枢纽工程永久性设施应相互结合，统一规划。

（2）确定施工临建设施项目及其规模时，应研究利用已有的当地企业（或附近地区和其他专业部门）经营的设施，提高水利工程施工服务的可能性与合理性。

（3）建设工程所在地区如果有国家批准的城镇建设规划，施工总布置设计在满足工程施工需要和不增加（或增加很少）工程投资的前提下，尽可能结合城镇建设进行布置。

（4）主要施工设施和主要施工工厂与防洪标准应根据工程规模、工期长短、水文特性及损失大小，采用 5～20 年一遇的洪水防洪标准，高于或低于上述标准，要进行论证。

（5）施工场内交通规划必须满足工程施工需要，适应施工程序、工艺流程；全面协调单项工程、施工企业、地区间交通运输的连接与配合；力求使交通联系简便，运输组织合理，节省工程投资，减少管理运营费用。

（6）施工总布置设计应紧凑合理，节约用地，并尽量利用荒地、滩地、坡地，不占或少占良田。

（7）统筹规划堆、弃渣场地，必须做好土石方量平衡设计，在不影响防洪的情况下，尽量利用山沟、荒地、河滩堆渣，并做必要的疏导、排水工程。做好水土保持方案，如有条件，可适当考虑利用弃渣改土造田或做他用。如太平驿电站利用弃渣堆填场地为搬迁的村民修建房屋。

（8）施工总布置设计除应遵循本部门各有关专业规程规范外，还应参照执行各有关专业部门颁布的规程、规范和规定。

（9）凡属下列特殊类别地区，不经论证，不得布置施工设施：①严重不良地质区域或滑坡体危害地区；②泥石流、山洪、沙暴或雪崩可能危害地区；③国家或地方政府保护的文物、古迹、名胜区或自然保护区；④对重要资源开发有干扰的地区；⑤空气、水质、噪声等环境污染较严重地区；⑥受爆破或其他因素影响严重的地区。

（二）施工总体布置的内容

施工总体布置总的来说应包括以下内容：一切原有的建筑物、构筑物（含地上、地下）；一切拟建的建筑物、构筑物（含地上、地下）；一切为拟建建筑物施工服务的临时建筑物和临时设施。该部分内容根据设计阶段不同，其深度不同。

1.可行性研究报告阶段的内容

（1）论证选择对外交通方式；（2）研究主要生产、生活设施的规模；（3）规划分区布置；（4）估算临建工程量和施工占地。

2.初步设计阶段的内容

（1）选择对外交通方式及具体线路；提出选定方案的线路标准（包括改建、新建标准）；重大部件运输措施；转运站、桥涵、隧洞、渡口、码头、仓库和装卸设施的规划与布置；水陆联运及国家干线的连接方案；对外交通工程施工进度安排。

（2）选定场内主要交通线路的规划、布置和标准；提出场内交通运输线路、工程设施工程量；提出在工程筹建期为施工单位进场施工创造条件的场内主要交通干线、桥梁、码头、车站、转运站、仓库、货场及装卸设施等工程项目的施工进度安排和技术要求；选定施工期间过坝交通运输方案；在永久和临时交通干线相结合时，提出场内交通干线的规划设计及其使用条件。

（3）确定施工现场分区布置（包括生产生活设施和交通运输等布置、占地面积及土石方工程量）；提出场地平整土石方工程量、出渣及土石方平衡利用规划；提出各类房屋分区布置一览表；提出总的施工总布置图。

（4）提出工程施工期和工程筹建期所需要的总的施工征地面积、范围，以及两者的衔接和协调；提出各施工分区及分期施工场地范围内的各类移民、征地和实物指标，计算施工征地面积，提出分区分期施工的征地计划，研究征地再利用的可能性。

（5）提出工程筹建期和施工准备工程项目在布置、进度、施工之间的衔接和协调方案，提出工程筹建期的施工总布置图。

3.技施设计阶段的内容

（1）在初步设计确定的施工总布置方案的基础上，根据全工程合同的组合和划分情况，分别规划出各个合同的施工场地与合同责任区，并标出明显的分区标志。

（2）对共用场地设施、道路等的使用、维护和管理等问题作出合理安排，明确各方的权利和义务。

（3）本阶段应在初步设计施工交通规划的基础上，进一步落实和完善工程内外交通（包括施工期通航、过木设施），并从合同实施的角度，确定场内外工程各合同的划分及其实施计划。原则上对外交通和主要的场内交通干线、码头转运站等，由业主组织建设；至各个作业场或工作面的支线，由辖区承包商自行建设。场内外施工道路、专用铁路及航运码头的建设，一般按当地合同提前组织施工，以保证后续工程尽早具备开工条件。

（4）对于大型超限设备的运输问题，本阶段应与有关运输部门联系，共同研究制订超限运输措施并落实实施计划。在有条件的情况下，尽早考虑由承运单位与承包商直接建立运输合同，尽量简化现场合同管理工作。

（5）在初设施工组织设计基础上，根据技术设计提供的更为精确的土石方开挖量及土石料填筑量，进行全工程范围内的土石方平衡设计，最终确定土石料场、堆弃渣场的位置、数量与规模。

（6）对于施工期施工现场的三废（废弃物、废水、废气）、料场、堆渣场、弃渣场以及露天开挖面等，均要按国家有关法律与规定做必要的环保设计。

（7）施工现场计划征用的土地，包括料场堆、弃渣场、作业场道路设施等占用的土地，均应本着节约的原则，认真考虑，并做出详细的分区分期征地计划。

（三）施工总布置规划原则及规划分区

1.施工总布置规划原则

施工总体布置设计应在因地制宜、因时制宜、利于生产、方便生活、快速安全、经济可靠、易于管理的原则指导下进行。同时，应注意以下几点：

（1）根据工程施工特点及进度要求，选择适当的施工临时设施项目和规模。

（2）根据地形地质条件和枢纽布置情况，以分区规划为重点，结合场内外主要交通运输线路条件，按紧凑合理、节约用地、少占耕地的原则布置。

（3）做好土石方挖填平衡，在符合环保要求和不影响河道排洪及抬高下游尾水位的前提下，充分利用渣料形成施工场地。

（4）避免在下列地区设置施工临时设施：

①严重不良地质区域或滑坡体危害地区；②泥石流、山洪、沙暴或雪崩可能危害地区；③重点保护文物、古迹、名胜区或自然保护区；④对重要资源开发有干扰的地区；⑤空气、水质、噪声等环境污染较严重地区；⑥受爆破或其他因素影响严重的地区。

（5）设在河道沿岸的主要施工场地，应根据工程规模、工期长短、河流水文特性等情况，选择 5～20 年重现期洪水标准予以防护，必要时应进行水力学模型试验，确定场地防护范围。

（6）工程施工区内当地政府若有城镇发展规划方案，则应在满足工程施工需要和不增加工程投资的前提下，适当结合城镇规划方案，设置各种临时生活福利设施，尽量使临建工程与永久设施结合。

（7）做好施工场地排水系统规划，并使废水排放符合环保要求。

（8）对工程弃渣应合理规划堆放，并采取水土保持措施，防止水土流失。

2.施工总布置规划分区

（1）施工总布置可按以下分区：

①主体工程施工区；②施工工厂区；③当地建材开采区；④仓库、站场、码头等储运系统；⑤机电设备、金属结构和大型施工机械设备安装场地；⑥工程弃料堆放区；⑦施工管理中心及各施工工区。

第四章　管道工程与水闸

第一节　管道工程

一、水利工程常用管道概述

随着经济的发展，水利工程建设进入高速发展阶段，管道工程在许多项目中占有很大的比例，因此合理进行管道设计不但能满足工程的实际需要，还能给工程带来有效的投资控制。目前，管材的类型趋于多样化发展，主要有铸铁管、钢管、玻璃钢管、塑料管（PVC-U 管，PE 管）以及钢筋混凝土管等。

（一）铸铁管

铸铁管具有较高的机械强度及承压能力，有较强的耐腐蚀性，接口方便，易于施工。其缺点在于不能承受较大的动荷载及质脆。按制造材料不同分为普通灰口铸铁管和球墨铸铁管，较为常用的为球墨铸铁管。

球墨铸铁管是铸造铁水经添加球化剂后，经过离心机高速离心铸造成的低压力管材，一般应用管材直径可达 3000mm。其机械性能得到了较好的改善，具有铁的本质、钢的性能。防腐性能优异、延展性能好、安装简易，主要用于输水、输气、输油等。

　　球墨铸铁和普通铸铁里均含有石墨单体，即铸铁是铁和石墨的混合体。但普通铸铁中的石墨是片状存在的，石墨的强度很低，所以相当于铸铁中存在许多片状的空隙，因此普通铸铁强度比较低，材质比较脆。球墨铸铁中的石墨是呈球状的，相当于铸铁中存在许多球状的空隙。球状空隙对铸铁强度的影响远比片状空隙小，所以球墨铸铁强度比普通铸铁强度高很多，球墨铸铁的性能虽接近于中碳钢，但价格比钢材便宜。

　　目前，我国具备一定生产规模的球墨铸铁管厂家一般都有专业化生产线，产品数量及质量稳定、刚度好、耐腐蚀性好、使用寿命长、承受压力较大。如果用 T 型橡胶接口，其柔性好、对地基适应性强、现场施工方便、对施工条件要求不高，其缺点是价格较高。

（二）钢管

　　钢管是经常采用的管道。其优点有管径可随需要进行加工，承受压力高，耐振动，薄而轻及管节长而接口少，接口形式灵活，单位管长重量轻，渗漏小，节省管件，适合穿越较复杂的地形，可现场焊接，运输方便等。钢管一般用于对管径要求大、受水压力高的管段，以及穿越铁路、河谷和地震区等管段。缺点是易锈蚀影响使用寿命、价格较高，故须做严格防腐绝缘处理。

（三）玻璃钢管

　　玻璃钢管也称玻璃纤维缠绕夹砂管（RPM 管）。主要以玻璃纤维及其制品为增强材料，以高分子成分的不饱和聚酯树脂、环氧树脂等为基本材料，以石英砂及碳酸钙等无机非金属颗粒材料为填料作为主要原料。管的标准有效长度为 6m 和 12m，其制作方法有定长缠绕工艺、离心浇铸工艺以及连续缠绕工艺三种。目前，在水利工程领域已被广泛应用，如长距离输水、城市供水、输送污水等。

　　玻璃钢管是近年来在我国兴起的新型管道材料，优点是管道糙率系数低，一般按 n=0.0084 计算，其选用管径较球墨铸铁管或钢管小一级，可降低工程造价，且管道自重轻，运输方便，施工强度低，材质卫生，对水质无污染，耐腐蚀性能好。其缺点是管道本身承受外压能力差，对施工技术要求高，生产中人工因素影响较大，如管道管件、三通、弯头生产，必须有严格的质量保证措施。

玻璃钢管的特点：

（1）耐腐蚀性好，对水质无影响。玻璃钢管道能抵抗酸、碱、盐、海水、未经处理的污水、腐蚀性土壤或地下水及众多化学流体的侵蚀。比传统管材的使用寿命更长，其设计使用寿命一般为 50 年以上。

（2）耐热性、抗冻性好。在-30℃状态下，仍具有良好的韧性和极高的强度，可在-50℃～80℃的范围内长期使用。

（3）自重轻、强度高、运输安装方便。采用纤维缠绕生产的夹砂玻璃钢管道，其比重在 1.65～2.0，环向拉伸强度为 180～300MPa，轴向拉伸强度为 60～150MPa。

（4）摩擦阻力小，输水水头损失小。内壁光滑，糙率和摩擦阻力很小。糙率系数可达 0.0084，能显著减少沿程的流体压力损失，提高输水能力。

（5）耐磨性好。

（四）塑料管

塑料管一般是以塑料树脂为原料，加入稳定剂、润滑剂等熔融而成的制品。由于它具有质轻、耐腐蚀、外形美观、无不良气味、加工容易、施工方便等特点，在建筑工程中获得了越来越广泛的应用。

1.塑料管材特性

塑料管的主要优点是表面光滑、输送流体阻力小、耐蚀性能好、质量轻、成型方便、加工容易，缺点是强度较低，耐热性差。

2.塑料管材分类

塑料管有热塑性塑料管和热固性塑料管两大类。热塑性塑料管采用的主要树脂有聚氯乙烯树脂、聚乙烯树脂、聚丙烯树脂、聚苯乙烯树脂、丙烯腈-丁二烯-苯乙烯树脂、聚丁烯树脂等；热固性塑料管采用的主要树脂有不饱和聚酯树脂、环氧树脂、呋喃树脂、酚醛树脂等。

（五）钢筋混凝土管

钢筋混凝土管分为素混凝土管、普通钢筋混凝土管、自应力钢筋混凝土管和预应力混凝土管四类。按混凝土管内径的不同，可分为小直径管（内径400mm 以下）、中直径管（400～1400mm）和大直径管（1400mm 以上）。按混凝土管承受水压能力的不同，可分为低压管和压力管，压力管的工作压力一般有 0.4MPa、0.6MPa、0.8MPa、1.0MPa、1.2MPa 等。混凝土管与钢管比较，按管子接头形式的不同，又可分为平口式管、承插式管和企口式管。其接口形式有水泥砂浆抹带接口、钢丝网水泥砂浆抹带接口、水泥砂浆承插和橡胶圈承插等。

成型方法有离心法，振动法，滚压法，真空作业法以及滚压、离心和振动联合作用的方法。预应力管配有纵向和环向预应力钢筋，因此具有较高的抗裂和抗渗能力。20 世纪 80 年代，中国和其他一些国家研制出了自应力钢筋混凝土管，其主要特点是利用自应力水泥在硬化过程中的膨胀作用产生预应力，简化了制造工艺。混凝土管与钢管比较，可以大量节约钢材，延长使用寿命，且建厂投资少，铺设安装方便，已在工厂、矿山、油田、港口、城市建设和农田水利工程中得到广泛的应用。

混凝土管的优点有抗渗性和耐久性能好、不会腐蚀及腐烂、内壁不结垢等；缺点是质地较脆易碰损、铺设时要求沟底平整、且需做管道基础及管座，常用于大型水利工程。

预应力钢筒混凝土管（PCCP）是指在带有钢筒的高强混凝土管芯上缠绕环向预应力钢丝，再喷制致密的水泥砂浆保护层而制成的输水管。用钢制承插口和钢筒焊在一起，由承插口上的凹槽与胶圈形成滑动式柔性接头，是将钢板、混凝土、高强钢丝和水泥砂浆几种材料组合而成的复合型管材，主要有内衬式和嵌置式两种形式。在水利工程中应用广泛，如跨区域输水、农业灌溉、污水排放等。是近年来在我国开始使用的新型管道材料，具有强度高、抗渗性好、耐久性强、不需防腐等优点，且价格较低。缺点是自重大、运输费用高、管件需要做成钢制。在大批量使用时，可在工程附近建厂加工制作，减少长途运输环节，缩短工期。

PCCP 管道的特点：

（1）能够承受较高的内外荷载。

（2）安装方便，适宜在各种地质条件下施工。

（3）使用寿命长。

（4）运行和维护费用低。

PCCP 管道工程设计、制造、运输和安装难点集中在管道连接处。管件连接的部位主要有：顶管两端连接、穿越交叉构筑物及河流等竖向折弯处、管道控制阀、流量计、入流或分流叉管及排气检修设施两端。

二、管道施工方法

（一）管道开槽法施工

1.沟槽的形式

沟槽的开挖断面应考虑管道结构的施工方便，确保工程质量和安全，具有一定强度和稳定性，同时也应考虑少挖方、少占地、经济合理的原则。在了解开挖地段的土壤性质及地下水水位情况后，可结合管径大小、埋管深度、施工季节、地下构筑物等情况，以及施工现场及沟槽附近地下构筑物的位置来选择开挖方法，并合理地确定沟槽开挖断面。常采用的沟槽断面形式有直槽、梯形槽、混合槽等，当有两条或多条管道共同埋设时，还需采用联合槽。

（1）直槽

即槽帮边坡基本为直坡（边坡小于 0.05 的开挖断面）。直槽一般都用于地质情况好、工期短、深度较浅的小管径工程，如地下水位低于槽底，直槽深度不超过 1.5m 的情况。在地下水位以下采用直槽时需考虑支撑问题。

（2）梯形槽（大开槽）

即槽帮具有一定坡度的开挖断面，开挖断面槽帮放坡，不用支撑。槽底如在地下水位以下，目前多采用人工降低水位的施工方法减少支撑。采用此种大开槽断面，在土质好（如黏土、亚黏土）时，即使槽底在地下水以下，也可以在槽底挖排水沟，进行表面排水，保证其槽帮土壤的稳定。大开槽断面是应用较多的一种形式，尤其适用于机械开挖的施工方法。

（3）混合槽

即由直槽与大开槽组合而成的多层开挖断面，较深的沟槽宜采用此种混合槽分层开挖断面。混合槽一般多为深槽施工。采取混合槽施工时上部槽尽可能采用机械施工开挖，下部槽的开挖常需同时考虑采用排水及支撑的施工措施。

沟槽开挖时，为防止地面水流入坑内冲刷边坡，造成塌方和破坏基土的情况，上部应有排水措施。对于较大的井室基坑的开挖，应先进行测量定位，抄平放线，定出开挖长度，按放线分层挖土，根据土质和水文情况采取在四侧或两侧直立开挖和放坡的方式，以保证施工操作安全。放坡后基坑上口宽度由基础底面宽度及边坡坡度来决定，坑底宽度应根据管材、管外径和接口方式等确定，以便于施工操作。

2.开挖方法

沟槽开挖有人工开挖和机械开挖两种施工方法。

（1）人工开挖

在小管径、土方量少或施工现场狭窄、地下障碍物多、不宜采用机械挖土或深槽作业时，底槽需支撑无法采用机械挖土时，通常采用人工开挖。

人工开挖使用的主要工具为铁锹、镐，主要施工工序为放线、开挖、修坡、清底等。

沟槽开挖须按开挖断面先求出中心到槽口的边线距离，并按此在施工现场施放开挖边线。槽深在 2m 以内的沟槽，人工开挖与沟槽内出土结合在一起进行。较深的沟槽分层开挖，每层开挖深度一般在 2~3m 为宜，利用层间留台的方式进行人工倒土出土。在开挖过程中应控制开挖断面将槽帮边坡挖出，槽帮边坡应不陡于规定坡度，检查时可用坡度尺检验，外观检查不得有亏损、鼓胀现象，表面应平顺。

槽底土壤严禁扰动。挖槽在接近槽底时，要加强测量，注意清底，不要超挖。如果发生超挖情况，应按规定要求进行回填，槽底应保持平整，槽底高程及槽底中心每侧宽度均应符合设计要求，同时满足土方槽底高程偏差±20mm，石方槽底高程偏差 20~200mm。

沟槽开挖时应注意施工安全，操作人员应有足够的安全施工工作面，防止被铁锹、镐碰伤。槽帮上如有石块碎砖应清走。原沟槽每隔 50m 设一座梯子，上下沟槽应走梯子。在槽下作业的工人应戴安全帽。当在深沟内挖土清底时，沟上要有专人监护，注意保持沟壁的完好，确保作业的安全，防止沟壁塌方伤人。每日上下班前，应检查沟槽有无裂缝、坍塌等现象。

（2）机械开挖

目前，使用的挖土机械主要有推土机、单斗挖土机、装载机等。机械挖土的特点是效率高、速度快、占用工期少。为了充分发挥机械施工的特点，提高机械利用率，保证安全生产，施工前的准备工作应细致，并合理选择施工机械。沟槽（基坑）的开挖，多是采用机械开挖、人工清底的施工方法。

机械挖槽时，应保证槽底土壤不被扰动和破坏。一般的，机械不可能准确地将槽底按规定高程整平，设计槽底以上宜留 20~30cm 不挖，而用人工清挖的施工方法。

采用机械挖槽方法，应向机械司机详细交底，交底内容一般包括挖槽断面（深度、槽帮坡度、宽度）的尺寸、堆土位置、电线高度、地下电缆、地下构筑物及施工要求，并根据情况同机械操作人员制订安全生产措施后，方可进行施工。机械司机进入施工现场，应听从现场指挥人员的指挥，对涉及现场机械、人员安全的情况应及时提出意见，妥善解决，确保安全。

指定专人与机械司机配合，保质保量，安全生产。其他配合人员应熟悉机械挖土有关的安全操作规程，掌握沟槽开挖断面尺寸，算出应挖深度，及时测量槽底高程和宽度，防止超挖和亏挖，经常查看沟槽有无裂缝、坍塌迹象，注意机械工作安全。挖掘前，当机械司机释放喇叭信号后，其他人员应离开工作区，维护现场的施工安全。工作结束后指引机械司机开到安全地带，当指引机械工作和行动时，注意上空线路及行车安全。

配合机械作业的土方辅助人员，如清底、平地、修坡人员应在机械的回转半径以外操作，如必须在其半径以内工作时，应在机械运转停止后方可允许进入操作区。机上机下人员应密切配合，当机械回转半径内有人时，应严禁开动机器。

在地下电缆附近工作时，必须查清地下电缆的走向并做好明显的标志。采用挖土机挖土时，应严格保持 1m 以外的距离。其他各类管线也应查清走向，开挖断面应在管线外保持一定距离，一般以 0.5～1m 为宜。

无论是人工挖土还是机械开挖，管沟应以设计管底标高为依据。要确保施工过程中沟底土壤不被扰动、不被水浸泡、不受冰冻、不遭污染。当无地下水时，挖至规定标高以上 5～10cm 时即可停挖；当有地下水时，则挖至规定标高以上 10～15cm，待下管前清底。

挖土不允许超过规定高程，若局部超挖应认真进行人工处理。当超挖在 15cm 之内又无地下水时，可用原状土回填夯实，其密实度不应低于 95%；当沟底有地下水或沟底土层含水量较大时，可用砂夹石回填。

3.下管

下管方法有人工下管法和机械下管法。应根据管子的重量和工程量的大小、施工环境、沟槽断面、工期要求及设备供应等情况综合考虑后确定。

（1）人工下管法

人工下管应以施工方便、操作方便为原则，可根据工人操作的熟练程度、管子重量、管子长短、施工条件、沟槽深浅等因素综合考虑。其适用范围包括：管径小，自重轻；施工现场狭窄，不便于机械操作；工程量较小，而且机械供应有困难等情况。

①贯绳下管法

适用于管径小于30cm的混凝土管、缸瓦管。用带铁钩的粗白棕绳，由管内穿出勾住管头，然后一边用人工控制白棕绳，一边滚管，将管子缓慢送入沟槽内。

②压绳下管法

压绳下管法是人工下管法中最常用的一种方法。

适用于中、小型管子，方法灵活，可作为分散下管法。具体操作是在沟槽上边打入两根撬棍，分别套住一根下管大绳，绳子一端用脚踩牢，用手拉住绳子另一端，听从一人号令，徐徐放松绳子，直至将管子放至沟槽底部。

当管子自重大，一根撬棍的摩擦力不能克服管子自重时，两边可各自多打入一根撬棍，以增大绳的摩擦阻力。

③集中压绳下管法

此种方法适用于较大管径的管子。具体操作为从固定位置往沟槽内下管，然后在沟槽内将管子运至稳管位置。在下管处埋入1/2立管长度，内填土方，将下管用的两根大绳缠绕（一般绕一圈）在立管上，绳子一端固定，另一端由人工操作，利用绳子与立管之间的摩擦力控制下管速度。操作时注意两边放绳速度要均匀，防止管子倾斜。

④搭架法（吊链下管）

常用的有三脚架法和四脚架法，在架子上装上吊链起吊管子。

其操作过程如下：先在沟槽上铺上方木，将管子滚至方木上。吊链将管子吊起，撤出原铺方木，操作吊链使管子徐徐下入沟底。下管用的大绳应质地坚固、不断股、不糟朽、无夹心。

（2）机械下管法

机械下管速度快、安全，并且可以减轻工人的劳动强度。条件允许时，应尽可能采用机械下管法。其适用条件为：管径大，自重大；沟槽深，工程量大；施工现场便于机械操作的情况。

机械下管一般沿沟槽移动。因此，沟槽开挖时应在一侧堆土，另一侧作为机械工作面、运输道路、管材堆放场地。管子堆放在下管机械的臂长范围之内，以减少管材的二次搬运。

机械下管视管子重量选择起重机械，常用的起重机械有汽车起重机和履带式起重机。采用机械下管时，应设专人统一指挥。机械下管不应一点起吊，采用两点起吊时吊绳应找好重心，平吊轻放。各点绳索受的重力与管子自重、吊绳的夹角有关。

起重机禁止在斜坡地方吊着管子回转，轮胎式起重机作业前将支腿撑好，轮胎不应承担起吊的重量。支腿距沟边要有 2m 以上距离，必要时应垫木板。在起吊作业区内，禁止无关人员停留或通过。在吊钩和被吊起的重物下面，严禁任何人通过或站立。起吊作业不应在带电的架空线路下作业，在架空线路同侧作业时，起重机臂杆与架空线应保持一定安全距离。

4.稳管

稳管是将每节符合质量要求的管子按照设计的平面位置和高程稳定在地基或基础上。稳管包括管子对中和对高程两个环节，两者同时进行。

（1）管轴线位置的控制

管轴线位置的控制是指所铺设的管线符合设计规定的坐标位置。其方法是在稳管前由测量人员将管中心测钉设在坡度板上，稳管时由操作人员将坡度板上中心钉挂上小线，即为管轴线的位置。稳管具体操作方法有中心线法和边线法。

①中心线法

即在中心线上挂一垂球，在管内放置一块带有中心刻度的水平尺，当垂球线穿过水平尺的中心刻度时，则表示管子已经对准中心。倘若垂线往水平尺中心刻度左边偏离，表明管子往右偏离中心线相等一段距离，调整管子位置，使其居中为止。

②边线法

即在管子同一侧钉一排边桩，其高度接近管子中心处。在边桩上钉一小钉，其位置距中心垂线保持同一常数值。稳管时，将边桩上的小钉挂上边线，即边线是与中心垂线相距同一距离的水平线。在稳管操作时，使管外皮与边线保持同一间距，表示管道中心处于设计轴线位置。边线法稳管操作简便，应用较为广泛。

（2）管内底高程控制

沟槽开挖接近设计标高，由测量人员埋设坡度板，坡度板上标出桩号、高程和中心钉。坡度板埋设间距：排水管道一般为 10m；给水管道一般为 15～20m。管道平面及纵向折点和附属构筑物处，根据需要增设坡度板。

若相邻两块坡度板的高程钉至管内底的垂直距离保持同一常数，则两个高程钉的连线坡度与管内底坡度相平行，该连线称坡度线。坡度线上任何一点到管内底的垂直距离为一常数，称为下反数。稳管时，用一木制丁字形高程尺，上面标出下反数刻度，将高程尺垂直放在管内底中心位置，调整管子高程，使高程尺的下反数刻度与坡度线相重合，则表明管内底高程正确。

稳管工作的对中和对高程两者同时进行，根据管径大小，可由 2 人或 4 人进行，互相配合，稳好后的管子用石块垫牢。

5.沟槽回填

管道主要采用沟槽埋设的方式，由于回填土部分和沟壁原状土不是一个整体结构，整个沟槽的回填土都对管顶存在一个作用力，而压力管道埋设于地下，一般不做人工基础，回填土的密实度要求虽严，实际上若达到这一要求并不难，因为管道在安装及输送介质的初期一直处于沉降的不稳定状态。对土壤而言，这种沉降通常可分为三个阶段：第一阶段是逐步压缩，使受扰动的沟底土壤受压；第二阶段是土壤在它弹性限度内的沉降；第三阶段是土壤受压超过其弹性限度的压实性沉降。

对于管道施工的工序而言，管道沉降分为五个过程：管子放入沟内，由于管材自重使沟底表层的土壤压缩，引起管道第一次沉降，如果管子入沟前没挖接头坑，在这一沉降过程中，当沟底土壤较密、承载能力较高、管道口径较小时，管和土的接触主要在承口部位；开挖接头坑，使管身与土壤接触或使管身与土壤接触面积发生变化，从而引起第二次沉降；管道灌满水后，因管重变化引起第三次沉降；管沟回填土后，同样引起第四次沉降；实践证明，整个沉降过程不因沟槽内土的回填而终止，它还有一个较长时期的缓慢沉降过程，这就是第五次沉降。

管道的沉降是管道垂直方向的位移，是由管底土壤受力后变形所致，不一定是管道基础的破坏。沉降的快慢及沉降量的大小随着土壤的承载力、管道作用于沟底土壤的压力、管道和土壤接触面形状的变化而变化。

如果管底土质发生变化，管接口及管道两侧（胸腔）回填土的密实度不好，就可能发生管道的不均匀沉降，引起管接口的应力集中，造成接口漏水等问题。而这些问题又会引起管道基础的破坏，反过来加剧管道的不均匀沉降，最后导致管道更大程度的损坏。管道沟槽的回填，特别是管道胸腔土的回填极为重要，否则管道会因应力集中而变形、破裂。

（二）管道不开槽法施工

1.掘进顶管法

掘进顶管法包括人工取土顶管法、机械取土顶管法等。

（1）人工取土顶管法

人工取土顶管法是依靠人工在管内前端挖掘土壤，然后在工作坑内借助顶进设备，把敷设的管子按设计中线和高程的要求顶入，并用小车将土从管中运出。适用于管径大于 800mm 的管道顶进，应用较为广泛。

①顶管施工的准备工作

工作坑是掘进顶管施工的主要工作场所，应有足够的空间和工作面，保证下管、安装顶进设备和操作间距。施工前，要选定工作坑的位置、尺寸及进行顶管后背验算。后背可分为浅覆土后背和深覆土后背，具体计算方法可按挡土墙计算方法确定。顶管时，后背不应当被破坏，产生不允许的压缩变形。工作坑的位置可根据以下条件确定：根据管线设计，排水管线可选在检查井处。单向顶进时，应选在管道下游端，以利排水。考虑地形和土质情况，选择可利用的原土后背。工作坑与被穿越的建筑物之间要有一定安全距离，且距水、电源地方较近。

②挖土与运土

管前挖土是保证顶进质量及地上构筑物安全的关键，管前挖土的方向和开挖形状直接影响顶进管位的准确性。由于管子在顶进中是循着已挖好的土壁前进的，所以在管前周围应严格控制，避免超挖。

管前挖土深度一般等于千斤顶出镐长度，如土质较好，可超前 0.5m。超挖过大，土壁开挖形状就不易控制，易引起管位偏差和上方土坍塌。在松软土层中顶进时，应采取加固管顶上部土壤或管前安设管檐的方法，防止操作人员在内挖土时发生坍塌伤人事故。

管前挖出土应及时外运。管径较大时，可用双轮手推车推运。管径较小时应采用双筒卷扬机牵引四轮小车出土。

③顶进

顶进是利用千斤顶出镐，在后背不动的情况下，将被顶进管子向前推进。其操作过程如下：安装好顶铁并挤牢，管前端已挖一定长度后启动油泵，千斤顶进油，活塞伸出一个工作行程，将管子推出一定距离。停止油泵，打开控制闸，千斤顶回油，活塞回缩。添加顶铁，重复上述操作，直至需要安装下一节管子为止。卸下顶铁，下管，在混凝土管接口处放一圈麻绳，以保证接口缝隙和受力均匀。在管内口处安装一个内涨圈，作为临时性加固措施，防止顶进纠偏时错口，涨圈直径小于管内径 5～8cm，空隙用木楔背紧，涨圈用 7～8mm 厚钢板焊制，宽 200～300mm。重新装好顶铁，重复上述操作。在顶进过程中，要做好顶管测量及误差校正工作。

（2）机械取土顶管法

机械取土顶管法与人工取土顶管法除了掘进和管内运土不同外，其余部分大致相同。机械取土顶管法是在被顶进管子前端安装机械钻进的挖土设备，配上皮带运土，可代替人工挖土、运土。

2.盾构法

盾构是用于地下不开槽法施工时进行地层开挖及衬砌拼装时起支护作用的施工设备，基本构造由开挖系统、推进系统和衬砌拼装系统三部分组成。

（1）施工准备

盾构施工前根据设计提供的图纸和有关资料，应对施工现场进行详细勘察，对地上、地下障碍物，地形，土质，地下水和现场条件等诸方面进行了解，根据勘察结果，制定盾构施工方案。

盾构施工的准备工作还应包括测量定线、衬块预制、盾构机械组装、降低地下水位、土层加固以及工作坑开挖等。

（2）盾构工作坑的设置及始顶

盾构法施工也应当设置工作坑，作为盾构开始、中间和结束的工作井。

盾构开始，工作坑与顶管工作坑相同，其尺寸应满足盾构和顶进设备的尺寸要求。工作坑周壁应做支撑或者采用沉井、连续墙加固，防止其坍塌，并在顶进装置背后做好牢固的后背。

盾构在工作坑导轨上至盾构完全进入土中的这一段距离，借助外部千斤顶顶进。与顶管方法相同。

当盾构已进入土中以后，在开始工作坑后背与盾构衬砌环之间各设置一个木环，其大小尺寸与衬砌环相等，在两个木环之间用圆木支撑，作为始顶段的盾构千斤顶的支撑结构。一般情况下，衬砌环长度达 30～50m 以后，才能起到后背作用，方可拆除工作坑内圆木支撑。

顶段开始后，即可起用盾构本身千斤顶，将切削环的刃口切入土中，在切削环掩护下进行掘土，一面出土一面将衬砌块运入盾构内，待千斤顶回镐后，对其空隙部分进行砌块拼装。再以衬砌环为后背，启动千斤顶，重复上述操作，盾构便不断前进。

（3）衬砌和灌浆

按照设计要求，确定砌块形状和尺寸以及接缝方法，接口有企口和螺栓连接。

企口接缝防水性能好，但拼装复杂；螺栓连接整体性好，刚度大。

砌块接口涂抹黏结剂，提高防水性能，常用的黏结剂有沥青玛蹄脂、环氧胶泥等。

砌块外壁与土壁间的间隙应用水泥砂浆或豆石混凝土浇筑。通常每隔 3～5 个衬砌环有一灌注孔环，此环上设有 4～10 个灌注孔。灌注孔直径不小于 36mm。

灌浆作业应及时进行。灌入顺序自下而上、左右对称地进行。灌浆时应防止浆液漏入盾构内，在此之前应做好止水。

砌块衬砌和缝隙注浆合称为一次衬砌。在一次衬砌合格后，可进行二次衬砌。二次衬砌可浇筑豆石混凝土、喷射混凝土等。

三、管道的安装

（一）钢管

1.管材要求

管节的材料、规格、压力等级等均应符合设计要求，管节宜工厂预制，现场加工应符合下列规定：（1）管节表面应无斑疤、裂纹、严重锈蚀等缺陷；（2）焊缝外观质量应符合规定，焊缝无损检验合格；（3）直焊缝卷管管节几何尺寸允许偏差应符合规定；（4）同一管节允许有两条纵缝，管径大于或等于 600mm 时，纵向焊缝的间距应大于 300mm；管径小于 600mm 时，纵向焊缝的间距应大于 100mm。

2.钢管安装

管道安装应符合现行国家标准规范的规定，并应符合下列规定：

（1）对首次采用的钢材、焊接材料、焊接方法或焊接工艺，施工单位必须在施焊前按设计要求和有关规定进行焊接试验，并应根据试验结果编制焊接工艺指导书；（2）焊工必须按规定经相关部门考试合格后持证上岗，并应根据经过评定的焊接工艺指导书进行焊接工作；（3）沟槽内焊接时，应采取有效的技术措施保证管道底部的焊缝质量。

管道安装前，管节应逐根测量、编号。宜选用管径相差最小的管节组对对接。下管前应先检查管节的内外防腐层，合格后方可下管。管节组成管段下管时，管段的长度、吊距，应根据管径、壁厚、外防腐层材料的种类及下管方法确定。弯管起弯点至接口的距离不得小于管径，且不得小于 100mm。管节组对焊接时应先修口、清根，管端端面的坡口角度、钝边、间隙，应符合设计要求，不得在对口间隙夹焊焊条或用加热法缩小间隙施焊。对口时应使内壁齐平，错口的允许偏差应为壁厚的 20%，且不得大于 2mm。

对口时纵、环向焊缝的位置应符合下列规定：（1）纵向焊缝应放在管道中心，垂线上半圆的 45° 左右处；（2）纵向焊缝应错开，管径小于 600mm 时，错开的间距不得小于 100mm；管径大于或等于 600mm 时，错开的间距不得小于 300mm；（3）有加固环的钢管，加固环的对焊焊缝应与管节纵向焊缝错开，其间距不应小于 100mm；加固环距管节的环向焊缝不应小于 50mm；（4）环向焊缝距支架净距离不应小于 100mm；（5）直管管段两相邻环向焊缝的间距不应小于 200mm，并不应小于管节的外径；（6）管道任何位置不得有十字形焊缝。

不同壁厚的管节对口时，管壁厚度相差不宜大于 3mm。不同管径的管节相连时，两管径相差大于小管管径的 15%时，可用渐缩管连接。渐缩管的长度不应小于两管径差值的 2 倍，且不应小于 200mm。

管道上开孔应符合下列规定：（1）不得在干管的纵向、环向焊缝处开孔；（2）管道上任何位置不得开方孔；（3）不得在短节上或管件上开孔；（4）开孔处的加固补强应符合设计要求。

直线管段不宜采用长度小于 800mm 的短节拼接。组合钢管的固定口焊接及两管段间的闭合焊接，应在无阳光直照和气温较低时施焊。采用柔性接口代替闭合焊接时，应与设计协商确定。

在寒冷或恶劣环境下焊接应符合下列规定：（1）清除管道上的冰、雪、霜等；（2）工作环境的风力大于 5 级、雪天或相对湿度大于 90%时，应采取保护措施；（3）焊接时，应使焊缝可自由伸缩，并使焊口缓慢降温；（4）冬季焊接时，应根据环境温度进行预热处理。

（二）球墨铸铁管安装

管节及管件的规格、尺寸公差、性能应符合国家有关标准规定和设计要求，进入施工现场时其外观质量应符合下列规定：①管节及管件表面不得有裂纹，不得有妨碍使用的凹凸不平的缺陷；②采用橡胶圈柔性接口的球墨铸铁管，承口的内工作面和插口的外工作面应光滑、轮廓清晰，不得有影响接口密封性的缺陷。

管节及管件下沟槽前，应清除承口内部的油污、飞刺、铸砂及凹凸不平的铸瘤；柔性接口铸铁管及管件承口的内工作面、插口的外工作面应修整光滑，不得有沟槽、凸脊缺陷；有裂纹的管节及管件不得使用。

沿直线安装管道时，宜选用管径公差组合最小的管节组对连接，确保接口的环向间隙均匀；采用滑入式或机械式柔性接口时，橡胶圈的质量、性能、细部尺寸，应符合国家有关球墨铸铁管及管件标准的规定；橡胶圈安装经检验合格后，方可进行管道安装；安装滑入式橡胶圈接门时，推入深度应达到标记环，并复查与其相邻已安好的第一至第二个接口推入深度；安装机械式柔性接口时，应使插口与承口法兰压盖的轴线相重合，螺栓安装方向应一致，用扭矩扳手均匀、对称地紧固。

（三）PCCP管道

1.PCCP管安装原则

PCCP管在坡度较大的斜坡区域安装时，按照由下至上的方向施工，先安装坡底管道，顺序向上安装坡顶管道，注意将管道的承口朝上，以便于施工。根据标段内的管道沿线地形的坡度起伏，施工时分段分区开设多个工作面，同时进行各段管道安装。

现场对PCCP管逐根进行承插口配管量测，按长短轴对正方式进行安装。严禁将管子向沟底自由滚放。采用机具下管时，尽量减少沟槽上机械的移动和管子在管沟基槽内的多次搬运移动。吊车下管时注意吊车站位位置及沟槽边坡的稳定。

2.PCCP管道装卸

装卸PCCP管道的起重机必须具有一定的强度，严禁超负荷或在不稳定的工况下进行起吊装卸，管子起吊采用兜身吊带或专用的起吊工具，严禁采用穿心吊，起吊索具用柔性材料包裹，避免碰损管子。装卸过程始终遵循轻装轻放的原则，严禁溜放或用推土机、叉车等直接碰撞和推拉管子，不得抛、摔、滚、拖。管子起吊时，管中不得有人，管下不准有人逗留。

3.PCCP管道装车运输

管子在装车运输时要采取必要的防振动、防碰撞、防滑移措施，在车上设置弧形支座或在枕木上固定木楔以稳定管子，并与车厢绑扎牢固，避免出现超高、超宽、超重等情况。另外在运输管子时，对管子的承插口要进行妥善的包扎保护，管子上面或里面禁止装运其他物品。

4.PCCP管现场存放

PCCP管只能单层存放，不允许堆放。长期（1个月以上）存放时，必须采取适当的养护措施。存放时保持出厂横立轴的正确摆放位置，不得随意变换位置。

5.PCCP 管现场检验

到达现场的 PCCP 管必须附有出厂证明书，凡标志技术条件不明、技术指标不符合标准规定或设计要求的管子不得使用。证书至少包括如下资料：①交付前钢材及钢丝的试验结果；②用于管道生产的水泥及骨料的试验结果；③每个钢筒试样的检测结果；④管芯混凝土及保护层砂浆试验结果；⑤成品管三边承载试验及静水压力试验报告；⑥配件的焊接检测结果和砂浆、环氧树脂涂层或防腐涂层的证明材料。

管子在安装前必须逐根进行外观检查：检查 PCCP 管尺寸公差，如椭圆度、断面垂直度、直径公差和保护层公差是否符合现行国家质量验收标准规定；检查承插口有无碰损、外保护层有无脱落等。若发现裂缝、保护层脱落、空鼓、接口掉角等在规范允许范围内的缺陷，使用前必须修补并经鉴定合格后，方可使用。

橡胶圈形状为"O"形，使用前必须逐个检查，表面不得有气孔、平面扭曲、肉眼可见的杂质及有碍使用和影响密封效果的缺陷。生产 PCCP 管厂家必须提供满足规范要求的橡胶圈质量合格报告及对应用水无害的证明书。

规范规定公称直径大于 1400mm，PCCP 管允许使用有接头的密封圈，但接头的性能不得低于母材的性能标准，现场抽取 1%的数量进行接头强度试验。

6.PCCP 管吊装就位

PCCP 管的吊装就位要根据管径、周边地形、交通状况、沟槽的深度及工期要求等条件综合考虑，选择施工方法。只要施工现场具备吊车站位的条件，就采用吊车吊装就位，用两组倒链和钢丝绳将管子吊至沟槽内，用手扳葫芦配合吊车，对管子进行上下、左右微动，通过下部垫层、三角枕木和垫板使管子就位。

7.管道及接头的清理、润滑

安装前先清扫管子内部，清除插口和承口圈上的全部灰尘、泥土及异物。

橡胶圈套入插口凹槽之前先分别在插口圈外表面、承口圈的整个内表面和橡胶圈上涂抹润滑剂，橡胶圈滑入插口槽后，在橡胶圈及插口环之间插入一根光滑的杆（或用螺丝刀），将该杆绕接口圆两周（两个方向各一周），使橡胶圈紧紧地绕在插口上，形成一个非常好的密封面，然后再在橡胶圈上薄薄地涂上一层润滑油。所使用的润滑剂必须是植物性的或经厂家同意的替代型润滑剂而不能使用油基润滑剂，因油基润滑剂会损害橡胶圈，因此不能使用。

8.管子对口

管道安装时，将刚吊下的管子的插口与已安装好的管子的承口对中，使插口正对承口。采用手扳葫芦外拉法将刚吊下的管子的插口缓慢而平稳地滑入前一根已安装的管子的承口内就位，管口连接时作业人员事先进入管内，在两管之间塞入挡块，控制两管之间的安装间隙在 20～30mm，同时也避免承插口环发生碰撞。特别注意管子顺直对口时使插口端和承口端保持平行，并使圆周间隙大致相等，以期准确就位。

注意勿让泥土污物落到已涂有润滑剂的插口圈上。管子对接后及时检查胶圈位置，检查时，用一自制的柔性弯钩插入插口凸台与承口表面之间，并绕接缝转一圈，以确保在接口整个一圈都能触到橡胶圈，如果接口完好，就可拿掉挡块，将管子拉拢到位。如果在某一部位触不到橡胶圈，就要拉开接口，仔细检查橡胶圈有无切口、凹穴或其他损伤。如有问题，必须重换一只胶圈，并重新连接。每节 PCCP 管安装完成后，还要进行细致的管道位置和高程的校验，确保安装质量。

9.接口打压

PCCP 管其承插口采用双橡胶圈密封，管子对口完成后，对每一处接口做水压试验。在插口的两道密封圈中间预留 10mm 螺孔作试验接口，试水时拧下螺栓，将水压试水机与之连接，注水加压。为防止管子在进行接口水压试验时产生位移，在相邻两管间用拉具拉紧。

10.接口外部灌浆

为保护外露的钢承插口不受腐蚀，需要在管接口外侧进行灌浆或人工抹浆。具体做法如下：

①在接口的外侧裹一层麻布、塑料编织带或油毡纸（15～20cm 宽）作模，并用细铁丝将两侧扎紧，上面留有灌浆口，在接口间隙内放一根铁丝，以备灌浆时来回牵动，以使砂浆密实。

②将 1∶1.5～1∶2 的水泥砂浆调制成流态状，将砂浆灌满绕接口一圈的灌浆带，来回牵动铁丝使砂浆从另一侧冒出，再用干硬性混合物抹平灌浆带顶部的敞口，保证管底接口密实。第一次仅浇灌至灌浆带底部 1/3 处，之后就进行回填，以便在整条灌浆带灌满砂浆时起支撑作用。

11.接口内部填缝

接口内凹槽用 1∶1.5～1∶2 的水泥砂浆进行勾缝并抹平管接口内表面，使之与管内壁平齐。

12.过渡件连接

阀门、排气阀或钢管等为法兰接口时，过渡件与其连接端必须采用相应的法兰接口，其法兰螺栓孔位置及直径必须与连接端的法兰一致。其中垫片或垫圈位置必须正确，拧紧时按对称位置相间进行，防止拧紧过程中产生的轴向拉力导致两端管道拉裂或接口拉脱。

采用承插式接口连接不同材质的管材时，过渡件与其连接端必须采用相应的承插式接口，其承口内径或插口外径及密封圈规格等必须符合连接端承口和插口的要求。

（四）玻璃钢管

1.玻璃钢管管材的要求与规范

管节及管件的规格、性能应符合国家有关标准的规定和设计要求，进入施工现场时其外观质量应符合下列规定：（1）内、外径偏差、承口深度（安装标记环）、有效长度、管壁厚度、管端面垂直度等应符合产品标准规定；

（2）内、外表面应光滑平整，无划痕、分层、针孔、杂质、破碎等现象；

（3）管端面应平齐、无毛刺等缺陷；（4）橡胶圈应符合相关规定。

接口连接、管道安装规定：采用套筒式连接的，应清除套筒内侧和插口外侧的污渍和附着物；管道安装就位后，套筒式或承插式接口周围不应有明显变形和胀破；施工过程中应防止管节受到损伤，避免内表层和外保护层剥落；检查井、透气井、阀门井等附属构筑物或水平折角处的管节，应采取避免不均匀沉降造成接口转角过大的措施；混凝土或砌筑结构等构筑物墙体内的管节，可采取设置橡胶圈或中介层法等措施，管外壁与构筑物墙体的交界面密实、不渗漏。

2.玻璃钢管的安装

（1）管沟垫层与回填

沟槽深度由垫层厚度、管区回填土厚度、非管区回填土厚度组成。管区回填土厚度分为主管区回填土厚度和次管区回填土厚度。管区回填土一般为素土，含水率为17%（土用手攥成团为准）。主管区回填土应在管道安装后尽快回填，次管区回填土是在施工验收时完成的，也可以一次连续完成。

工程地质条件是施工的需要，也是进行管道设计时需要的重要数据，必须认真勘察。为了确定开挖的土方量，需要计算回填的材料量，以便于安排运输和备料。

玻璃纤维增强热固性树脂夹砂管道施工较为复杂，为使整个施工过程合理，保证施工质量，必须做好施工组织设计。其中施工排水、土石方平衡、回填料确定、夯实方案等都对玻璃纤维增强热固性树脂夹砂管道的施工十分重要。

作用在管道上方的荷载，会引起管道垂直直径减小，水平方向增大，即有椭圆化作用。这种作用引起的变形就是挠曲。现场负责管道安装的人员必须保证管道安装时挠曲值合格，使管道的长期挠曲值低于制造厂的推荐值。

（2）沟槽、沟底与垫层

沟槽宽度主要考虑夯实机具便于操作。地下水位较高时，应先进行降水，以保证回填后，管基础不会扰动，避免造成管道承插口变形或管体折断。

沟底土质要满足作填料的土质要求，不应含有岩石、卵石、软质膨胀土、不规则碎石和浸泡土。注意沟底应连续平整，用水准仪根据设计标高找平，管底不准有砖块、石头等杂物，不应超挖（除承插接头部位），并清除沟上可能掉落的、碰落的物体，以防砸坏管子。沟底夯实后做 10～15cm 厚砂垫层，采用中粗砂或碎石屑均可。为方便安装，承插口下部要预挖 30cm 深的操作坑。下管应采用尼龙带或麻绳双吊点吊管，将管子轻轻放入管沟，管子承口朝来水方向，管线安装方向用经纬仪控制。

施工完成后，经回填和夯实，使管道在整个长度上形成连续支撑。

（3）管道支墩

设置支墩的目的是有效地支撑管内水压力产生的推力。支墩应用混凝土包围管件，但管件两端连接处留在混凝土墩外，便于连接和维护。也可以用混凝土做支墩座，预埋管卡子固定管件，其目的是使管件位移后不脱离密封圈连接。固定支墩一般用于弯管、三通、变径管处。

止推应力墩也称挡墩，同样是承受管内产生的推力。该墩要完全包围住管道。止推应力墩一般使用在偏心三通、侧生 Y 型管、Y 型管、受推应力的特殊备件处。

为防止闸门关闭时产生的推力传递到管道上，在闸门井壁设固定装置或采用其他形式固定闸门，这样可大大减轻对管道的推力。

设支撑座可以避免管道产生不正常变形。分层浇灌可以使每层水泥有足够的时间凝固。

如果管道连接处有不同程度的位移就会造成过度的弯曲应力。对刚性连接应采取以下措施：第一，将接头浇筑在混凝土墩的出口处，这样可以使外面的第一根管段有足够的活动自由度。第二，用橡胶包裹住管道，以弱化硬性过渡点。

柔性接口的管道，当纵坡大于 15°时，自下而上安装可防止管道下滑、移动。

（4）管道连接

管道的连接质量实际反映了管道系统的质量，关系到管道是否能正常工作。不论采取哪种管道连接形式，都必须保证有足够的强度和刚度，并具有一定的缓解轴向力能力，而且要求安装方便。

承插连接具有制作方便、安装速度快等优点。插口端与承口变径处留有一定空隙，是为了防止温度变化产生过大的温度应力。

胶合刚性连接适用于地基比较软、地上活动荷载大的地带。

当连接两个法兰时，只要一个法兰上有 2 条水线即可。在拧紧螺栓时应交叉循序渐进，避免一次用力过大损坏法兰。

机械连接活接头有被腐蚀的缺点，所以往往做成外层有环氧树脂或塑料保护层的钢壳、不锈钢壳、热浸镀锌钢壳。本条强调控制螺栓的扭矩，不要因扭紧过度而损坏管道。

机械钢接头是一种柔性连接。由于土壤对机械钢接头腐蚀严重，故应注意防腐。

多功能连接活接头主要用于连接支管、仪表，管道中途投药等情况，比较灵活方便。

（5）沟槽回填与回填材料

管道和沟槽回填材料构成统一的"管道—土壤系统"，沟槽的回填与安装同等重要。管道在埋设安装后，土壤的重力和荷载在很大程度上取决于管道两侧土壤的支撑力。土壤对管壁水平运动（挠曲）的这种支撑力受土壤类型、密度和湿度影响。为了防止管道挠曲过大，必须采用加大土壤阻力，提高土壤支撑力的办法。管道浮动将破坏管道接头，造成不必要的重新安装。热变形是指由于安装时的温度与长时间裸露暴晒温度的差异而导致的变形，这将造成接头处封闭不严。

回填料可以加大土壤阻力、提高土壤支撑力，所以管区的回填材料、回填埋设和夯实，对控制管道径向挠曲是非常重要的，对管道运行来说也是关键环节，所以必须正确进行。

第一次回填由管底回填至 0.7DN 处，尤其是管底拱腰处一定要捣实；第二次回填到管区回填土厚度即 0.3DN+300mm 处，最后原土回填。

分层回填夯实是为了有效地达到要求的夯实密度，使管道有足够的支撑作用。砂的夯实有一定难度，所以每层应控制在 150mm 以内。当砂质回填材料接近其最佳湿度时，夯实最易完成。

（6）管道冲洗消毒与试压

冲洗消毒：冲洗是以不小于 1.0m/s 的水流速度清洗管道，经有效氯浓度不低于 20mg/L 的清洁水浸泡 24h 后冲洗，达到消除细菌和有机物污染的目的，使管道投入使用后输送的水质符合饮用水标准。

玻璃钢管道的试压：管道安装完毕后，应按照设计规定对管道系统进行压力试验。根据试验的目的，可以分为检查管道系统机械性能的强度试验和检查管路连接情况的密封性试验。按试验时使用的介质，可分为水压试验和气压试验。

玻璃钢管道试压的一般规定：①强度试验通常用洁净的水或设计规定用的介质，用空气或惰性气体进行密封性试验。②各种化工工艺管道的试验介质，应按设计规定的具体规定采用。工作压力不低于 0.07MPa 的管路一般采用水压试验，工作压力低于 0.07MPa 的管路一般采用气压试验。③玻璃钢管道密封性试验的试验压力，一般为管道的工作压力。④玻璃钢管道强度试验的试验压力，一般为工作压力的 1.25 倍，但不得大于工作压力的 1.5 倍。⑤压力试验所用的压力表和温度计必须是符合技术监督部门规定的。工作压力以下的管道进行气压试验时，可采用水银 U 形玻璃压力计或水 U 形玻璃压力计，但刻度必须准确。⑥管道在试压前不得进行刷漆和保温处理，以便对管道进行外观和泄漏检查。⑦当压力达到试验压力时，停止加压，观察 10min，压力降低不大于 0.05MPa，管体和接头处无可见渗漏，然后压力降至工作压力，稳定 120min，并进行外观检查，不渗漏为合格。⑧试验过程中，如遇泄漏，不得带压修理。待缺陷消除后，应重新进行试验。

（五）聚乙烯塑料管

1.管材要求

管节及管件的规格、性能应符合国家有关标准的规定和设计要求，进入施工现场时其外观质量应符合下列规定：（1）不得有影响结构安全、使用功能及接口连接的质量缺陷；（2）内外壁光滑、平整，无气泡，无裂纹，无脱皮和严重的冷斑及明显的痕纹、凹陷；（3）管节不得有异向弯曲，端口应平整；（4）橡胶圈应符合规范规定。

2.管道铺设

应符合下列规定：（1）采用承插式（或套筒式）接口时，宜人工布管且在沟槽内连接；槽深大于 3m 或管外径大于 400mm 的管道，宜用非金属绳索兜住管节下管；严禁将管节翻滚抛入槽中；（2）采用电熔、热熔接口时，宜在沟槽边上将管道分段连接后以弹性铺管法移入沟槽。移入沟槽时，管道表面不得有明显的划痕。

3.管道连接

应符合下列规定：（1）承插式柔性连接、套筒（带或套）连接、法兰连接、卡箍连接等管道连接方法采用的密封件、套筒件、法兰、紧固件等配套管件，必须由管节生产厂家配套供应；电熔连接、热熔连接应采用专用电气设备、挤出焊接设备和工具进行施工；（2）管道连接时必须把连接部位、密封件、套筒等配件清理干净，套筒（带或套）连接、法兰连接、卡箍连接用的钢制套筒、法兰、卡箍、螺栓等金属制品应根据现场土质并参照相关标准采取防腐措施；（3）承插式柔性接口连接宜在当日温度较高时进行，插口端不宜插到承口底部，应留出不小于 10mm 的伸缩空隙，插入前应在插口端外壁做出插入深度标记。插入完毕后，承插口周围应空隙均匀，连接的管道平直；（4）电熔连接、热熔连接、套筒（带或套）连接、法兰连接、卡箍连接应在当日温度较低或接近最低时进行。电熔连接、热焰连接时电热设备的温度控制、时间控制、挤出焊接时对焊接设备的操作等必须严格按接头的技术指标和设备的操作程序进行。接头处应有沿管节圆周平滑对称的内、外翻边，接头检验合格后，内翻边应铲平；（5）管道与井室宜采用柔性连接，连接方式应符合设计要求，设计无要求时，可采用承插管件连接或中介层做法；（6）管道系统设置的弯头、三通、变径处应采用混凝土支墩或金属卡箍拉杆等技术措施；在消火栓及闸阀的底部应加垫混凝土支墩；非锁紧型承插连接管道，每根管节应有 3 点以上的固定措施；（7）安装完的管道中心线及高程调整合格后，将管底有效支撑角范围用中粗砂回填密实，不得用土或其他材料回填。

4.管材和管件的验收

（1）管材和管件应具有质量检验部门的质量合格证，并应有明显的标志表明生产厂家和规格。包装上应标有批号、生产日期和检验代号。（2）管材和管件的外观质量应符合下列规定：①管材与管件的颜色应一致，无色泽不均及分解变色线。②管材和管件的内外壁应光滑、平整，无气泡、裂口、裂纹、脱皮和严重的冷斑及明显的痕纹、凹陷。③管材轴向不得有异向弯曲，其直线度偏差应小于 1%；管材端口必须平整并垂直于管轴线。④管件应完整，无缺损、变形，合模缝、浇口应平整，无开裂。⑤管材在同一截面内的壁厚偏差不得超过 14%；管件的壁厚不得小于相应的管材壁厚。⑥管材和管件的承插黏结面必须表面平整、尺寸准确。

5.管道安装的一般规定

（1）管道连接前，应对管材和管件及附属设备按设计要求进行核对，并应在施工现场进行外观检查，符合要求方可使用。主要检查项目包括耐压等级、外表面质量、配合质量、材质的一致性等。（2）应根据不同的接口形式采用相应的专用加热工具，不得使用明火加热管材和管件。（3）采用熔接方式相连的管道，宜采用同种牌号材质的管材和管件，对于性能相似的必须先经过试验，合格后方可进行。（4）在寒冷气候（-5℃以下）和大风环境条件下进行连接时，应采取保护措施或调整连接工艺。（5）管材和管件应在施工现场放置一定的时间后再连接，以使管材和管件温度一致。（6）管道连接时管端应洁净，每次收工时管口应临时封堵，防止杂物进入管内。（7）管道连接后应进行外观检查，不合格者马上返工。

第二节　水闸

一、水闸的施工导流与地基开挖

水闸的施工导流与地基开挖一般包括引河段的开挖与筑堤、导流建筑物的开挖与填筑、施工围堰的修筑与拆除以及基坑的开挖与回填等项目，工程量大，为此在施工中应对土石方进行综合分析，做到次序合理，挖填结合。结合施工方法（采用人工还是机械开挖）、渗流、降雨等实际因素，研究制订成比较切实合理的施工计划。

二、水闸施工中的混凝土浇筑

水闸施工中的混凝土浇筑是施工的主要环节，各部分应遵循以下浇筑顺序：

（1）先深后浅。即先浇深基础，后浇浅基础，以避免深基础的施工扰动破坏浅基础土体，并且还可以可降低排水工作的难度。

（2）先重后轻。即先浇荷重较大的部分，待其完成部分沉陷以后，再浇筑与其相邻的荷重较小的部分，以减少两者间的沉陷差。

（3）先高后低。即先浇影响上部施工或高度较大的工程部位。如闸底板与闸墩应尽量先安排施工，以便上部桥梁与启闭设备的安装施工，而翼墙、消力池等可安排稍后施工。

（4）穿插进行。即在闸室施工的同时，可穿插铺盖、海漫等上、下游连接段的施工。

三、填料与止水施工

为减小地基的不均匀沉降和伸缩变形，在水闸设计中均设置有结构缝（包括温度缝与沉陷缝），凡位于防渗范围内的缝，都设有止水设施，止水设施分为垂直止水和水平止水两种，缝宽一般为 1.0～2.5cm，且所有缝内均应有填料。缝中填料及止水设施在施工中应按设计要求确保质量。

（一）填料施工

填料常用的有沥青油毛毡、沥青杉木板及沥青芦席等。其安装方法有以下两种：

（1）将填料用铁钉固定在模板内侧，铁钉不能完全钉入，至少要留1/3，再浇混凝土，拆模后填料即可贴在混凝土上。

（2）先在缝的一侧立模浇混凝土并在模板内侧预先钉好安装填充材料的铁钉数排，并使铁钉的 1/3 留在混凝土外面，然后安装填料、敲弯钉尖，使填料固定在混凝土面上。缝墩处的填缝材料，可借固定模板用的预制混凝土块和对销螺栓夹紧，使填充材料竖立平直。

（二）止水施工

（1）水平止水。水闸水平止水大多利用塑料止水带或橡皮止水带。在浇筑前，将止水片上的污物清理干净，水平止水的金属止水片（紫铜片）的凹槽应向上，以便于用沥青灌填密实。水平止水片下的混凝土难以浇捣密实，因此止水片翼缘不应在浇筑层的界面处，而应将止水片翼缘置于浇筑层的中间。

（2）垂直止水。垂直止水可以用止水带或金属止水片（紫铜片），按照沥青井的形状，预制混凝土槽板，安装时需用水泥砂浆胶结，随缝的上升分段接高。沥青井的沥青可一次灌注，也可分段灌注。

四、闸底板施工

作为闸墩基础的闸底板及其上部的闸墩、胸墙和桥梁，高度较大、层次较多、工作量较集中，需要的施工时间也较长，在混凝土浇筑完后，接着就要进行闸门、启闭机安装等工序，为了平衡施工力量，加速施工进度，必须集中力量优先进行浇筑。其他如铺盖、消力池、翼墙等部位的混凝土，则可穿插其中施工。

水闸底板有平底板与反拱底板两种。目前，平底板较为常用。

（一）平底板施工

闸室地基处理完成后，对软基宜先铺筑 8～10cm 的素混凝土垫层，以保护地基，找平基面。垫层达到一定强度后，可进行扎筋、立模、搭设脚手架、清仓等工作。

在中、小型工程中，采用小型运输机具直接入仓时，需搭设仓面脚手架。在搭设脚手架之前，应先预制混凝土支柱，支柱的间距视横梁的跨度而定。然后在混凝土柱顶上架立短木柱、斜撑、横梁等以组成脚手架。当底板浇筑接近完成时，可将脚手架拆除，并立即对混凝土表面进行抹面。

当底板厚度不大时，混凝土可采用斜层浇筑法。当底板顺水流长度在12m 以内时，可安排两个作业组分层平层浇筑，该方法称为连坯滚法浇筑。先由两个作业组共同浇筑下游齿墙，待齿墙浇平后，第一组由下游向上游浇筑第一坯混凝土，抽出第二组去浇上游齿墙，当第一组浇到底板中部时，第二组的上游齿墙已基本浇平，然后将第二组转到下游浇筑第二坯，当第二坯浇到底板中部时，第一组已达到上游底板边缘，此时第一组再转回浇第三坯，如此连续进行。

齿墙主要起阻滑作用，同时可增加地下轮廓线的防渗长度。一般用混凝土和钢筋混凝土做成。如果出现以下两种情况，一般采用深齿墙：水闸在闸室底板后面紧接斜坡段，并与原河道连接时，在与斜坡连接处的底板下游侧，采用深齿墙，主要是防止斜坡段被冲坏后危及闸室安全；当闸基透水层较浅时，可用深齿墙截断透水层，齿墙底部深入不透水层 0.5～1.0m。

（二）反拱底板施工

1.施工程序

反拱底板不适用于地基的不均匀沉陷，因此必须注意施工程序，通常采用以下两种施工程序：

（1）先浇闸墩及岸墙，后浇反拱底板。可将自重较大的闸墩、岸墙等先行浇筑，并在控制基底不产生塑性开展的条件下，尽快均衡上升到顶，这样可以减少水闸各部分在自重作用下的不均匀沉陷。岸墙要尽量将墙后还土夯填到顶，使闸墩岸墙预压沉实，然后浇反拱底板，从而使底板的受力状态得到改善。此法目前采用较多，适用于黏性土或砂性土。对于砂土、粉砂地基，由于土模较难成型，适用于较平坦的矢跨比。

（2）反拱底板与闸墩岸墙底板同时浇筑。此法虽不利于反拱底板的受力，但适用于地基较好的水闸，可以减少施工工序，加快进度，并保证建筑物的整体性。

2.施工技术要点分析

反拱底板一般采用土模，所以必须先做好基坑排水工作，保证基土干燥，降低地下水位，挖模前必须将基土夯实，根据设计圆弧曲线放样挖模，并严格按要求控制曲线的准确性，土模挖出后，先铺垫一层 10cm 厚砂浆，待其具有一定强度后加盖保护，以待浇筑混凝土。

反拱底板与闸墩岸墙底板同时浇筑，在拱脚处预留一缝，缝底设临时铁皮止水，缝顶设"假铰"，待大部分上部结构施加荷载以后，便在低温期浇二期混凝土。先浇闸墩及岸墙，后浇反拱底板，在浇筑岸墙、墩墙底板时，应将接缝钢筋一头埋在岸墙、墩墙底板之内，另一头插入土模中，以备下一阶段浇入反拱底板。岸墙、墩墙浇筑完毕后，应尽量推迟底板的浇筑，以便岸墙、墩墙基础有更多的时间沉陷。为了减小混凝土的温度收缩应力，浇筑应尽量选择在低温季节进行，并注意施工缝的处理。

五、闸墩与胸墙施工

（一）闸墩施工

闸墩施工特点有高度大、厚度薄、门槽处钢筋稠密、预埋件多、工作面狭窄、模板易变形且闸墩相对位置要求严格等。所以，闸墩施工中主要工作是立模和混凝土浇筑。

1.模板安装

（1）对销螺栓、铁板螺栓、对拉撑木支模法。此法虽需耗用大量木材、钢材，工序繁多，但对中、小型水闸施工仍较为方便。立模时应先立墩侧的平面模板，后立墩头的曲面模板。应注意两点：一是要保证闸墩的厚度，二是要保证闸墩的垂直度。单墩浇筑时，一般多采用对销螺栓固定模板、斜撑和缆风固定整个闸墩模板；多墩同时浇筑时，则采用对销螺栓、铁板螺栓、对拉撑木固定。

（2）钢组合模板翻模法。钢组合模板在闸墩施工中应用广泛，常采用翻模法施工。立模时一次至少立三层，当第二层模板内混凝土浇至腰箍下缘时，第一层模板内腰箍以下部分的混凝土须达到脱模强度（以 98kPa 为宜），这样便可拆掉第一层模板，架立第四层支模，并绑扎钢筋。依次类推，以避免产生冷缝，保持混凝土浇筑的连续性。

2.混凝土浇筑

闸墩模板立好后，即可进行清仓，用压力水冲洗模板内侧和闸墩底面，污水由底层模板上的预留孔排出，清仓完毕后堵塞预留孔，经检验合格后，方可进行混凝土浇筑。闸墩混凝土一般采用溜管进料，溜管间距2～4m，溜管底距混凝土面的高度应不大于2m。施工中要注意控制混凝土面上升速度，以免产生跑模现象，并保证每块底板上闸墩混凝土浇筑的均衡上升，防止地基产生不均匀沉降。

由于仓内工作面窄，浇捣人员走动困难，可把仓内浇筑面划分成几个区段，每区段内安排固定的浇捣工人，这样可以提高工效。每坯混凝土厚度可控制在30cm左右。

（二）胸墙施工

胸墙施工在闸墩浇筑后、工作桥浇筑前进行，全部重量由底梁及下面的顶撑承受。下梁下面立两排排架式立柱，以顶托底板。立好下梁底板并固定后，立圆角板再立下游面板，然后控制吊线垂直。接着安放围囹及撑木，使其临时固定在下游立柱上，待下梁及墙身扎铁后再由下而上地立上游面模板，再立下游面模板及顶梁。模板用围囹和对销螺栓与支撑脚手架相连接。胸墙多属板梁式简支薄壁构件，在立模时，先立外侧模板，等钢筋安装后再立内侧模板。最后，要注意胸墙与闸门顶止水设备的安装。

六、门槽二期混凝土施工

（一）平板闸门门槽施工

采用平板闸门的水闸，闸墩部位都设有门槽，门槽部分的混凝土中埋有导轨等铁件，如滑动导轨、主轮、侧轮及反轮导轨、止水座等。这些铁件的埋设有以下两种方法：

1.直接预埋、一次性浇筑混凝土

在闸墩立模时将导轨等铁件直接预埋在模板内侧，施工时一次性浇筑闸墩混凝土成型。这种方法适用于小型水闸，在导轨较小时施工方便，且能保证质量。

2.预留槽二期浇筑混凝土

中型以上水闸导轨较大、较重，在模板上固定较为困难，宜采用预留槽二期浇筑混凝土的施工方法。在浇筑第一期混凝土时，在门槽位置留出一个大于门槽宽的槽位，并在槽内预埋一些开脚螺栓或插筋，作为安装导轨的固定埋件。

导轨安装前，要对基础螺栓进行校正，安装导轨过程中应随时检测垂直度。施工中应严格控制门槽垂直度，发现偏斜应及时予以调整。埋件安装检查合格及一期混凝土达到一定强度后，需用凿毛的方法对施工缝进行认真处理，以确保二期混凝土与一期混凝土的结合。

安装直升闸门的导轨之前，要对基础螺栓进行校正，再将导轨初步固定在预埋螺栓或钢筋上，然后利用垂球逐点校正，使其铅直无误，最终固定并安装模板。模板安装应随混凝土浇筑逐步进行。

（二）弧形闸门的导轨安装与二期混凝土浇筑

弧形闸门虽不设门槽，但闸门两侧亦设置转轮或滑块，因此也有导轨安装及二期混凝土施工。弧形阀门的导轨安装，需在预留槽两侧先设立垂直闸墩侧面，并能控制导轨安装垂直度的若干对称控制点，再将校正好的导轨分段与预埋的钢筋临时点焊接数点，待按设计坐标位置逐一校正无误，并根据垂直平面控制点，用样尺检验调整导轨垂直度后，再焊接牢固。

导轨就位后即可立模浇筑二期混凝土。二期混凝土应采用较细骨料并细心捣固，不要振动已装好的金属构件。门槽较高时，不能直接从高处下料，可以分段安装和浇筑。二期混凝土拆模后应对埋件进行复测，并做好记录，同时检查混凝土表面尺寸，清除遗留的杂物，以免影响闸门启闭。

第五章　水利工程项目管理模式

第一节　工程项目管理概述

一、工程项目管理的定义与特点

（一）工程项目管理的定义

工程项目管理是一种代理服务，具体指开展工程项目管理相关服务的企业按照合同规定，协助业主签订合同，并代理业主监督合同履行，对工程项目组织实施进行全程或阶段管理和服务。

（二）工程项目管理的特点

（1）工程项目管理具有创造性。工程项目管理的创造性体现在它一次性的特点，区别于工业生产的大批量机械化重复，更与企业组织或行政管理的程序化、规范化情况不同，工程项目必须因地制宜，从实际出发解决实际问题，在处理过程中具有明显的单一性。可以说，工程项目管理是一种以某一特定建设工程项目内容为指定对象的一次性任务型承包管理方式。

（2）工程项目管理具有综合性。工程项目的立项研究、编制勘察、招投施工及竣工验收等阶段都不能缺少项目管理，具体包含对项目成本、进程、质效和风险的管控。在同一建设周期内，工程项目是一个有机成长的过程，项目各部分既有明确的界限，又相互联系、相互作用，有规律地依次进行。在社会生产力不断发展、社会分工不断细化的当下，同一建设周期内工程项目的不同阶段渐渐由专业职能不同的多个企业或部门合力完成。因此，这要求进行工程项目管理的企业或部门与时俱进，不断提高综合管理和协调合作能力。

（3）工程项目管理具有约束性。工程项目管理的首要前提就是按合同规定办事，在合同规定的条件范围内确保按时按质按量完成目标任务，达到预期效果。此外，工程项目的约束性还体现在诸多方面，如工程项目管理过程单一化、目标清晰化、功能确定化、质量规范化、时间标准化，以及对资源消耗也有定量标准，以上都说明工程项目管理具有约束性强的特点。这些约束条件不仅是项目管理规范化、专业化的前提，还是工程项目顺利竣工验收的既定限制条件，这也要求相关企业、部门在管理过程中不断提高自身约束能力。

二、工程项目管理的主体与职能

工程项目管理参与了工程项目建设的每个阶段，从立项规划开始，直到建成投产为止，期间所经历的各个生产过程，以及参与建设的各个施工单位、调查单位、设计单位等在项目管理过程中联系紧密，但正因为项目管理的组织形式存在差异，所以工程建设过程中的各单位又具有不同的分工。因此，推进工程项目管理的主体包括建设单位、相关咨询单位、设计单位、施工单位，以及为代表特大型工程组织的有关政府部门的工程指挥部。

工程项目管理种类不计其数，它们的目标与任务因种类差异而有所区别。其职能主要可以总结为以下六方面：

（一）计划职能

工程项目各阶段工作应有计划性，统筹兼顾阶段性预期目标和项目总目标，进行针对性安排，对项目全阶段性生产目标、生产过程及生产活动制定具体建设计划，以动态标准化计划系统协调管控项目全过程。为促进工程项目建设有序、顺利实施并达成项目预期目标，工程项目管理提出了众多决策依据。同时，它为项目的顺利开展与制定的相关实施计划，提供了有效指导。

（二）协调与组织职能

工程项目管理具有协调和组织职能，这是顺利达成工程项目既定目标不可或缺的方式和要领，充分展现出管理的手段与艺术。在工程项目建设过程中，协调功能主要是通过沟通和协调的方式加强工程项目不同阶段、不同部门之间的管理，以此实现目标一致和步调一致。组织职能就是建立一套以明确各部门分工、职责及以职权为基础的规章制度，以此充分调动员工对工作的积极主动性和创造性，形成一个高效的组织保证体系。

（三）控制职能

控制职能主要包括合同管理、招投标管理、工程技术管理、施工质量管理和工程项目的成本管理这五个方面。其中合同管理中所形成的相关条款既是对开展的项目进行控制和约束的有效手段，也是保障合同双方合法权益的依据；工程技术管理由于不仅牵涉委托设计、审查施工图等工程的准备阶段，而且还要对工程实施阶段的相关技术方案进行审定，因此它是决定能否成功实现工程项目既定目标的枢纽环节；施工质量管理作为工程项目管理重点中的重点，内容涵盖众多方面，如对材料供应商进行资质审核、对施工标准及操作流程进行质量核查、对分部分项工程进行质量等级评定等。除此以外，控制职能中必不可少的有机构成还有招投标管理与工程项目成本管理。

（四）监督职能

工程项目管理的监督职能是指监理机构对项目合同条款、规章制度、专业规范、项目工作内容及质量标准等方面进行监察管理。不断加强对工程项目日常生产活动的管理，及时发现问题，采取有效解决措施，未雨绸缪，使工程项目依序稳定运行，最终按时按质按量达成预期目标。

（五）风险管理

对于现代企业来说，风险管理就是通过对风险的识别、预测和衡量，选择有效的手段，尽可能地降低成本，有计划地处理风险，以获得企业安全生产的经济保障。随着工程项目的规模不断扩大，所要求的建筑施工技术也日趋复杂，业主和承包商所面临的风险也越来越多。因此，项目负责人需要在工程项目投资效益得到保证的前提下，系统分析、评价项目风险，以提出风险防范对策，形成一套有效的项目风险管理程序。

在现代社会，企业的风险管理如下：在工程项目建设前和过程中，开展风险量度、评估和应变工作，权衡风险发生的可能性，在尽可能减少成本支出的前提下，按计划处理风险，保障安全生产工作有序进行。工程项目规模日益壮大，与之相对应的建筑施工技术也日渐繁复，业主与承包商将承担的风险也不断增加。因此，项目管理方需要在确保工程项目投资效益得到保证的前提下，系统分析、评价项目风险，及时提供风险应对策略，形成高效高质的规范化风险管理程序。

（六）环境保护

一个良好的工程建设项目要在尽可能不对环境造成损害的前提下改造旧环境，创造绿色生态和可持续发展的社会生活环境，为人类谋福利。因此，开展实施工程项目时，需要综合考虑诸多因素，强化环保意识，切实有效地保护环境，杜绝破坏生态平衡、污染空气和水质、损害自然环境等行为的发生。

第二节　我国水利工程项目管理模式的选择

一、水利工程项目管理模式选择的原则

（一）全局性原则

一般来说，基于水利工程规模大、工期长、工程环节多、施工管理复杂等特点，项目法人必须集中精力严阵以待，对工程建设进行总体布局、宏观调控。如南水北调工程，其东线工程流经水域众多，输水里程长、规模大，涉及较多参建单位，若采取一般的工程项目管理模式，很难解决其建设管理所面临的复杂问题。由此可见，改变传统项目管理模式、做好统筹全局的决策工作是水利工程项目管理模式建设的一大重点。

（二）"小业主、大咨询"的原则

随着我国经济蓬勃发展，各类工程项目的数量也不断增加，尤其水利工程建设的实施。基于水利项目建设规模大、专业分工明确等特点，传统的"自营制"建设模式已不能满足其面临的新局面、新要求。项目法人若想按时按质按量完成项目目标，唯有依靠市场机制对资源进行合理优化配置，采取竞争的方式择优选用工程项目建设的相关负责单位。近十年来我国建设管理体制改革取得了一定成绩，但长期存在的"自营制"模式仍潜移默化地制约着人们的思想，明显的例子就是"小业主、大监理"的应用范围仍存在较大局限。因此，水利工程的工程项目管理需彻底改变，脱离旧模式的束缚，以市场经济的生产组织方式为舵，在项目建设过程中积极贯彻"小业主、大咨询"的原则，凭借社会

咨询力量，不断提高工程项目管理水平与投资效益，精简项目组织。

（三）工程项目创新原则

"工程建设监理制"是目前我国工程项目建设管理中使用最为广泛的一项制度。但随着时代进步，水利工程建设管理也需要转变传统思维模式，借鉴国际上工程项目管理的创新思维和同行做法，不断吸取先进经验，推陈出新，如选择具有管理工作量小且效果好的 CM 模式。在预算充足的情况下，也可推行一些施工总承包模式的试点。

二、不同规模水利工程项目的模式选择

水电站与其他水利工程在工程地形、地质和水文气象等制约因素的影响上具有较大差异，水电站的规模差异导致其他各方面差异也较大。对于中小型水利工程来说，大型水利工程具有投资更大、影响更广、风险更高等特点，这就决定了与之相对应的工程管理模式应该更加严格化、专业化、规范化。在大型、特大型水利工程开发建设中，应该基于现行主导模式，结合投资主体结构的变化和工程实际，对工程项目的建设管理模式开展大胆的创新和实践，真正创造出既适应我国水利项目建设情况，又能接轨国际的中国化项目管理模式。由于我国的中、小水利项目投资正逐步向以企业投资和民间投资为主的投资模式转变，中、小水利项目管理模式的采用与民间投资水利项目管理模式的创新大相径庭，总体可采取相同的项目管理模式。

三、不同投资主体的水利工程的模式选择

我国水利工程的投资主体大致可分为两类：第一类是以国有投资为主体的水利开发企业，第二类是以民间投资参股或控股为特征的混合所有制水利开发

企业。相对于传统的水电投资企业来说，以现代公司制为代表的新型水利开发企业具有较为成熟规范的公司管理结构。就目前来看，大型国有企业与民间或混合所有制企业的业务范围存在明显差别，前者主要集中在大型水利项目开发，后者主要集中在中、小型水利项目开发。基于建设特点、行为方式及业务范围等方面的差异，这两类投资主体在项目管理模式的选择上亦有不同。

第一类投资主体应在现行主导模式的基础上，逐步实现投资和建设相互分离。在专业知识和管理能力水平达到一定程度的基础上，业主可以成立属于自己的专业化建设管理公司。当业主自身水平条件不足以支撑工程项目管理建设时，可采用招标的方式择优选择相关工程项目管理公司。当今社会，国际上已有设计和施工两相联合的态势，我们可以充分学习借鉴，在开展一些规模大、技术复杂、投资巨大的工程项目时，将设计和施工单位联合，实行工程总承包，也可以对其中部分分项工程、专业工程进行工程分包。

就第二类民间投资参股或控股的投资主体来说，要想实现更好更快的发展目标，需要充分利用改革开放大环境的优势，推进国际交流，充分学习借鉴国外项目管理模式的优点，吸取先进经验，不断在继承的基础上自主创新，建立规范、完善的具有中国特色的水利项目管理模式。当这类投资主体拥有足够的水利开发专业人才、管理人才及相应的技术储备时，可自行组建建设管理机构，充分利用社会现有资源，采用现行主导模式——平行承发包模式进行工程项目的开发建设。当业主难以组建专业的工程建设管理机构，不能全面有效地对工程项目建设全过程进行控制管理时，可以采取"小业主、大咨询"方式，采用EPC、PM 或 CM 模式完成项目的开发任务。

第三节　水利工程项目管理模式发展的建议

现今，无论是水利开发规模还是年投产容量，我国都稳居世界第一的宝座，成为了水利建设大国。自中华人民共和国成立以来，我国水利项目管理模式发展过程跌宕起伏，目前正在加快与国际市场融合的进程，多种国际通用的项目管理模式开始引进我国并投入应用，我国项目管理模式因此迎来巨大发展，但由于这种发展起步晚，不够完善，仍存在某些问题亟待解决。基于我国工程项目管理现状，通过研究比较国际项目管理，本书对我国水利工程项目管理模式的发展提出以下几点建议：

一、创建国际型工程公司和项目管理公司

（一）创建国际型工程公司和项目管理公司的必要性

当下，加快创建国际型工程公司和项目管理公司有着充分的必要性。具体表现在以下方面。

1.是深化我国水利建设管理体制改革的客观需要

基于我国水利建设管理体制改革不断取得优异成绩，我国设计、施工、咨询服务等企业都充分拥有向国际工程公司或项目管理公司转变的主、客观条件。从主观上来看，经过各类项目的实践，企业职能单一化的局限性不断暴露，部分企业正逐步转变传统观念，开始承担部分工程总承包或项目管理任务，同时科学合理地调整相应的组织机构。从客观上来看，项目管理的重要性在项目建设过程中不断体现，越来越多的业主，特别是以外资或民间投资作为主体的业

主,都对承包商提出了新要求,即工程项目管理需要符合国际惯例的通行模式。

2.是与国际接轨的必然要求

如 EPC、PM、PMC 等国际通行工程项目管理模式的实现,都需要依赖实力强大的国际性工程公司和项目管理公司。1999 年,国际工程师联合会提出四种标准合同版本,其中就有可适用于不同模式的合同,例如适用于设计-施工总承包(Design-Build,简称 DB)模式的设计施工合同条件、适用于 EPC 模式的合同条件等。我国企业要想在国际工程承包市场上获得更大的发展,就要顺应国际趋势,采用国际惯用的项目管理模式,推动企业与国际接轨,促进中国化与国际化融合发展,实现"走出去"的发展战略目标。

3.是壮大我国水利工程承包企业综合实力的必然选择

现如今,我国水利工程建设现状处于设计、施工和监理单位各自独立的状态,各部门只负责自己专业内的相关工作,设计与施工没有搭接,监理与咨询服务没有联系。这不利于工程项目的投资控制和工期控制。

目前,我国是世界水利建设的中心,因此要趁热打铁借助水利发展东风,充分汲取国际工程公司和项目管理公司的成功经验,通过兼并、联合、重组、改造等途径,推动企业间的资源整合,发展壮大一批大型工程公司和项目管理公司,使之具有融设计、施工、采购为一体的综合建设能力,能为业主提供相应的技术咨询和管理服务。综上,创建一批属于我国自己的、具有中国特色的国际型工程公司和项目管理公司,是增强我国大型工程承包企业国际竞争力的必然要求。

(二)创建国际型工程公司和项目管理公司的发展模式

1.大型设计单位自我改造成国际型工程公司

工程公司模式以设计单位作为工程总承包主体,由设计单位按国际工程公司当前的通行惯例,在单位内部建立起相对成熟的组织机构以适应工程总承包的发展,不断向具备工程总承包能力的国际性工程公司转变并成功蜕变。拥有监理或咨询公司的大型设计单位大多也有相应的项目管理能力。因此,大型设计单位进行自我改造是其实现国际化转变的有效途径，只需进行合理细微的重组转换，便可给业主提供更加全面的高质量服务。

业务能力单一是目前我国众多设计单位普遍存在的问题，它们缺少施工和项目管理的相关经验，处理工程项目实际问题的应变能力不足，尤其在大型项目的综合协调和全面把握方面，这将成为阻碍设计单位转型的制约因素。近年来，我国部分大型水电勘测设计单位都把向国际型工程公司转变作为重要战略目标，但现阶段忙于繁重的勘测设计任务，尚没有精力在向国际型工程公司的转变方面展开实质性工作，设计单位开展工程总承包业务还普遍面临着管理知识缺乏、专业人才短缺和社会认可度偏低的问题，因此急需提高其自身的项目管理水平。

2.大型施工单位兼并组合发展成工程公司

自改革开放之后，我国水利事业得到了迅猛发展，许多水利施工单位也得到了锻炼和成长，积累了相当多的工程经验。其中的一些大型水利施工单位不仅成为我国国内水利施工的主体，同时也在国际水利承包市场的开拓发展中发挥主导作用，除强盛的施工及施工管理能力外，它们还拥有一定的项目管理能力。但相较于国际能力水平而言，国内相关单位仍存在一定局限性，如：勘察、设计和咨询能力弱，不足以为业主提供全面优质的咨询与管理服务；优化工程项目设计、合理开展工程投资和规划工期方面能力略有不足等。针对以上种种问题，大型设计单位可通过兼并、联合部分拥有较强勘察、设计和咨询能力的中、小设计单位来进行优化调整。

3.咨询、监理单位发展成项目管理公司

咨询、监理单位自身本就负责项目管理工作，以兼并、联合或内部重组改造的方式，建立实力更强、资源更丰富的大型项目管理公司，为业主提供更加全面、更高质量的项目咨询和项目管理服务。我国的水利咨询、监理单位普遍拥有各式各样的组建方式，按组建主体不同主要分为五大类，分别为业主组建、设计单位组建、施工单位组建、民营企业组建及科研院校组建。它们都具有组建时间短、人员综合素质高、单位资金实力弱、服务范围窄等共同特点。若由以上五类单位承担工程总包，优点在于其具备专业化、高质量的现场管理水平和综合管理协调能力，但在一定程度上来看缺点也很明显，即高水平、专业化的人才普遍稀缺，同时也面临资金供应问题，因此难以及时应对工程项目建设中可能遇到的种种问题和风险。基于此，可以兼并重组一些实力雄厚的监理、咨询单位，重新组建专门服务于工程项目管理的大型项目管理公司，为大型水利项目建设提供如 PMC 模式等专业化、全面化的管理服务。

二、我国水利工程项目管理模式的发展措施

（一）推广 EPC（工程总承包）模式

1.清晰界定总承包的合同范围

水利工程项目建设一般通过概算列项来拟订合同项目及费用，若要避免额外费用支出及工期损失，应对水利工程总承包合同中的概算项目划定明确范围。总承包商在水利工程项目建设中可能会遇到工程费用增加的情况，这是由于部分业主会要求其完成一些合同中没有明确提及且不包括在工程设计内的额外项目，最终使总承包商的利益受损。如白水江项目黑河塘水电站建设，在工程概算阶段没有考虑库区公路的防护设施、闸坝及厂区的地方电源供电系统，总承包合同中所列项目内容模糊、不明确，致使总承包商最后面临额外费用损失的后果。

2.确定合理的总承包合同价格

在水利工程 EPC 中总承包商的固定合同价格并不是按照初步设计概算的投资产生的，因为业主还会要求总承包商在合同的基础上"打折"。因此承包商面临的风险大大增加。

（1）概算编制规定的风险。按照行业的编制规定，编制的水利水电工程概算若干年调整一次。若总承包单位采用的是执行多年但又没有经过修订的编制

预算，最后就会使工程预算与实际情况不符。如黑河塘水电站工程概算以1997年编规为基础进行编制，但其列出的工程监理费低于当时的市场价格，致使总承包商利益受损。

（2）市场价格的风险。由于水利工程周期一般都较长，在工程建设期间总承包商需要充分考虑材料和设备价格的上涨因素，最大限度地避免因此造成损失和增加风险。如黑河塘水电站工程建设，国家发展和改革委员会官方数据显示，在施工期间的成品油价格比施工初期的增长近40％；双河水电站工程建设的半年时间里，铜的价格同比上涨100％。以上种种方面都应列入总承包商的考虑之中。

（3）现场状况的多种可能性和未知风险的挑战。水利工程建设过程中可能存在水文、气候、地质等条件的变化及其他未知的风险，依概算编制规定，一般的水利工程在基本预算不足的情况下可进行相关概算调整，以此解决出现的一系列问题，但根据EPC合同的相关规定，EPC总承包商必须自己承担这样的风险与责任。因此，工程项目概算调整一旦出现，往往意味着总承包商将要承受总承包模式下固定价格带来的巨额亏损及工期延误。

综上所述，各类风险的存在要求总承包商在充分考察项目工程的前提下订立合同价格，综合预测分析潜在风险，及时与业主进行交流与协商，使合同价格的订立更加谨慎、合理、科学化，最终获利。与此同时，承包商为降低自身风险，可在与业主签订合同时，充分运用风险共担原则，在合同中明确自身责任与义务，一旦出现上述风险，即就原先拟定的固定价格进行磋商，依规承担相应风险与责任。

3.施工分包合同方式

EPC模式的关键在于以"边施工、边设计"的方式进行项目建设，有利于降低造价、缩短工期。而水利工程在施工招标过程中，由于设计的进展与实际施工情况会出现不同程度的偏差，达不到施工的具体要求，从而出现与预期目标不符或稍有差池的结果，造成分包的施工承包商对其进行索赔。因此，笔者认为，相较于以单价合同结算施工合同，成本加酬金的合同方式更适合水利工程 EPC 模式。

（二）实施 PM（项目管理）模式

1.项目管理（PM）模式下项目运作概况

项目管理（Project Management，简称 PM）模式是指由项目业主聘请一家公司（一般为具备相当实力的工程公司、项目管理公司或咨询公司）代表业主对整个项目过程进行集成化管理，该公司在项目中被称为"项目管理承包商"（Project Management Contractor，简称 PMC）。PMC 受业主的委托，从项目的策划、定义、设计到竣工投产全过程为业主提供项目管理服务。PMC 是业主的延伸，并与业主充分合作，帮助业主在项目前期策划、可行性研究、项目定义、计划、融资方案等方面，以及设计、采购、施工、试运行等整个建设实施过程中有效地控制质量、进度和费用，实现项目寿命期各项技术和经济指标最优化。

业主按 PM 模式运作项目，具体来说把项目分成 2 个阶段来进行：第 1 阶段称为定义阶段。在这个阶段 PMC 的任务是代表业主对项目的前期阶段进行管理，负责项目策划。包括目标论证，WBS、CBS、PBS、OBS 规划，管理工作流程策划，合同结构策划等；建设方案的优化；代表业主或协助业主进行项目融资；对项目风险进行优化管理，分散或降低项目风险；负责组织完成基础设计；确定所有技术方案、专业设计方案；确定设备、材料的规格与数量；做出相当准确的费用估算（±10%），并编制出工程设计、采购和建设的招标书；最终确定工程各个项目的总承包商（EP 或 EPC）。

第 2 阶段称为执行阶段。在这个阶段由中标的总承包商负责执行详细设计、采购和建设工作，PMC 在这个阶段代表业主负责全部项目的管理协调和监控工作，直到项目完成。PMC 单位应及时向业主报告工作情况，业主则派出少量人员对 PMC 的工作进行监督和检查。PMC 在这个阶段的主要工作为：完成工程设计；负责组织 EP/EPC 的招标工作；完成精度为 20% 与 10% 的投资估算；负责编制初步设计，并取得有关部门批准；为业主融资提供支持。

2.PM 模式的优势

PM 模式较我国传统基建指挥部建设管理模式具有如下优势。

（1）有利于建设期内项目管理水平的总体提升，确保项目按时按质按量圆满完成。长时间以来，业主指挥部模式是我国工程建设普遍使用的通行模式，指挥部随着项目建设需要临时建立，在项目竣工交付使用后就地解散，具有临时性、随意性等特点。这种模式在工程建设中存在众多弊端，如缺乏连续性、系统性、专业性的管理体系；业主在实际工程项目中也无法积累相关建设管理经验，更不能从中得到锻炼，管理能力和水平一直停滞不前。因此，应在工程建设领域学习借鉴一系列国外的先进建设管理模式，如 PM 模式。

（2）有利于为业主节省项目投资。业主在和 PMC 签订合同之初，在合同中就明确规定了在节约工程项目投资的情况下可予以 PMC 相应比例的奖励，这就会促使 PMC 在保质保量的前提下，最大限度地为业主节省项目投资。一般情况下，PMC 从设计开始全面接手项目管理，依照节约和优化两大方针从基础设计开始对各部分进行全面控制，降低项目采购、施工、运行等后续系列阶段的投资和费用，实现项目全寿命周期成本预期的最低目标。

（3）有利于精简建设期业主管理机构。大型工程项目的指挥部往往具有人数众多、管理机构层次复杂等特点。项目竣工交付后，指挥部相关人员又面临棘手的安置问题。而对于 PMC 来说，会根据项目专业特点来组建相应的组织机构，协助业主进行项目管理工作。这样的机构简洁高效，极大地减轻了业主的负担。

3.水利水电工程实施 PM 模式的必要性

（1）在我国加入世界贸易组织（World Trade Organization, WTO）以后，国内市场逐步向外开放，同时近几年不断发展的国内经济，使中国这个巨大的市场引起了全球的关注，大量的外国资本涌入中国，市场竞争日趋激烈。许多世界知名的国际工程公司和项目管理公司纷纷进军中国市场，相较国内传统的工程企业，它们展现出明显的优势：项目管理能力强、服务意识超前、管理经验丰富且经济实力不俗。因此，在国际性企业面前，国内大部分企业在国内大型项目的竞标中往往望尘莫及。于是，国内许多工程公司意识到国内外之间的差距，积极引入并应用 PM（项目管理）模式，不断提高自身专业化能力和水平。

（2）PM 模式的应用也是引入先进的现代项目管理模式、达到国际化项目管理水平的重要途径之一。实行现代化工程项目管理的 5 个基本要素如下：

第一，实现现代化工程项目管理的前提是在实践中不断学习并引入国际化项目管理模式，因地制宜改进项目管理模式，使之与我国国情相适应，形成具有中国特色的现代项目管理理论，并指导其实践应用。

第二，实现现代化工程项目管理的关键是招募和培育相关方面的高素质、高水平专业人才。

第三，实现现代化工程项目管理的必要条件是计算机技术的支持，要加快研发和完善计算机集成项目管理信息系统。

第四，实现现代化工程项目管理的重要保障是组建高效化、专业化、系统化和科学化的管理机构。

第五，实现现代化工程项目管理最根本的基础是建立健全项目管理体系。

PM 模式正是因具有以上 5 个特性从而展现出强大的优越性及生命力。PM 水利项目的实施，可以为我国水利建设项目管理模式探索发展提供丰富的经验。

（3）PM 模式能够适应水利工程的项目特点。总的来说，水利工程具有水文地质条件复杂、工程量大、投入多、工期长、容易变更等特点，因此要求经验丰富和实力强盛的项目管理公司在 PM 管理模式的基础上进行水利项目建设，从而为业主提供相应的优质服务，对投资、质量和进度三大方面进行切实有效的管控，实现预期目标。如此一来，业主可以不必费力深究细致琐碎的管理工作，将时间和精力留给关键事件的决策、项目资金的筹措等其他工作。

第六章　水利工程建设合同管理

第一节　项目合同管理概述

项目合同管理是指在建设工程项目实施过程中，以建设工程项目为对象，以实现项目合同目标为目的，对项目合同进行高效率的计划、组织、指导、控制的系统管理方法。

项目法人（也称发包人或业主）通过建设工程项目招标和投标选择项目承包人。发包人与承包人签订协议书后，在合同规定的时间内，监理人发布开工通知，承包人可进入现场做施工准备工作。此后建设工程项目合同开始进入合同管理阶段。工程项目的合同管理是建设工程实施阶段的重要工作，因为它涉及能否在实现项目成本、质量和工期整体最优的目标下完成项目建设，取得最大的经济效益和社会效益。

发包人为了达到合同目的，通过监理人具体实施合同管理工作。在发包人的监督之下，监理人在授权范围内以项目合同为准则，协调合同双方的权利、义务、风险和责任，以及对承包人的工作和生产进行监督和管理。在监理人的监督之下，承包人按照项目合同的各项规定，对合同规定范围内的工程设计（如合同中有此项任务的话）、施工、竣工、修复缺陷和所有现场作业的安全承担全部责任。

由中华人民共和国水利部编制的《水利水电工程标准施工招标资格预审文件》（2009 版）和《水利水电工程标准施工招标文件》（2009 版）是目前大中型水利工程建设项目采用的施工合同条件范本。本章将根据该合同条件，探讨水利工程建设项目的合同管理。

一、我国工程项目合同管理的发展

我国建设工程项目合同管理是在 1983 年云南鲁布革水电站的发电引水系统利用世界银行贷款进行国际招标投标和项目实施的过程中开始的。在这段时间里，由于我国在基本建设领域全面推行项目法人责任制、建设监理制、招标投标制和合同管理制，逐步实现了项目合同管理工作的规范化、制度化，进一步适应了国际竞争和挑战，获得了较大的经济效益和社会效益。

二、合同文件的构成、解释与管理依据

（一）合同文件的构成

合同文件一般由以下内容构成：

（1）招标规定。

（2）合同条件（通用条件和专用条件）。

（3）技术规范。

（4）图纸。

（5）合同协议书、投标函及其附件。

（6）投标文件和有报价的工程量清单。

（7）招标文件的修改和补遗。

（8）其他（包括招标、投标、评标，以及合同执行过程中的往来信函、会议纪要、备忘录、书面答复、补充协议、监理人的各种指令与变更等）。

（二）合同文件解释的优先顺序

构成合同的所有文件是互相说明和补充的，前后合同条款的含义应一致，由于各种原因使合同条款之间出现含糊、歧义或矛盾时，通用条款中规定由监理人做出解释。为减少合同双方所承担的风险，在专用条款中规定了合同解释的优先顺序。按照惯例，解释顺序如下：

（1）合同协议书（包括补充协议）。

（2）中标通知书。

（3）投标报价书。

（4）专用合同条款。

（5）通用合同条款。

（6）技术条款。

（7）图纸。

（8）已标价的工程量清单。

（9）构成合同一部分的其他文件（包括承包人的投标文件）。

（三）合同管理的依据

（1）国家和主管部门颁发的有关合同、劳动保护、环境保护、生产安全和经济等方面的法律、法规和规定。

（2）国家和主管部门颁发的技术标准、设计标准、质量标准和施工操作规程等。

（3）上级有关部门批准的建设文件和设计文件。

（4）依法签订的合同文件。

（5）发包人向监理人授权的文件。

（6）经监理人审定颁发的设计文件、施工图纸及有关的工程资料，监理人发出的书面通知及经发包人批准的重大设计变更文件等。

（7）发包人、监理人和承包人之间的信函、通知或会议纪要，以及发包人和监理人的各种指令。

第二节 监理人在合同管理中的
作用和任务

工程承包合同是发包人和承包人之间为了实现特定的工程目的，而签订的有关确立、变更和终止双方权利和义务关系的协议。合同依法成立后，即具有法律约束力。因此，双方当事人必须积极全面地履行合同，并在合同执行过程中用合同的准则来约束自己的行为。监理人虽然不是合同一方，但发包人为实现合同中确立的目的，选择监理单位，协调双方关系，对承包人的工作和生产进行监督和管理。所以，我国的建设监理属于国际上业主方项目管理的范畴。

按照《水利水电工程标准施工招标资格预审文件》（2009 版）和《水利水电工程标准施工招标文件》（2009 版）编制的施工合同条件以及工程实践经验，监理人在合同管理中所起的作用和所要完成的任务如下：

一、监理人的作用

发包人和承包人签订工程承包合同是基于同一事实，即发包人期望从高效率的承包人那里得到按合同规定的时间和成本圆满完成的合格工程。同样，承包人期望通过合同履行得到合理的收益，公平均等地运用合同，按合同规定完成工程任务，并如期取得他有权获得的付款。基于上述目的，发包人和承包人都一致期望彼此紧密配合和协作，通过有条不紊、安全、有效的工作方式，将工程延期的风险和对合同的误解降低到最小，共同"生产"出一个令人满意的"最终产品"。因此，合同双方需要有协调能力、有权威、公正的监理人机构。综上，监理人在合同执行过程中的作用是：在发包人的授权范围内，以合同为准则，合理地平衡合同双方的权利和义务，公平地分配合同双方的责任和风险。由此可以看出，监理人在协调发包人和承包人的关系上发挥着重要作用，具体包括以下几点：

（一）可以降低承包人投标报价的总体水平

有经验的承包人会认为发包人直接管理合同将给自己带来较大风险。他不能确信发包人会公平合理地考虑承包人的利益。尤其是合同变更、索赔、违反合同规定或违约以及发生争议时，承包人不能确信会得到合理的补偿。为此，一个有经验的承包人在投标前必须评估这些可能的风险，并准备一定数额的风险基金摊入投标报价之中，从而提高总体投标报价的水平。如果有充分授权的监理人或争端裁决委员会，就能公平合理地分配责任和风险，承包人将会在投标报价中减少备用的风险基金，从而降低合同报价。

（二）有利于解决争端，化解矛盾

在执行合同过程中，如果合同双方直接谈判解决敏感的工期、费用及有关争端，没有缓冲空间和回旋余地，就容易产生僵持，将矛盾激化。在这种情况下，监理人可以起到中间人的作用，有利于协调和解决矛盾，使合同得以顺利执行。

（三）有利于减轻发包人的管理负担

如果发包人直接对承包人的工作和生产施工进行监督和管理，就必须在施工现场组建庞大的管理机构和配置各种有经验的专业管理人员，这会大大增加发包人的管理成本。同时，发包人如果要做很具体的合同管理工作，必然会分散精力，影响发包人的主要任务，即筹集资金、创造良好的施工环境和经营管理。因此，监理人的出现大大减轻了发包人的管理负担。

（四）有效使用标准的合同条款

我国各部委编制的各种合同标准范本，都是针对有监理人进行施工监督的情况而编制的。所以只能在发包人任命监理人，并给予充分授权的条件下才能使用。其优点是能合理平衡合同双方的要求和利益，尤其是能公平地分配合同双方的风险和责任。这就在很大程度上避免了履约不佳、成本增加及由于双方缺乏信任而引起的争端。

二、监理人的任务

我国在《水利工程质量管理规定》（水利部令第 52 号）中对监理单位在工程质量、进度、投资及安全管理方面做出了具体的规定。规定的具体条款与内容如下：

第四十一条 监理单位应当在其资质等级许可的范围内承担水利工程监理业务，禁止超越资质等级许可的范围或者以其他监理单位的名义承担水利工程监理业务，禁止允许其他单位或者个人以本单位的名义承担水利工程监理业务，不得转让其承担的水利工程监理业务。

第四十二条 监理单位应当依照国家有关法律、法规、规章、技术标准、批准的设计文件和合同，对水利工程质量实施监理。

第四十三条 监理单位应当建立健全质量管理体系，按照工程监理需要和合同约定，在施工现场设置监理机构，配备满足工程建设需要的监理人员，落实质量责任制。

现场监理人员应当按照规定持证上岗。总监理工程师和监理工程师一般不得更换；确需更换的，应当经项目法人书面同意，且更换后的人员资格不得低于合同约定的条件。

第四十四条 监理单位应当对施工单位的施工质量管理体系、施工组织设计、专项施工方案、归档文件等进行审查。

第四十五条 监理单位应当按照有关技术标准和合同要求，采取旁站、巡视、平行检验和见证取样检测等形式，复核原材料、中间产品、设备和单元工程（工序）质量。

未经监理工程师签字，原材料、中间产品和设备不得在工程上使用或者安装，施工单位不得进行下一单元工程（工序）的施工。未经总监理工程师签字，项目法人不拨付工程款，不进行竣工验收。

平行检验中需要进行检测的项目按照有关规定由具有相应资质等级的水利工程质量检测单位承担。

第四十六条 监理单位不得与被监理工程的施工单位以及原材料、中间产品和设备供应商等单位存在隶属关系或者其他利害关系。

监理单位不得与项目法人或者被监理工程的施工单位串通，弄虚作假、降低工程质量。

在合同管理中，监理人应按照工程承包合同，履行自己的职责。中华人民共和国水利部编制的《水利水电工程标准施工招标资格预审文件》（2009版）和《水利水电工程标准施工招标文件》（2009版），对监理人的职责和任务做出了以下规定：

（1）为承包人提供条件。按合同规定为承包人提供进场条件和施工条件；为承包人提供水文和地质等原始资料、提供测量三角网点资料、提供施工图纸及有关规范和标准。

（2）向承包人发布各种指示。对于承包人的所有指令，均由监理人签发，主要包括：签发工程开工、停工、复工指令；签发工程变更指令、工程移交证书和保修责任终止证书等。

（3）工程质量管理。检查承包人质量保证体系和质量保证措施的建立与落实情况；按合同规定的标准检查和检验工程材料、工程设备和工艺；对承包人实施合同内容的全部工作质量和工程质量进行全过程监督检查；主持或参与合同项目验收。

（4）工程进度管理。对承包人提交的施工组织设计和施工措施计划进行审批并监督落实；对承包人的工期延误进行处理等。

（5）计量与支付。对已完成工作的计量和校核，审核月进度付款；向发包人提交竣工和最终付款证书等。

（6）处理工程变更与索赔。

（7）协助发包人进行安全和文明施工管理。

第三节　施工准备阶段的合同管理

一、提供施工条件

（一）为承包人提供进场条件

对合同规定的（即招标文件写明的，并作为投标人投标报价的条件）由发包人通过监理人提供给承包人的进场条件，以及有关的施工准备工作，包括道路、供电、供水、通信、必要的房屋和设施、施工征地及现场场地规划等内容进行落实。

（二）提供施工技术文件

（1）按合同规定的日期向承包人提供施工图纸，同时根据工程实际的变化情况提供设计变更通知和图纸。在向承包人提供图纸前，监理人应进行如下审查：

①以招标阶段的招标图纸和技术质量标准为准，核定合同实施阶段的施工图纸和技术质量标准是否有变化，如有变化，就有可能是变更。

②勘察设计单位所提交的施工详图，核定承包人现有的或即将进场的施工设备和其他手段是否能达到该图纸的要求。

③核定施工图纸是否有错误，如剖面图是否有错误，各详图总尺寸与分尺寸是否准确一致等。

无论施工图纸是否经过监理人审查或批准，都不解除设计人员的直接责任。

（2）按合同要求向承包人指定所有材料和工艺方面的技术标准和施工规范，并负责解释。

（3）向承包人提供必要的、准确的地质勘探、水文和气象等参考资料，以及测量基准点、基准线和水准点及其有关资料。

二、检查承包人施工准备情况

（一）核查承包人人员、施工设备、材料和工程设备等

（1）核查派驻现场主要管理人员的施工资历和经验、任职和管理能力等是否同投标文件一致。如有差异，可依据有关证件和资料重新评定其是否能顺利完成工作任务。不能胜任者，可要求承包人更换。

（2）核查施工设备种类、数量、规格、状况及设备能力等是否同投标文件一致。如有差异，可依据资料重新评定是否能顺利完成工程任务，否则可要求承包人更换设备或增加设备数量。

（3）核查进场的物资种类、数量、规格、质量及储存条件是否符合合同规定的标准，不符合合同规定的材料和工程设备不得在工程建设中使用。

（二）检查承包人的技术准备情况

（1）对承包人提交的工程施工组织设计、施工措施计划和承包人负责的施工图纸进行审批。

（2）对承包人施工前的测量资料、试验指标等进行审核，包括原始地形测量、混凝土配合比、土石填筑的碾压遍数、填筑料的含水量等。

第四节　施工期的合同管理

施工期是合同管理的关键环节，也是合同管理的核心。

一、工程进度管理

合同执行过程中的工程进度控制是项目合同管理的重要内容之一。在工程实施过程中，工程进度的计划编制和实施全部由承包人负责。监理人代表发包人，在其授权范围内，依据合同规定对工程进度进行控制和管理。监理人在工程进度控制方面的主要工作是：审核承包人呈报的施工进度计划和修正的施工进度计划；合同实施过程中对工程开工、停工、复工和误期进行具体管理控制；全面监督实际施工进度；协助发包人和监督承包人执行合同规定的主要业务程序，并纳入合同管理的程序之中。

（一）工程控制性工期和总工期的制定

大中型水利工程的控制性工期和总工期，是在项目前期阶段反复论证的合理工期。该工期和相应的工程资金使用计划，都是经过发包人审定和上级主管部门批准的，无特殊情况不能随意改变。因此，发包人将该工期列入招标文件中，作为投标人必须遵从的投标条件。在合同实施过程中，监理人代表发包人进行合同监督和管理，并将此工期作为控制承包人各阶段的工程进度的依据，同时也是承包人必须遵守和必须实现的进度目标。

（二）承包人施工进度计划的制订和审批

在承包人的投标文件中包含一份符合招标条件规定的初步施工进度计划和施工方法的说明，并附有投标人主要施工设备清单、建筑材料使用和开采加工计划、劳务使用计划、合同期内资金使用计划等，但是，初步施工进度计划往往不能满足施工期的需要。在选定中标人并签订合同后，承包人应在合同规定的时间内，按监理人规定的格式和要求，递交一份准确的施工进度计划，以取得监理人的审核和同意。监理人依据以下三个方面对施工进度计划进行审核：

（1）承包人投标文件中呈报的初步施工进度计划和施工方法说明。

（2）招标文件中所规定的工程控制性工期和总工期。

（3）发包人和主管部门批准的各年、季、月的工程进度计划和投资计划。

施工进度计划的编制和实施均由承包人负责，施工进度计划正式实施前，必须先经过监理人审核和同意，但这并不解除合同规定承包人的任何义务和责任。

（三）工程进度控制

工程进度控制的日常具体工作程序如下：

1.工程开工

（1）开工准备。监理人应按照合同文件规定的时间（一般为 14 天），向承包人发出开工通知，以开工通知中明确的开工日期（一般为开工通知发出日期的第 7 天）为准，按天数（包括节假日）计算合同总工期。承包人接到开工通知后按合同要求进入工程地点，并按发包人指定的场地和范围进行施工准备工作。

（2）主体工程开工。在承包人施工准备工作完成后、进行主体工程施工前，监理人需组织有关人员对施工准备工作进行检查和核实。当具备主体工程开工条件时，监理人发布主体工程开工通知。核查施工准备工作的主要内容有：

①检查附属设施、质量安全措施、施工设备和机具、劳动组织和施工人员技能等是否满足施工要求。

②检查建筑材料的品种、性能、合格证明、储存数量、现场复查成果和报告等是否满足设计和技术标准的要求。

③检查试验人员和设备能否满足施工质量测试、控制和鉴定的需要。

④检查工程测量人员和测量设备能否满足施工需要，复核工程定位放线的控制网点是否达到工程精度要求。

2.停工、复工和误期

（1）不属于发包人或监理人的责任，且承包人可以预见的原因引起的停工。如：

①合同文件有规定。

②由于承包人的违约或违反合同规定引起的停工。

③由于现场天气条件导致的必要停工。

④为了工程安全或其任何部分工程的安全而必要的停工（不包括由发包人承担的任何风险所引起的暂时停工）。

由于上述原因，监理人有权下达停工指令，承包人应按监理人要求的时间和方式停止整个工程或任何部分工程的施工。停工期间承包人应对工程进行必要的维护和安全保障。待停工原因由承包人妥善处理、经监理人下达复工指令后，承包人方可复工。停工所造成的工期延长，承包人应采取补救措施，产生的额外费用，由承包人自行承担。

（2）属于发包人的责任，且由有经验的承包人也无法预见并进行合理防范的风险原因引起的停工。如：

①异常恶劣的气候条件。

②除现场天气条件以外的不利的自然障碍或外部条件。

③由发包人或监理人造成的任何延误、干扰或阻碍。例如，发包人提供的施工条件未能达到合同规定的标准、施工场地提供延误、延误发出工程设计文件和图纸、工程设计错误、苛刻的检查和工程监测、延误支付费用、监理人不恰当或延误的指示等。

④工程设计和工程合同的变更，增加额外的工作或附加工作，其工作量大（变化比例在招标文件的《合同专用条款》中明确，一般设定为使合同价格增加15%）或工作性质改变。

⑤除承包人不履行合同或违约外，其他可能发生的特殊情况，以及发包人为规避风险引起的工程延误。

由于上述原因，无论监理人是否发布停工指令，均应给予承包人适当延长工期或适当费用补偿。在上述事件发生后，监理人和承包人都应做好详细记录，作为延长工期或费用补偿的直接依据。承包人在此类事件发生后的一定时间内（一般情况为28天），通知监理人，并将一份副本呈交发包人；在此事件结束后的合理时间内（一般情况为28天），向监理人提交最终详情报告，提出详细的补偿要求。监理人收到上述报告后，应尽快展开调查，并通过协商，以公正和实事求是的态度做出处理决定。

（3）复工和误期。当发生停工和误期事件时，如果监理人没有下达停工指令，承包人有责任使损失降到最低，并应尽快采取措施，尽早复工生产；如果监理人下达了停工指令，承包人已对工程进行必要的维护和安全保障，自停工之日起在一定的时间内（一般情况为56天），监理人仍未发布复工通知，承包人有权向监理人递交通知要求复工。监理人收到此通知以后，应在一定的时间内（一般情况为28天）发出复工通知。如果监理人由于某种原因未发出复工通知时，则承包人可认为被停工的这部分工程已被发包人取消，当此项停工影响整个合同工程时，承包人可采取降低施工速度的措施，或暂时停工，将此项停工视为发包人违约，并且承包人有终止被发包人雇佣的权利，由此给承包人造成的经济损失，承包人有进一步向发包人索赔的权利。

3.承包人修订的施工进度计划的审核

由于大中型水利工程是复杂的技术和经济活动，受自然条件影响较多，因此修订施工进度计划是难以避免的，也是正常的。一般有以下三种情况：

（1）经监理人审核并同意的施工进度计划，已不符合实际工程进展情况，需要修订。其原因既不是由发包人的责任引起的，也不是由承包人的责任引起的，而是实际情况需要。一般情况下，施工进度计划每隔三个月修订一次。但这种修订必须在合同文件规定的控制性工期和总工期控制之下。如果要改变此类工期，承包人要申述理由，监理人要与发包人和承包人适当协商，并经发包人批准后，监理人按发包人批准的内容修订工程进度计划并予以实施。

（2）由于发包人的责任，同意给予承包人适当的工期延长。承包人提交新的施工进度计划，经监理人审核同意后实施，并按新的进度计划考核工程实际进度。

（3）在合同实施过程中，无论何时，监理人认为承包人未能达到令人满意的施工进度，已落后于经审核同意的施工进度计划时，承包人应根据监理人的要求提交一份修订后的施工进度计划，并表明是为了保证工程按时完工，而对原进度计划进行修改，并说明在完工期限内，拟采取的赶工措施，以保证如期完成工程任务。这种情况下，承包人无权因工程进度赶工而要求得到任何额外付款。还应说明的是，如果承包人不能保持足够的施工速度，严重偏离工程进度计划，给工程按时完工带来很大风险，而承包人又无视监理人事先的书面指示或警告，在规定的时间内（一般情况为 28 天）未提交修订的施工进度计划和拟采取的补救措施来加快工程进展时，将视为承包人违约。发包人可视情况，终止对承包人的雇佣。合同关系一旦终止则开始核定各种费用，并准备条件接受新的承包人进驻工地现场，继续完成未完的工程项目。

（四）工程进度管理应注意的问题

1.工程总工期的问题

一般情况下工程总工期应该是在工程初步设计的施工组织设计基础上，通过工程施工规划论证制定的。这样确定的总工期是经济合理的。但如果招标工作中出现招标人随意缩短总工期的情况，那么在合同实施过程中，发包人就会面临以下两种可能的风险：

（1）由于投标报价低，工期紧，为了赶工期，承包人不得不加大对工程投入，从而增加成本。这时，承包人可能会因此偷工减料，严重影响工程质量，威胁工程安全。

（2）为赶工期增加投入，承包人增加了工程成本，造成企业亏损，被迫降低施工速度，甚至被迫停工，从而延长工程总工期，结果适得其反。

2.发包人义务的履行

发包人能否认真履行合同文件中规定的发包人义务，对工程进度影响是较大的，也是承包人提出工期索赔的主要原因。所以监理人要不断关注和提醒发包人履行其义务。如进场交通道路、施工场地、征占土地、房屋、供水、供电和通信等条件的提供，以及抓好设计工作，按时提供施工图纸，按期支付工程价款，积极协调与地方政府、附近居民的关系等。这为项目的合同管理工作和承包人的施工环境创造了良好的外部条件。

3.施工进度的考核

考核承包人工程施工进度是否满足合同规定的控制性工期和总工期要求，是监理人的重要工作。考核的标准是变化的，但无论如何变化，承包人编制各阶段的或修订的施工进度计划，必须与发包人协商，并经监理人审核同意。监理人依据同意后的施工进度计划考核承包人在下一阶段的施工进度。一旦发现施工进度与计划有偏离，就应查清原因和责任，确定修订原则和采取补救措施，使工程实际进展在监理人监督的情况下，按事先确定的计划正常进行。只有这样才能按合同总工期的要求有序而顺利地完成工程建设任务。

4.发包人干预承包人的施工

承包人对所有工程的现场作业和施工方法的完备、稳定和安全承担全部责任,安全、准时地完成工程建设是承包人的义务。发包人对这些责任和义务无权改变和干预,否则将形成义务责任的转化,导致工程延期,这时承包人有权获得工期和经济补偿。所以,发包人不能以行政手段直接指挥生产,这对实行招标投标制和合同管理制的工程来说,是严重违反合同规定的行为。发包人要以合同为准则,明确责任,不干预,多协商,做好各种服务工作,协调好各方关系,为承包人的工程施工创造一个良好的外部条件,以利于顺利完成工程建设。

5.延期事件的处理

在合同执行过程中,延期事件是有可能发生的,其往往涉及各种原因和各方责任,是错综复杂的。因此,在处理延期事件时,首先应深入实际,进行实事求是的调查,核对同期记录,客观分析,分清责任,并及时进行疏导和协调,按程序妥善处理,把引发事件的隐患消灭在萌芽状态。这样才能使合同双方的损失减少,也及时改善了施工条件。否则会使事态扩大,严重影响工程顺利实施,给处理延期事件带来困难。

二、现场作业和施工方法的监督与管理

(一)审查承包人的施工技术措施

承包人在进场后的一定时间内,必须对单位工程、分部工程制定具体的施工组织设计,经监理人审批后方能生效。主要包括以下内容:

1.工程范围

说明本合同工程的工程范围。

2.施工方法

施工方法包括现场所使用的机械设备名称、型号、性能及数量;负责该项

施工的技术人员的人数；各种机械设备操作人员和各工种的技术工人人数，以及一般的劳动力人数；辅助设施；照明、供电、供水系统的配置及各种临时性设施。

3.材料供应

说明对材料的技术质量要求、材料来源、材料的检验方法和检验标准。

4.检查施工操作

（1）检查施工准备工作，如测量网点复测和设置、基础处理、施工设施和设备的布置等。

（2）说明每一个施工工序的操作方法和技术要求。如混凝土工程模板的架立和支撑；预埋件的埋设和固定；混凝土材料的加工和储存；混凝土的拌和、运输与浇筑；混凝土的养护等，均需说明具体的施工工艺要求、技术要求和注意事项。

5.质量保证的技术措施

承包人在工作程序中要表明，为了保证达到技术规范规定的技术质量要求和检验标准，将采取哪些技术保证措施。例如：在施工放样时，如何保证建筑物坐标位置的标准性、垂直度、坡度和几何尺寸的准确性；用什么技术措施保证混凝土浇筑的质量或土方填筑的密实度等。

（二）监督、检查现场作业和施工方法

监理人在现场的主要任务是代表发包人监督工程进度，监督和检查现场作业、施工方法、工程质量，调查和收集施工作业资料，准确地做好施工值班记录。值班记录包括：施工方法、施工工序和现场作业的基本情况；出勤的施工人员工种、数量和工时；施工设备种类、型号、数量和运行台时；消耗材料的种类和数量；施工实际进度和效率、工程质量及施工中发生的各种问题（如停工、停电、停水、安全事故、施工干扰等）和处理情况等。这些基本情况是信息管理的信息源，是进行投资控制、进度控制和质量控制的基本资料，是作为核实合同执行情况，处理合同具体事件，索赔、争端或提交仲裁的重要基础资

料。如果值班记录不全、不详细甚至漏记各种事件或事故的同期记录，会导致处理事件时没有核实事实的依据，给处理索赔和争端问题带来困难，使发包人处于不利的地位。这种情况在过去多个涉外工程的合同实施过程中时有发生，因此，在现场跟班进行施工监督是监理人员最基本的职责。不在现场跟班将视为不称职或失职，也是合同管理上失控的一种体现。另外，还要避免监理人的现场管理机构人员变动过大，这将严重影响合同管理的连续性。

（三）核查承包人施工临时性设施

监理人应依照项目合同的规定和承包人提交的施工方法说明，对承包人施工临时设施进行审核。这里的临时设施主要包括：

（1）施工交通。包括施工场地内外交通的临时道路、桥涵、交通隧洞和停车场等。

（2）施工供电。包括施工区和生活区的输电线路、配电所及其全部配电装置和功率补偿装置。

（3）施工供水。包括施工区和生活区的供水系统。

（4）施工照明。包括所有施工作业区、办公区、生活区、道路、桥涵、交通隧道等区域的照明线路和照明设施。

（5）施工通信。

①项目的施工场地内无通信设施时，承包人应在工程开工前与当地邮电部门协商，解决通向施工现场的通信线路和现场的邮电服务设施缺失的问题，并由承包人签订协议。

②承包人应负责设计、施工、采购、安装、管理和维修施工现场的内部通信服务设施。发包人和监理人有权使用承包人的内部通信设施。

（6）砂石料和土料开采加工系统。

①承包人应负责提供合同工程施工所需的全部砂石料和土料，并负责砂石料和土料加工系统的设计和施工，以及加工设备的采购、安装、调试、运行、管理和维修。

②砂石料和土料开采加工系统的生产能力和规模应根据施工总进度计划，对各种砂石料和土料的需求进行分析，结合料场的开采、加工、储存和供料平衡能力后选定，配置的开采加工设备应满足砂石料和土料的高峰期要求。

③承包人提供的各种砂石料和土料应满足施工图纸的技术要求和符合各专项技术条款规定的质量标准。

（7）混凝土生产系统。

①承包人应负责混凝土生产系统的设计和施工，包括混凝土骨料储存、拌和、运输，以及材料、设备和设施的采购、安装、调试、运行管理和维修等。

②混凝土生产必须满足混凝土的质量、品种、出口温度和浇筑强度等级要求。

③承包人应按施工图和技术条款的温控要求，负责混凝土制冷（热）系统的设计和施工，并负责制冷（热）设备的采购、安装、调试、运行管理和维修。

（8）施工机械修配和加工厂。

①承包人应按施工图纸的施工要求修建施工机械修配和加工厂，包括：机械修配厂、预制混凝土构件加工厂、钢筋加工厂、木材加工厂和钢结构加工厂。

②承包人应负责上述加工厂的设计、施工及其各项设备和设施的采购、安装、调试、运行管理和维修。

（9）仓库和堆料场。

①承包人应负责准备工程施工所需的各项材料及设备仓库的设计、修建、管理和维护。

②储存炸药、雷管和油料等特殊材料的仓库严格按监理人批准的地点进行布置和修建，并遵守国家有关安全规程的规定。

③各种露天堆放的砂石骨料、土料、弃渣料及其他材料应在施工总布置规划的场地进行布置设计，场地周围及场地内应做防洪、排水等保护措施以防雨水冲刷和水土流失。

（10）临时房屋建筑和公用设施。

①除合同另有规定外，承包人应负责设计和修建施工期所需的全部临时房

屋建筑和公用设施（包括职工宿舍、食堂、治安室、急救站、公共卫生间等房屋建筑设施，以及文化娱乐、体育场地、消防设施等）。

②承包人应按施工图纸和监理人的指示，负责上述临时房屋和公用设施的设备采购、安装、管理和维护。

三、工程质量控制

在项目合同实施阶段，保证项目施工质量是承包人的基本义务，而工程质量检查、工程验收检验是监理人进行合同管理的重要任务之一。监理人对项目施工活动的全过程进行有效的监督和控制。

（一）工程质量控制的依据

（1）合同文件，特别是发包人和承包人签订的工程施工合同中有关工程质量的合同条款。

（2）已批准的工程设计文件和施工图纸，以及相应的设计变更与修改通知。

（3）已批准的施工组织设计和确保工程质量的技术措施。

（4）合同中引用的国家和行业颁布的工程技术规范、施工工艺规程、验收规范及国家强制性标准。

（5）合同引用的有关原材料、半成品、构配件方面的质量依据。

（6）制造厂提供的设备安装说明书和有关技术标准。

（二）工程质量检查的方法

（1）旁站检查。指监理人员对重要工序、重要部位、重要隐蔽的施工进行现场监督和检查，以便及时发现事故苗头，避免发生质量问题。

（2）测量和检测。对建筑物的几何尺寸和内部结构进行控制。

（3）试验。监理人为确认各种材料和工程部位内在品质所做的试验。

（4）审核有关质量文件、报告、报表。对质量文件、报告、报表的审核是监理人进行全面质量控制的重要手段。

（三）工程质量检查内容

1.检查承包人在组织和制度上对质量管理工作的落实情况

监理人应要求并督促承包人建立和健全质量保证体系，全面推行质量管理，在工地设置专门的质量检查机构，配备专职的质量检查人员，建立完善的质量检查制度。承包人应在接到开工通知后的一定时间内，提交一份包括质量检查机构的组织结构、岗位责任、人员组成、质量检查程序和实施细则等内容的工程质量保证措施报告，报送监理人审批。

2.审查施工方法和施工质量保证措施

审查承包人在工程施工期间提交的各单位工程和分部工程的施工方法和施工质量保证措施。

3.对需要采购的材料和工程设备的检验及交货验收

对于承包人负责采购的材料和工程设备，应由承包人会同监理人进行检验和交货验收，并提供检验材料质量证明和产品合格证书。承包人还应按合同规定的技术标准进行材料的抽样检验和工程设备的检验测试，并将检验结果提交给监理人。监理人应按合同规定参加交货验收，承包人应为其监督检查提供一切方便。监理人参加交货验收不解除承包人任何应负的责任。

对于发包人负责采购的工程设备，应由发包人（或发包人委托监理人代表发包人）和承包人在合同规定的交货地点共同进行交货验收，由发包人正式移交给承包人。在验收时，承包人应按监理人的指示进行工程设备的检验测试，并将检验结果提交给监理人。工程设备安装后，若发现工程设备存在缺陷，应由监理人和承包人共同查找原因，如果属于设备制造不良引起的缺陷应由发包人负责；如果属于承包人运输和保管不慎或安装不当引起的损坏应由承包人负责。如果工程材料也由发包人采购，提供给承包人的材料应是合格的，这种情况下由于建筑材料的问题，造成工程质量事故时，其质量责任要由发包人承担。

4.现场的工艺试验

承包人应按合同规定在监理人的指示下进行现场工艺试验。如爆破试验（预裂爆破、光面爆破和控制爆破等）、各种灌浆试验、各种材料的碾压试验、混凝土配合比试验等。其试验结果应提交监理人核准，否则不得在施工中使用。在施工过程中，如果监理人要求承包人进行额外的现场工艺试验，承包人应遵照执行。

5.工程观测设备的检查

监理人需检查承包人对各种工程观测设备的采购、运输、保存、率定、安装、埋设、观测和维护等。其中观测设备的率定、安装、埋设和观测必须在有监理人在场的情况下进行。

6.现场材料试验的监督和检查

监理人需监督检查承包人在工地建立的试验室，包括检查试验设备和用品、核实试验人员数量和专业水平、核定其试验方法和程序等。承包人应按合同规定在监理人的指示下进行各项材料试验，并为监理人进行质量检查和检验提供必要的试验资料和结果。监理人进行抽样试验时，所需试件应由承包人提供，也可以使用承包人的试验设备和用品，承包人应予协助。

7.工程施工质量的检验

（1）施工测量。监理人应在合同规定的期限内，向承包人提供测量基准点、基准线、水准点及其书面资料。承包人应依据上述基准点、基准线及国家测绘标准和本工程精度的要求，布设自己的施工控制网，并将资料报送监理人审批，待工程完工后完好地移交给发包人。承包人应负责施工过程中的全部施工测量工作，包括地形测量、放样测量、断面测量、收方测量和验收测量等，并自行配置合格的人员、仪器、设备和其他物品。承包人在各项目施工测量前还应将所采取措施的报告报送监理人审批。监理人可以指示承包人在监理人监督下或联合进行抽样复测，当抽样复测发现有错误时，必须按照监理人指示进行修正或补测。监理人可以随时使用承包人的施工控制网，承包人应及时提供必要的协助。

（2）监理人有权对全部工程的所有部位及其任何一项工艺、材料和工程设备进行检查和检验，也可随时提出要求，在制造地、装配地、储存地点、现场、合同规定的任何地点进行检查、测量、检验及查阅施工记录。承包人应提供通常需要的协助，包括劳务、电力、燃料、备用品、装置和仪器等。承包人也应按照监理人的指示，进行现场取样试验、工程复核测量和设备性能检测，并提供试验样品、试验报告、测量结果及完成监理人要求进行的其他工作。监理人的检查和检验不解除承包人按合同规定应负的责任。

（3）施工过程中承包人应对工程项目的每道施工工序进行认真检查，并应把自行检查结果报送监理人备查，重要工程或关键部位需承包人自检结果核准后才能进行下一道工序施工。如果监理人认为必要时，也可随时进行抽样检验，承包人必须提供抽查条件。如抽查结果不符合合同规定，则必须进行返工处理，处理合格后，方可继续施工。

（4）依据合同规定的检查和检验，应由监理人与承包人按商定的时间和地点共同进行。如果监理人未按商定时间派人员到场，除监理人另有指示外，承包人可自行检查和检验，并立即将检验结果报送监理人，由监理人给予事后确认。不论何时，只要监理人对承包人报送的结果有疑问，都可以重新抽样检验。

如果承包人未按合同规定自行检查和检验，监理人有权指示承包人补做这类检查和检验，承包人应遵照执行；如果监理人指示承包人对合同中未做规定的某项工序进行额外检查和检验时，承包人也应遵照执行。若上述检查和检验，承包人未按照监理人的指示完成，监理人有权指派自己的人员或委托其他有资质的检验机构和人员进行检查和检验，承包人不得拒绝，并应提供一切方便，也必须承认其检验结果。

8.隐蔽工程和工程隐蔽部位的检查

（1）覆盖前的检查。经承包人自行检查确认隐蔽工程或工程的隐蔽部位具备覆盖条件的，承包人应在 24 小时内通知监理人进行检查。监理人应按通知约定的时间到场检查，当确认符合合同规定的技术质量标准时，应在检查记录上签字，承包人在监理人签字后才能进行覆盖。如果监理人未按约定时间到场检查、拖延或无故缺席，造成工期延误，承包人有权要求延长工期和赔偿其停工或误工损失。

（2）覆盖后的检查。虽然已经过监理人检查，并同意覆盖，但事后对质量有怀疑时，监理人仍可要求承包人对已覆盖的部位进行钻孔探测，甚至揭开重新检验，承包人应遵照执行；当承包人未及时通知监理人，或监理人未按约定时间派人到场检查时，如果承包人私自将工程的隐蔽部位覆盖，监理人有权通知承包人进行钻孔探测或揭开重新检查，承包人必须遵照执行。

9.不合格工程、材料和工程设备的处理

在工程施工中禁止使用不符合合同规定的等级质量标准和技术特性的材料和工程设备。如果承包人使用了不合格的材料、工程设备和工艺，并造成工程损害时，监理人可以随时发出指令，要求承包人立即改正，并采取措施补救，直至彻底清除工程的不合格部位以及不合格的材料和工程设备。若承包人无故拖延或拒绝执行监理人的上述指令，则发包人可按承包人违约处理，发包人有权委托其他承包人承担此项任务，违约责任应由承包人承担。

四、合同项目变更

（一）变更的范围和内容

（1）增加或减少合同中所包括的工作数量。

（2）省略某一工作（但被省略的工作由业主或其他承包人实施的情况除外）。

（3）改变某一工作的性质、质量或类型。

（4）改变工程某一部位的标高、基线、位置和尺寸。

（5）实现工程竣工所必需的附加工作。

（6）改变工程某一部分原有的施工顺序或时间安排。

（二）变更的处理原则

1.引起工期改变的处理原则

在合同执行过程中，若不是由承包人的原因引起变更，使关键项目的施工进度计划拖后而造成工期延误时，由监理人与发包人和承包人协商，让发包人延长合同规定的工期；若变更使合同关键项目的工程量减少，由监理人与发包人和承包人协商，让发包人把变更项目的工期提前。

2.确定变更价格的原则

（1）在合同的工程量清单中，有适用于变更工程的项目单价时，应采用该项目的单价。

（2）在合同的工程量清单中，无适用于变更工程的项目单价时，可在合理的范围内参考类似项目的费率或单价作为变更项目估价的基础，由监理人与承包人商定变更后的费率或单价。

（3）在合同的工程量清单中，无类似项目的费率或单价可供参考时，则应由监理人与承包人协商确定新的费率或单价。

3.由承包人的原因引起的变更处理原则

（1）若承包人根据工程施工需要，要求监理人对合同的某一项目和工作进行变更时，应提交详细的变更申请报告，由监理人审批，批准的原则是技术上可行和经济上合理。如果技术上可行，并且能确保原工期，但经济上不合理时，超出部分由承包人自行承担。未经批准，承包人不得擅自变更。

（2）承包人要求的变更属于合理化建议的性质时，经与发包人协商，建议如被采纳，由监理人发出变更决定后方可实施。发包人应酌情给予承包人奖励。

（3）承包人违约或其他由于承包人的原因引起的变更，增加的费用和工期延误责任由承包人自行承担。至于延误的工期，承包人必须采取适当的赶工措施，确保工程按期完成。

（三）变更工作程序

如果监理人认为有必要对工程或其中某一部分的形式、质量或数量做出变更（不论是谁提出的任何变更），其有权确定费率和指示承包人进行此类变更。其变更程序如下：

（1）发出变更指令。监理人在发包人授权范围内，只要认为此类变更是必要的，就应该及时向承包人发出变更指令。其内容应包括变更项目的详细变更内容、变更工程量、变更项目的施工技术要求、质量标准、图纸和有关文件等，并说明变更的处理原则。

（2）承包人对监理人提出的变更处理原则持有异议时，可在收到变更指令后的约定时间（一般为 7 天）内通知监理人，监理人在收到通知后的约定时间（一般为 7 天）内，经与发包人和承包人协商之后以书面形式答复承包人。

（3）承包人收到监理人发出的变更指令后，应在约定时间（一般为 28 天）内向监理人提交一份变更报价书。内容包括承包人确认变更的处理原则、变更工程量和变更项目的报价单。监理人认为必要时，可要求承包人提交重大变更项目的施工措施、进度计划安排和单价分析等资料。

（4）监理人应在收到承包人变更报价书后的约定时间（一般为 28 天）内，经与发包人和承包人协商，并对变更报价书进行审核后，做出变更决定，通知承包人，呈报发包人。如果发包人和承包人未对监理人的变更决定提出异议，则应按此决定执行。

（5）发包人和承包人未能就监理人的变更决定取得一致意见时，监理人的决定为暂时决定，承包人也应遵照执行。此时，发包人或承包人有权在收到监理人变更决定后的约定时间（一般为 28 天）内将问题提请争端裁决委员会解决。若在此期限内双方均未提出上述要求，则监理人的变更决定即为最终决定，对双方均具有约束力。

（6）当发生紧急事件时，在不解除合同规定的承包人的任何义务和责任的情况下，监理人向承包人发出变更指令，可要求其立即进行变更工作，承包人应立即执行。然后承包人按上述变更程序提交变更报价书，由监理人与发包人和承包人协商后，在上述规定的时间内做出变更工程项目的价格和需要调整工期的决定，并补发变更决定的通知。

第五节　合同验收与保修

一、合同验收

合同验收是指承包人按照合同内容规定完成全部的任务后，发包人所进行的验收。合同验收后，监理人签署工程移交证书，完工工程的监管责任由承包人转移到发包人。

（一）合同验收的条件

当工程具备以下条件时，承包人可提交验收申请报告：

（1）已完成合同范围内的全部单位工程以及有关的工作项目（经监理人同意列入保修期限内完成的尾工项目除外）。

（2）按规定备齐了符合合同要求的完工资料。

（3）已按照监理人的要求编制了在保修期限内实施的尾工工程项目清单和未修复的缺陷项目清单，以及相应的施工措施计划。

（二）完工资料

（1）工程实施概况和大事记。

（2）已完工程移交清单（包括工程设备）。

（3）永久工程竣工图。

（4）列入保修期限内继续施工的尾工工程项目清单。

（5）未完成的缺陷修复清单。

（6）施工期的观测资料。

（7）监理人指示应列入完工报告的各类施工文件、施工原始记录（含图片和录像资料）及其他应补充的竣工资料。

（三）合同验收的内容和程序

（1）监理人的验收准备。当合同中规定的工程项目基本完工时，监理人应在承包人提出竣工验收申请报告之前，组织设计、运行、地质和测量等有关人员对工程项目进行全面的检查和检验，并核对准备提交的竣工资料等，做好工程验收的准备。

（2）承包人提交竣工验收申请报告，并附完工资料。

（3）监理人在收到承包人提交的竣工验收申请报告后，审核其报告。

（4）当监理人审核后发现工程尚有重大缺陷时，可拒绝或推迟竣工验收，这时应在收到申请报告后的 28 天内通知承包人，指出竣工验收前应修复的工程缺陷及其他的工作内容和要求，并将申请报告退还，待承包人具备条件后重新提交申请报告。承包人应在收到上述通知后的 28 天内重新提交修改后的竣工验收申请报告，直到监理人同意为止。

（四）合同的完工验收

监理人审核报告后认为工程已具备验收条件时，应在收到验收申请报告后的 28 天内提请发包人进行工程完工验收。发包人应在收到验收申请报告后的 56 天内签署工程移交证书，并颁发给承包人。移交证书中应写明经监理人与发包人和承包人协商核定工程的实际竣工日期，此日期也是工程保修期的开始日期。

二、工程保修

（一）保修期

保修期是从工程移交证书中写明的全部工程完工日开始算起，保修期限在专用合同条款中规定（一般为 1 年）。在全部工程完工验收前，已经发包人提前验收的单位工程或部分工程，若未投入正常使用，其保修期也按全部工程完工日开始计算。

（二）保修责任

（1）保修期内，承包人负责未移交的工程和工程设备的全部日常维护和缺陷修复工作，对已移交发包人使用的工程和工程设备，应由发包人负责日常维护工作，承包人应按移交证书中所列的缺陷修复清单进行修复，直至监理人检验合格为止。

（2）发包人在保修期内使用工程和工程设备时，若发现新的缺陷和损坏，或原修复缺陷部位或部件又遭破坏，则承包人应按监理人的指示修复，直至监理人检验合格为止。监理人应会同发包人和承包人共同进行查验，若属于承包人的责任造成的，由承包人承担修复费用；若属于发包人使用不当或其他发包人的责任造成的，由发包人承担修复费用。

（三）保修责任终止证书

在工程保修期满后的 28 天内，由发包人或者发包人委托监理人签署和颁发保修责任终止证书给承包人。若保修期满后还有缺陷未修复，则须待承包人按监理人的要求完成缺陷修复工作后，再颁发保修责任终止证书。

第七章　水利工程建设成本管理

第一节　施工成本的主要形式

为了更好地认识和掌握施工成本的特性，搞好施工成本管理，可根据不同的需要，将施工成本划分为不同的成本形式。

一、按成本控制需要划分

按成本控制需要，以成本发生的时间来划分，施工成本分为预算成本、计划成本和实际成本。

预算成本是根据施工图由全国统一的工程量计算规则计算出来的工程量、全国统一的建筑、安装工程基础定额和各地区的市场劳务价格、材料价格信息及价差系数，并按有关取费的指导性费率进行计算的成本。它反映的是各地区建筑业项目成本的平均水平。

计划成本是指施工经理部在预算成本的基础上，根据计划期的有关资料，结合工程项目的技术特征、自然地理特征、劳动力素质、设备情况等，在实际成本发生前进行预先计算的成本。它是控制施工成本支出的标准，也是施工成本管理的目标。

实际成本是项目施工过程中实际发生的可以列入成本支出的费用总和，是项目施工活动中劳动耗费的综合反映。

把实际成本与计划成本进行比较，可反映出施工成本的实际降低额，有助于业主了解项目成本的节约或超支状况，也可以用于考核施工项目经理部的施工技术水平、技术组织措施的贯彻执行情况和项目的经营效果。将计划成本与预算成本进行比较，可反映出施工成本的计划降低额，明确施工成本管理的奋斗目标。将实际成本与预算成本进行比较，可反映出项目的盈亏情况。

二、按成本核算需要划分

按成本核算需要，以生产费用计入成本的方法来划分，施工成本分为直接成本和间接成本。

直接成本是指生产费用产生时，能直接计入某一成本计算对象的费用。它包括人工费、材料费、机械使用费和其他直接费用支出。

间接成本是指生产费用产生时，不能或不便于直接计入某一成本计算对象，而需先按产生地点或用途加以归集，待月终选择一定的分配方法进行分配后才计入有关成本计算对象的费用。主要包括施工项目经理部为施工准备、组织和管理施工生产所产生的全部施工间接费用支出。

施工成本由直接成本和间接成本构成，施工成本的这种分类方式，便于考核各项生产费用使用的合理程度，找出降低项目成本的途径。

三、按成本预测需要划分

按成本预测需要，以生产费用与工程量的关系来划分，施工成本分为变动成本和固定成本。

变动成本是指在一定时期和一定的工程量范围内，其产生的成本额随着工程量的增减变动而正比例变动的费用。如直接用于项目施工用的原材料、辅助材料、燃料和动力及计件工资制下的工人工资等。

固定成本是指在一定时期和一定的工程量范围内，其产生的成本额不受工程量增减变动影响而保持不变的费用。但若就单位产品的固定成本而言，则与工程量的增减成反比例变动。如折旧费、大修理费、管理人员工资、办公费、差旅费等。

将施工成本划分为变动成本和固定成本，对于成本预测和决策具有重要作用，它是成本控制和管理的前提。

第二节　施工成本管理的内容

施工成本管理的内容包括施工成本预测、成本计划、成本控制、成本核算、成本分析和成本考核，每一环节是相互联系和相互作用的，通过这些环节的工作，促使项目内各种成本要素按一定的目标运行，将实际成本控制在预定的目标成本范围内。

一、施工成本预测

施工成本预测的主要内容是通过成本信息和施工项目的具体情况，运用一定的专门方法，对未来的成本水平及其可能的发展趋势作出科学的估计，其实质就是在工程项目施工之前对成本进行估算。它是编制施工成本计划的依据。

现代施工成本预测方法种类有很多，而且发展迅速，一般可分为两大类：

定性预测方法和定量预测方法。

定性预测方法是根据已掌握的信息资料和直观材料，依靠具有丰富经验和分析能力的内行专家，运用主观经验，对施工的成本及其要素进行判断或推测的一类预测方法。常用的定性预测方法有专家会议法和专家调查法。定量预测方法是根据已掌握的比较完备的历史统计数据，运用一定科学方法进行科学的加工整理，借以揭示有关变量之间的规律性联系，用于预测和推算未来发展变化情况的一类预测方法。

定量预测方法有时间序列预测法和回归预测法。时间序列预测法是以一个指标本身历史数据的变化趋势，去寻找市场的演变规律，对未来进行预测的方法。常见的时间序列预测法有移动平均法和指数平滑法。回归预测法是利用事物内部因素间发展的因果关系来预测其发展变化的趋势的一种预测方法。

（一）专家会议法

专家会议法又称为集合意见法，是将有关人员召集起来，通过会议形式，针对预测的对象，交换意见预测工程成本的一种方法。参加会议的人员，一般选择那些具有丰富经验，对经营和管理熟悉，并有一定专长的各方面专家。例如：对材料价格市场行情进行预测，可请材料采购人员、计划人员、经营人员等；对工料消耗进行分析，可请技术人员、施工管理人员、材料管理人员、劳资人员等；估计工程成本，可请预算人员、经营人员、施工管理人员等。

使用该方法，各预测值之间经常出现较大的差异。在这种情况下，一般可采用预测值的平均值或加权平均值作为预测结果。

（二）专家调查法（特尔斐法）

专家调查法是指依靠专家们的直接经验，采用系统的程序，通过互不见面和反复进行的方式，对某一未来问题进行判断的一种方法。首先，草拟调查提纲，提供背景资料，轮番征询不同专家的预测意见，再汇总调查结果。对于调查结果，要整理成书面意见和报表。这种方法具有匿名性的特点，具体步骤如下：

（1）组织领导。使用特尔斐法进行预测，需要成立一个预测领导小组。领导小组负责草拟预测主题，编制预测事件一览表，选择专家，对预测结果进行分析、整理、归纳和处理。

（2）选择专家。专家调查法中，选择专家是关键。专家一般指掌握某一特定领域知识和技能的人。人数不宜过多，一般 10～20 人为宜。负责主持预测的单位以信函方式与专家直接联系，保证专家之间没有任何联系。这种方法可避免当面讨论时产生相互干扰、当面表达意见时可能受到约束等弊病。

（3）预测内容。根据预测任务，制定专家应答的问题提纲，说明作出定量估计、进行预测的依据及其对判断的影响程度。

（4）预测程序。

①提出要求，明确预测目标，以书面形式通知被选定的专家或专业人员。要求每位专家说明有什么特别资料可用来分析所预测事件以及这些资料的使用方法。同时，请专家提供有关资料，并请专家提出进一步需要哪些资料。

②专家接到通知后，根据自己的知识和经验，对所预测事件的未来发展趋势提出自己的观点，并说明其依据和理由，以书面形式答复负责主持预测的单位。

③预测领导小组对专家预测的意见加以归纳整理，对不同的预测值分别说明其依据和理由（根据专家意见，但不注明哪个专家意见），然后再寄给各位专家。

④专家们对各自归纳的各种预测的意见、依据和理由再进行分析，再次进行预测并提出自己修改的意见、依据和理由。如此反复往返征询、归纳、修改，直到意见基本一致为止。修改的次数，根据需要决定，一般进行 4 轮后，预测意见基本上能够统一。

（三）移动平均法

移动平均法是时间序列预测法中的一种基本方法，应用很广泛。所谓移动平均法就是对某个指标的原有历史统计数据从时间序列的第一项数值开始,按一定项数求序时平均数,逐项移动,边移动边平均。这样,就可以得出一个由移动平均数构成的新的时间序列的平均数。它把原有历史统计数据中的随机因素加以过滤,有效消除了数据中的随机波动情况,使不规则的线型大致上规则化,以显示出预测对象的发展方向和趋势。

移动平均法又可分为:简单移动平均法、加权移动平均法、趋势修正移动平均法和二次移动平均法。这里主要介绍简单移动平均法。

简单移动平均法,又称为一次移动平均法,是在算术平均法的基础上,通过逐项分段移动,求得下一项的预测值,其基本公式为(见式7-1):

$$M_t = \frac{Y_{t-1} + Y_{t-2} + \cdots\cdots + Y_{t-n}}{n} \qquad (7-1)$$

式中 M_t——第 t 期一次移动的平均值,即代表第 t 期的预测值。

Y_i——第 i 期的实际数值。($i = t-1$, $t-2$, $\cdots$, $t-n$,)。

n——移动平均时的分段数据的项数。

(四)指数平滑法

指数平滑法,也称为指数修正法,该方法认为最近时期的统计数据中包含着最能反映未来发展的信息,所以应当赋予相对地比前期统计数据更大的权数。即对最近时期的统计数据给予最大的权数,而对时间久远的统计数据给予递减的权数。这个方法可以弥补移动平均法的两个明显不足:①移动平均法需要大量的历史统计数据的储备。②移动平均法用同样的权数来简单地平均统计数据。所以说它是在移动平均法的基础上发展起来的一种更科学的预测方法,是一种简便易行的时间序列预测方法。

指数平滑法又分为:一次指数平滑法、二次指数平滑法和三次指数平滑法等。这里主要阐述一次指数平滑法,其计算公式为(见式7-2):

$$S_t = \alpha Y_t + (1-\alpha) S_{t-1} \qquad (7-2)$$

式中 S_t——第 t 期的一次指数平滑值,作为第 $t+1$ 期的预测值。

Y_t——第 t 期（最近时期）的实际的统计数据。

S_{t-1}——第 $t-1$ 期的一次指数平滑值，也就是第 t 期的预测值。

α——加权系数，$0 \leqslant \alpha \leqslant 1$。

从上述公式可见，加权系数 α 取值的大小直接影响平滑值的计算结果。α 的值越大，最近时期的统计数据在 S_t 中所占的比重越高，所起的作用也越大。在实际应用中，应经过反复试算再确定要选取的 α 值。

（五）回归预测法

回归预测法是根据现象之间相关关系的，拟合成一定的直线或曲线函数，来代表现象间的数量变化关系。一般的回归预测方程为 $Y=f(x_1, x_2, \cdots, x_n)$。依据函数 $f(x_1, x_2, \cdots, x_n)$ 是线性或非线性形式，回归预测法分为线性回归预测和非线性回归预测；依据自变量 x_n 的个数等于 1 或大于 1，回归预测法又分为一元回归预测和多元回归预测。

由此组合成四种不同的回归预测，它们是一元线性回归预测法、一元非线性回归预测法、多元线性回归预测法和多元非线性回归预测法。四种回归预测法的基本原理是一致的，只是数学处理的难度不同。这里主要阐述一元线性回归法，其基本公式为（见式 7-3）：

$$\hat{Y} = a + bX \tag{7-3}$$

式中 X——自变量。

$\hat{Y}$——因变量。

a、b——回归系数，也称待定系数。

二、施工成本计划

施工成本计划是以货币形式编制施工项目在计划期内的生产费用、成本水平、成本降低率以及为降低成本所采取的主要措施和规划的书面方案。它是建立施工成本管理责任制、开展成本控制和核算的基础。

三、施工成本控制

施工成本控制是指项目在施工过程中，对影响施工成本的各种因素加强管理，并采取各种有效措施，将施工中实际发生的各种消耗和支出严格控制在成本计划范围内，随时进行抽查并及时反馈，严格审查各项费用是否符合标准，计算实际成本和计划成本之间的差异并进行分析，消除施工中的浪费现象，发现和总结先进经验。通过成本控制，使之最终实现甚至超过预期的成本节约目标。

施工成本控制应贯穿于施工项目的始终。从招投标阶段开始，到项目保修期的结束，它是企业全面成本管理的重要环节。由于项目管理是一次性的行为，它的管理对象是一个具体的工程项目，并将随着项目建设的完成而结束其历史使命。所以在施工期间，项目成本能否降低，有无经济效益都是不确定的，即项目本身会有很大的风险性。为了确保项目盈利，成本控制不仅必要，而且必须做好。

（一）施工成本控制的原则

（1）开源与节流相结合的原则。降低项目成本，既要增加收入，又要节约支出。因此，在成本控制中，应该坚持开源与节流相结合的原则。

（2）全面控制原则。全面控制就是对项目全员、全面、全过程的控制，要将施工的每个部门、每个成员，施工项目的施工准备阶段、工程施工直至竣工验收、保修期结束都纳入成本控制的轨道，以防止人人有责又人人不管的情况出现，还要随着项目施工进展的各个阶段连续进行。

（3）中间控制原则。施工的成本控制包括施工准备阶段、施工阶段、竣工验收及保修期阶段的成本控制。施工准备阶段的成本控制，只是根据上级要求和施工组织设计的具体内容确定成本目标、编制成本计划、制订成本控制的方案，为今后的成本控制作好准备。而竣工及保修期阶段的成本控制，由于项目盈亏已经基本定局，即使发生了偏差，也无法在本项目上纠正。因此，把成本控制的重心放在施工阶段，是十分必要的，这就是施工成本控制的中间控制原则。

（4）目标管理原则。目标管理是贯彻执行计划的一种方法，它把计划的方针、任务目的和措施等逐一分解，提出进一步的具体要求，并分别落实到执行计划的部门、单位甚至个人。

（5）节约原则。节约人力、物力、财力的消耗，是提高经济效益的核心，也是成本控制最主要的基本原则。节约要从三方面入手：①严格执行成本开支范围、费用开支标准等有关财务制度，对各项成本费用的支出进行限制和监督。②提高施工的科学管理水平，优化施工方案，提高生产效率，节约人力、物力、财力的消耗。③采取预防成本失控的技术组织措施，制止可能发生的浪费。

（6）例外管理原则。例外管理是现代管理中常用的方法，它起源于决策科学中的"例外"原则，目前则被更多地用于成本指标的日常控制。

在工程项目建设过程的诸多活动中，有许多活动是经常出现的，如施工任务单和限额领料单的流转程序，我们通过制定相关制度来保证其顺利进行。但也有一些不经常出现的问题，我们称之为"例外"问题。例如：在成本管理中出现的成本盈亏异常现象，即本来是可以控制的成本，突然发生了失控现象；某些暂时的节约，但有可能为今后的成本带来隐患；平时在机械维修费上面的节约，可能会造成未来的停工修理和更大的经济损失等，这都应该称为"例外"问题。这些"例外"问题，往往是关键性问题，对成本目标的顺利完成影响很大，必须予以高度重视。要进行重点检查，深入分析，并采取相应的措施加以纠正。

（7）责、权、利相结合的原则。要使成本控制真正发挥及时有效的作用，必须严格按照经济责任制的要求，贯彻责、权、利相结合的原则。

（二）施工成本控制的对象和内容

（1）以施工成本形成的过程作为控制的对象，对项目成本实行全面、全过程控制的要求，具体的控制内容包括：

在工程投标阶段，应根据工程概况和招标文件，进行项目成本预测，提出投标决策意见；中标之后，应根据项目的建设规模，组建与之相适应的项目经理部。

施工准备阶段，应结合设计图纸的自审、会审和其他资料（如地质勘探资料等），编制实施性施工组织设计，通过对多种方案的技术经济进行对比，从中选择经济合理、先进可行的施工方案，编制精细而具体的成本计划，对项目成本进行事前控制。

施工阶段，凭借施工图预算、施工预算、劳动定额、材料消耗定额和费用开支标准等，对实际发生的成本费用进行控制，并及时做好成本核算和分析工作。

竣工验收及保修期阶段，应做好竣工验收工作，并对竣工验收过程中产生的费用和保修费用进行控制，做好成本考核工作。

（2）以施工的职能部门、施工队和生产班组作为成本控制的对象。成本控制的具体内容是日常产生的各种费用和损失。这些费用和损失，产生在各个职能部门、施工队和生产班组。因此，应以职能部门、施工队和生产班组作为成本控制的对象，接受项目经理和企业有关部门的指导、监督、检查和考评。与此同时，项目的职能部门、施工队和生产班组还应对自己承担的责任成本进行自我控制。

（3）以分部分项工程作为项目成本控制的对象。为了把成本控制工作做得扎实、细致，落到实处，还应以分部分项工程作为项目成本的控制对象。在正常情况下，项目应该根据分部分项工程的实物量，参照施工预算定额，结合项目管理的技术素质、业务素质和技术组织措施的节约计划，编制包括工、料、机器消耗数量、单价、金额在内的施工成本预算作为对分部分项工程成本进行控制的依据。对于边设计边施工的项目，不可能在开工以前一次性编制整个项目的施工预算，但可根据出图情况，编制分阶段的施工预算。总的来说，不论是完整的施工预算，还是分阶段的施工预算，都是进行项目成本控制的必不可少的依据。

（4）以对外经济合同作为成本控制的对象。在社会主义市场经济体制下，施工的对外经济业务，都要以经济合同为纽带建立契约关系，以明确双方的权利和义务。在签订各种对外经济合同时，除了要根据业务要求规定时间、质量、结算方式和履（违）约奖罚等条款外，还必须强调要将合同规定的数量、单价、金额控制在预算收入内。因为，合同金额超过预算收入，就意味着成本亏损；反之，就意味着成本降低。

（三）施工成本控制的一般方法

施工成本控制的方法很多，但一般来说有以下几种：

（1）以施工图预算控制成本支出。即按施工图预算，实行"以收定支"。如假定预算定额规定的人工费单价为 13.8 元／时，合同规定的人工费补贴为 20 元／时，两者相加，人工费的预算收入为 33.8 元／时，这时，项目经理部在与施工队签订劳务合同时，就应将人工费单价定在 30 元以下。这样，人工费就不会超支，还留有余地。其余费用的控制道理也一样，都是为了控制成本，以备不时之需。

（2）以施工预算控制各种资源的消耗，资源消耗的货币表现就是成本费用。因此，控制住了资源消耗，也就等于控制住了成本费用。可以根据施工预算给每个生产班组签发施工任务单，下达限额领料单，并为其建立资源消耗台账，对资源消耗实行中间控制。施工任务完成后，根据回收的施工任务单和限额领料单进行成本核算，并进行有效的成本分析。

（3）采用施工成本与施工进度同步跟踪的方法控制项目成本。施工成本与施工进度是息息相关的两个方面，两者应当对应。也就是说施工到什么阶段，就应该产生对应的成本费用。如果两者不对应就应分析原因，进行纠正。为有效进行施工成本与施工进度的同步跟踪控制，可借助横道图与网络计划图，以计划进度控制实际进度，以计划成本控制实际成本，并随着每道工序进度的提前或拖期，对每个分项工程的成本实行动态控制，以保证项目成本的控制。

（4）加强质量管理，控制质量成本。质量成本是指企业为保证和提高产品质量而支出的一切费用，以及因未达到产品质量标准而产生的一切损失。质量成本包括两个主要方面：控制成本和故障成本。控制成本又包括预防成本和鉴定成本，故障成本又包括内部故障成本和外部故障成本。

通过分析质量成本的构成，可以看出，项目质量成本与其产品质量水平存在着密切的关系。控制成本属于质量保证费用，与质量水平成正比，也就是说，工程质量越高，控制成本就越高。故障成本属于损失性费用，与质量水平成反比，即工程质量越高，故障成本就越低。它们之间的关系如图7-1所示。

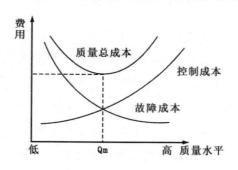

图 7-1　质量水平与费用的关系

从图8-1可以看出，对工程质量进行控制，并不是要求质量越高越好。质量水平过高，将会导致质量总成本增加；质量过低，也将会导致质量总成本增加。因此，从经济学的角度看，最佳的质量水平应在 Q_m 点（水平坐标标识处）附近。当质量水平小于 Q_m 点时，应采取各种预防措施和保证工程质量的措施，以提高产品质量，使质量水平从横轴左边向 Q_m 点靠近；当质量水平大于 Q_m 点时，则应把工作的重点放在分析研究现行的工作标准上，适当地放宽标准，使质量总成本降下来，从横轴右边向 Q_m 点靠近。换言之，按照设计要求、规范和标准施工，就可使质量水平靠近 Q_m 点。

（5）加强合同管理，注意工程变更对项目成本的影响。工程变更一般是指施工条件和设计的变更。当发生工程变更时，会对项目的投资和工程成本产生很大影响，如果不能正确、及时对费用和费用承担者进行合理判定，势必影响项目双方的协作关系，直接影响项目的完成。无论是发生设计变更，还是施工条件发生变化，都会对项目承包方既定的施工方法、机械设备使用、材料供应、劳动力调配，甚至工期目标的顺利达成造成不同程度的影响，所以，当工程发生变更时，必须要适当处理，以明确工程项目双方的责任。对于较大的工程变更，如关于工程建筑物的构造、位置等重大变更，需要先办理合同变更手续，然后再进行处理；小的工程变更，在工程中时有发生，则可在监理工程师的同意下先变更内容，到一定时期再统一办理合同变更手续，以减少工程设计变更对施工企业的影响。

（6）定期开展"三同步"检查，防止项目盈亏异常。项目经济核算的"三同步"，就是指统计核算、业务核算、会计核算三方面的同步。统计核算即产值统计；业务核算即人力资源和物质资源的消耗统计；会计核算即成本会计核算。根据项目经济活动的规律，这三者之间有着必然的同步关系，即完成多少产值、消耗多少资源、产生多少成本，三者应该同步。项目成本控制中应定期开展"三同步"检查，一旦发现不同步，即意味着项目出现盈亏异常，应查明原因，及时采取纠正措施。

（7）利用成本分析报表控制项目成本。施工成本控制的另一手段是成本分析报表，通过这些报表可了解到实际完成的工程量与成本的对比情况、预算成本与计划成本的对比情况、本月成本与上月成本的对比情况，有助于发现问题和潜在趋势，并及时采取相应解决措施。常用的成本分析报表有月度成本分析表、年度成本分析表、竣工成本分析表。

（8）坚持现场管理标准化，填补浪费漏洞。也就是说加强现场平面布置管理和安全生产管理。这就要求施工现场的平面布置，应根据工程特点和场地条件，以配合施工为前提，合理安排，有条不紊。施工现场安全生产管理要求现场的所有工作人员必须遵守现场安全操作规程，在保证人身安全和设备安全的前提下，减少和避免不必要的损失。

可根据各工程项目的具体情况和客观需要，从以上控制成本的方法中选用有针对性的、简单实用的方法，会起到事半功倍的效果。

四、施工成本核算

施工成本核算是指对项目施工过程中所产生的各种费用和施工成本进行核算。它包括两个基本环节：

（1）按照规定的成本开支范围对施工费用进行归纳，计算出施工费用的实际金额。

（2）根据成本核算对象，采用适当的方法，计算出该项目的施工总成本和单位成本。施工成本核算所提供的各种成本信息，是成本预测、成本计划、成本控制、成本分析和成本考核等各个环节的依据。

五、施工成本分析

施工成本分析是在成本产生过程中，对施工成本进行对比评价和剖析总结的工作，它贯穿于施工成本管理的全过程。也就是说施工成本分析主要利用施工的成本核算资料，与计划成本、预算成本及类似的施工实际成本进行比较，了解成本的变动情况，系统地研究成本变动的因素，检查成本计划的合理性，深入揭示成本变动的规律，寻找降低施工成本的途径，以便有效进行成本控制。

六、施工成本考核

施工成本考核是指在施工完成后，按施工成本目标责任制的有关规定，将成本的实际指标与计划、定额、预算的指标进行对比和考核，评定施工成本计划的完成情况和各责任者的业绩，并进行相应的奖励和处罚。通过施工成本考核，企业可以做到有奖有惩，赏罚分明。

综上所述，施工成本管理系统中的各个环节是相互联系和相互作用的。成本预测是成本计划的前提，成本计划是成本目标的具体化，都是成本控制的标准。成本控制对成本计划的实施进行监督，保证成本目标实现。而成本核算又是成本计划是否实现的最后检验，它所提供的成本信息又为下一个施工成本预测提供基础资料。成本考核是实现成本目标责任制的保证和实现成本目标的重要手段。

第三节　施工成本管理的基础性工作

施工成本管理的基础性工作是指施工成本预测、成本计划、成本控制、成本核算、成本分析与成本考核，是搞好施工成本管理的前提，企业应努力做好施工成本管理的基础工作。

一、强化施工成本管理观念

长期以来，建筑施工企业成本管理的核算单位不在项目经理部，一般都是在工区或工程处进行成本核算，施工（或单位工程）的成本很少有人过问，施工成本的盈亏说不清楚，也无人负责。建筑施工企业实行项目管理并以项目经理部作为核算单位，要求项目经理部和各作业层级的全体人员都必须具有经济观念、效益观念和成本观念，对项目的盈亏负责。这是深化建筑业体制改革的一项重大措施。因此，要搞好施工成本管理，必须首先对企业和项目经理部的人员加强成本管理教育，并采取措施让参与施工管理与实施的每个人都意识到施工成本管理对施工经济效益及个人收入具有重大影响。只有这样，各项成本管理工作才能在施工管理中得到贯彻和实施。

二、加强定额管理

定额是指在一定的生产技术组织条件下，在经济活动中为达到一定的目标而对人力、物力、财力的利用和消耗规定的数量与质量标准。加强定额管理是企业或项目经理部用来降低成本的一项重要管理制度。为了有效加强施工成本管理，企业必须具备完善的定额资料。

除了国家统一的建筑、安装工程基础定额以及市场的劳务、材料价格信息外，企业还应具有施工定额。施工定额既是编制单位工程施工预算及成本计划的依据，又是衡量人工、材料、机械消耗的标准。有了科学合理的定额，接下来要做的工作就是严格按照定额进行项目管理。

三、建立和健全原始记录与统计工作

原始记录是生产经营活动的第一次直接记载，是反映生产经营活动的原始资料，是编制成本计划、制定各项定额的主要依据，也是统计和成本管理的基础。合同工程项目的原始记录主要有以下几种：

（1）有关施工生产的记录。如施工日志、施工任务单，专项质量检验单、停工单、交接班记录、事故报告单等，它主要记录有关进度、质量方面的情况。

（2）有关劳动力工资方面的记录。如职工的调出、调入、离职、出勤、缺勤、加班等方面的记录。

（3）有关材料物资方面的记录。如原材料、辅助材料、工具、半成品、零件的收入情况（点验单、出厂证、合格证、质量检验单等）、发出情况、消耗情况、余料退库情况、废料利用情况、材料结存情况等方面的记录。

（4）有关能源方面的记录。如燃料、氧气的购入、领用、消耗情况，压缩空气、电力的生产与消耗情况，水的消耗情况等方面的记录。

（5）有关设备方面的记录。如设备的购置、自制、调出、调入、使用、维修等方面的记录。

（6）有关工程款结算方面的记录。如验工计价、中间结算、竣工结算等方面的记录。

（7）有关合理化建议方面的记录。如合理化建议的内容及其实施过程、结果等方面的记录。

（8）有关财务方面的记录。如现金出纳、结算和支付工资等方面的记录。

建立和健全原始记录与统计工作，要做好如下工作：

①及时、完整、准确地记录原始数据和资料。

②原始记录应符合成本管理要求，记录格式、内容和计算方法要统一，填写、签署、报送、传递、保管和存档等制度要健全并有专人负责。

③原始记录应有利于开展生产班组经济核算，力求简便易行、讲求实效，并根据实际使用情况，随时补充和修改，以充分发挥原始凭证的作用。

④借助计算机进行信息的收集、加工和输出。

四、加强计量及验收制度

计量是指用统一规定的计量仪器，按照统一的计量单位，用科学的检测方法，对计量对象进行数据采集及传递的工作。一般在项目施工中，物质产品、劳动对象、技术标准等都需要计量工作，如表示外在数量的长度、体积、容积、面积、重量、弧度等；表示内在物理化学性能的强度、拉力、抗渗、耐水、导热等。如果没有计量工作，生产和经济活动就无法进行。

计量工作是对项目进行科学管理的必要条件。正确的计量不仅为项目施工质量及材料试验提供可靠的依据，也是进行项目核算，保证核算数据准确无误的基础。在项目施工过程中，如果没有计量工作或计量工作不健全、计量器具不准确，就不能做好核算工作，更不能有效地进行项目控制。因此，在整个施工过程中，从材料进库、工程测量到质量验收、验工计价、竣工移交的每个环节都要加强计量工作管理。

五、建立和健全各项责任制度

对施工成本进行全过程的成本管理，不仅需要有周密的成本计划和目标，更重要的是为实现这种计划和目标的所采用的控制方法及项目施工中有关的各项责任制度。有关施工成本管理的各项责任制度包括：计量验收制度，考勤、考核制度，原始记录和统计制度，成本核算分析制度、奖惩制度及完善的成本目标责任制体系。

第四节　降低施工成本的途径

降低施工成本的有效途径，应该是既开源又节流，或者说是既增收又节支。具体有效途径如下：

（1）认真会审图纸，积极提出修改意见。施工单位应该在满足用户要求和保证工程质量的前提下，结合项目施工的主客观条件，对设计图纸进行认真会审，并积极地提出修改意见。

（2）加强合同预算管理，增加工程预算收入。首先，要深入研究招标文件与合同内容，正确编制施工图预算。在编制施工图预算时，要充分考虑可能产生的成本费用，包括合同规定的属于包干性质的各项定额补贴，并将其全部列入施工图预算，然后通过工程款结算向甲方申请补偿，做到该收的必收，以保证项目的预算收入。然后，把合同规定的"活"项目，作为增加预算收入的重要方面。例如：合同规定，待图纸出齐后，由甲乙双方共同商定加快工程进度、保证工程质量的技术措施，费用按实结算。按照这一规定，项目经理和工程技术人员应该结合工程特点，充分利用自己的技术优势，采用先进的新技术、新工艺和新材料，经甲方签字后实施。这些措施应符合以下要求：既能为施工提供方便，有利于加快施工进度，又能提高工程质量，还能增加预算收入。最后，根据工程变更资料，及时办理增减账手续。

（3）制订先进的、经济合理的施工方案。制订施工方案要以合同工期和上级要求为依据，结合项目的规模、性质、复杂程度、现场条件、装备情况、人员素质等因素综合考虑。可以同时制订几个施工方案，征求现场施工人员的意见，从中优选出最合理、最经济的方案。

（4）落实技术组织措施计划。为了保证技术组织措施计划的落实，并取得预期的效果，应在项目经理的领导下明确分工：由工程技术人员定措施；材料人员供材料；现场管理人员和生产班组负责执行；财务人员结算节约效果；最后由项目经理根据措施执行情况和节约效果对有关人员进行奖励，形成落实技术组织措施计划的流程化管理。

（5）组织均衡施工，加快施工进度。凡是按时间计算的成本费用，如项目管理人员的工资和办公费、现场临时设施费和水电费、施工机械和周转设备的租赁费等，在加快施工进度、缩短施工周期的情况下，都会有明显的节约效果。除此之外，还可以从企业那里得到一笔相当可观的提前竣工奖金。因此，加快施工进度也是降低项目成本的有效途径之一。

为了加快施工进度，将会增加一定的成本支出。因为加快施工进度，资源的使用相对集中，往往会出现作业面太小，工作效率难以提高；物资供应脱节，造成施工间歇等现象。因此，在加快施工进度的同时，必须根据实际情况，组织均衡施工，切实做到快而不乱，以免产生不必要的损失。

（6）降低材料成本。材料成本在整个项目成本中占的比重最大，一般可达70%，有较大的节约潜力，往往在其他项目成本（如人工费、机械费等）出现亏损时，要靠节约材料成本来弥补。因此，材料成本的节约，也是降低项目成本的关键。降低材料成本关键是抓好材料的采购、保管、使用等各环节的工作。

（7）提高机械利用率。机械使用费在项目预算成本中占的比重并不大，一般在5%左右。但是，预算成本中的机械使用费，是按机械购入时的历史成本计算的，而且折旧率也偏低，以致实际支出超出预算收入的亏损现象普遍存在。为了改变这种状况，现行的财会制度已对机械折旧率和折旧方法做了适当的调整，工程预算定额也将对机械使用费做相应的修改。对项目管理来说，则应联系实际，从合理组织机械施工、提高机械利用率和完好率方面着手，努力节约机械使用费。

（8）用好、用活激励机制，调动职工增产节约的积极性。用好、用活激励机制，应从项目施工的实际情况出发，灵活运用。采取各种途径，调动职工增产节约的积极性。如对关键工序施工的关键生产班组进行重奖；对材料操作损耗特别大的工序，可由生产班组直接承包；实行钢模零件和脚手架螺丝的有偿回收等。

第八章　水利工程建设质量管理

第一节　质量管理体系

一、质量保证体系

（一）质量保证体系的概念

质量保证体系是为使人们确信某产品或某项服务能满足给定的质量要求所必需的全部有计划、有系统的活动。在工程项目建设中，完善的质量保证体系可以满足用户的质量要求。质量保证体系通过对那些影响设计的或是使用规范性的要素进行连续评价，并对建筑、安装、检验等工作进行检查，以取得用户的信任。因此，质量保证体系是企业内部的一种管理手段，在合同环境中，质量保证体系是施工单位取得建设单位信任的手段。

（二）质量保证体系的内容

工程项目的施工质量保证体系就是以控制和保证施工产品质量为目标，从项目施工准备、施工生产到竣工投产的全过程中，运用系统的理论知识和方法，在全体人员的参与下，建立一套严密、协调、高效、全方位的管理体系，从而使工程项目施工质量管理制度化、标准化。其内容主要包括以下几个方面：

1.项目施工质量目标

项目施工质量保证体系必须有明确的质量目标，并符合项目质量总目标的要求，要以工程承包合同为基本依据，逐级分解质量目标以形成在合同环境下的项目施工质量保证体系的各级质量目标。项目施工质量目标的分解主要从两个角度展开：①从时间角度展开，实施全过程的质量目标控制；②从空间角度展开，实现全方位和对全员的质量目标管理。

2.项目施工质量计划

项目施工质量保证体系应编制可行的质量计划。质量计划应根据企业的质量手册和项目质量目标来编制。项目施工质量计划按内容可分为施工质量工作计划和施工质量成本计划。

施工质量工作计划主要包括：质量目标的具体描述和定量描述在整个项目施工质量中形成的各工作环节的责任和权限；采用的特定程序、方法和工作指导书；重要工序（工作）的试验、检验、验证和审核大纲；质量计划修订程序；为达到质量目标所采取的其他措施。

施工质量成本计划是规定最佳质量成本水平的费用计划，是开展质量成本管理的基准。质量成本可分为运行质量成本和外部质量保证成本。运行质量成本是指为运行质量体系达到和保持规定的质量水平所支付的费用，包括预防成本、鉴定成本、内部损失成本和外部损失成本。外部质量保证成本是指依据合同要求向顾客提供所需要的客观证据所支付的费用，包括特殊的和附加的质量保证措施、程序、数据、证实试验和评定的费用。

3.思想保证体系

思想保证体系是用全面质量管理的思想、观点和方法，主要通过强调"质量第一"来增强全体人员的质量意识，贯彻"一切为用户服务"的服务理念，以达到提高施工质量的目的。

4.组织保证体系

工程施工质量是各项管理工作成果的综合反映，也是管理水平的具体体现。企业必须建立健全各级质量管理组织体系，分工合作，形成一个有明确任务、职责、权限、互相协调和互相促进的有机整体。

组织保证体系主要包括成立质量控制小组（QC 小组）；健全各种规章制度；明确规定各职能部门主管人员和参与施工人员在保证和提高工程质量中所承担的任务、职责和拥有的权限；建立质量信息系统等。

5.工作保证体系

工作保证体系主要是明确工作任务和制定工作制度，要落实在以下三个阶段：

（1）施工准备阶段的质量控制。施工准备是为整个工程的施工创造条件，准备工作的好坏，不仅直接关系到工程建设完成的速度和质量，还决定了能否对工程质量事故起到一定的预防、预控作用。因此，做好施工准备阶段的质量控制是确保施工质量符合要求的首要工作。

（2）施工阶段的质量控制。施工过程是建筑产品形成的过程，这个阶段的有效质量控制是确保施工质量符合要求的关键。因此，这个阶段的质量控制必须加强工序管理，建立质量检查制度，严格实行自检、互检和专检制度，开展群众性的 QC 小组活动，强化过程控制，以确保施工阶段的工作质量达到要求。

（3）竣工验收阶段的质量控制。工程竣工验收，是指单位工程或单项工程竣工，经检查验收后移交给下道工序或移交给建设单位。这一阶段的质量控制主要应做好成品保护工作，严格按规范标准进行检查验收和必要的处置，严禁不合格的工程进入下一道工序或进入市场，并做好相关资料的收集整理和移交工作，建立回访制度等。

（三）质量保证体系的运行

质量保证体系的运行，应以质量计划为主线，以过程管理为重心，按照 PDCA 循环的原理，按照计划、实施、检查和处理的步骤展开控制。质量保证体系运行状态和结果的信息应及时反馈，以便进行质量保证体系的能力评价。

PDCA 循环是由美国质量管理专家沃特·阿曼德·休哈特首先提出的，由戴明采纳宣传，从而获得普及，所以又叫戴明环。这一管理方法通过计划 P

（Plan）、实施 D（Do）、检查 C（Check）、处理 A（Act）四个阶段把企业经营和生产过程中的管理有机地联系起来。

1.PDCA 循环的基本内容

（1）计划阶段包括四个步骤：第一步，运用数据分析现状，找出存在的质量问题；第二步，分析问题产生的原因或影响工程产品质量的因素；第三步，确定影响质量的主要原因或主要因素；第四步，针对主要原因或主要因素，制订质量改进措施方案。应重点说明的问题是：①制定措施的原因；②要达到的目的；③何处执行；④什么时间执行；⑤谁来执行；⑥采用什么方法执行。

（2）执行阶段（D）包括一个步骤：按制订的方案去实施或执行。

（3）检查阶段（C）包括一个步骤：检查实施或执行的效果，及时总结和整理执行过程中的经验和问题。

（4）处理阶段（A）包括两个步骤：第一步，对总体取得的成果进行标准化处理，以便工作人员遵照执行；第二步，将遗留的问题放在下一个 PDCA 循环中解决。

2.PDCA 循环的特点

（1）周而复始，循环往复。PDCA 循环是一种科学的管理方法，每次循环都会把质量管理活动向前推进一步。

（2）步步高。PDCA 循环每一次都在原来的水平上提高一步，每一步都有新的内容和目标，就像向上走楼梯一样，步步高。

（3）大环套小环。PDCA 循环由许多大大小小的环嵌套组成，大环就是整个施工企业，小环就是施工队，各环之间互相协调、互相促进。

二、施工企业质量管理体系

（一）质量管理原则

GB/T 19000 质量管理体系是我国按等同原则从 2015 版 ISO 9000 族国际

标准转化而成的质量管理体系标准。八项质量管理原则是 2015 版 ISO 9000 系列标准的编制基础，它的贯彻执行能够促进企业管理水平的提高，并提高顾客对其产品或服务的满意程度，帮助企业达到持续成功的目的。八项质量管理原则的具体内容如下。

1.以顾客为关注焦点

组织（从事一定范围生产经营活动的企业）依存于顾客。因此，组织应当了解顾客当前和未来的需求，满足顾客需求并争取超出顾客期望。

2.领导作用

领导者确立组织统一的宗旨及方向，他们应当创造能够实现组织目标的内部环境并使员工充分参与进来，他们对于质量管理来说起着决定性的作用。

3.全员参与

各级人员是组织之本，只有他们的充分参与，才能使他们的才干为组织带来收益。组织的质量管理应有利于各级人员的全员参与，组织应对员工进行质量意识等各方面的教育，激发他们的工作积极性和责任感，为其能力、知识水平、经验水平的提高提供机会，给予其创造精神必要的物质和精神奖励，使全员积极参与质量管理，为达到让顾客满意的目标而奋斗。

4.过程方法

任何使用资源进行的生产活动或将输入转化为输出的一组相关联的活动都可视为过程，将相关的资源和活动作为过程进行管理，可以更高效地得到期望的结果。2015 版 ISO 9000 标准就是建立在过程控制的基础上。一般在输入端、过程的不同位置及输出端都存在着可进行测量、检查的机会和控制点，对这些控制点实行测量、检测和管理，便能有效实施过程控制。

5.管理的系统方法

将相互关联的过程作为体系加以识别、理解和管理，有助于组织提高其目标的有效性和效率。不同企业应根据自己的特点，建立资源管理、过程实现、测量分析改进等方面的关联关系，并加以控制，即采用过程网络的方法建立质量管理体系，实施系统管理。质量管理体系的建立一般包括：确定顾客期望；建立质量目标和方针；确定实现目标的过程和职责；确定必须提供的资源；规定测量过程有效性的方法；实施测量确定过程有效性的方法；确定防止不合格并清除产生原因的措施；建立和应用持续改进质量管理体系的方法。

6.持续改进

持续改进总体业绩应当是组织的一个永恒目标，其作用在于增强企业满足质量要求的能力，包括产品质量、过程、体系的改进。持续改进是增强企业满足质量要求能力的循环活动，可以使企业的质量管理走上良性循环的道路。

7.基于事实的决策方法

有效的决策应建立在数据和信息分析的基础上，数据和信息分析是对事实的高度提炼。以事实为依据作出决策，可以防止决策失误，因此企业领导应重视数据信息的收集、汇总和分析，以便为决策提供依据。

8.互利的供方关系

组织与供方建立相互依存的、互利的关系可提高双方创造价值的能力。供方提供的产品是企业提供产品的一个组成部分。能否处理好与供方的关系，将直接影响组织能否持续稳定地向顾客提供满意的产品。因此，组织对供方不能只讲控制不讲合作互利，特别是对关键供方，更要与其建立互利互惠的合作关系，这对双方都是十分重要的。

（二）企业质量管理体系文件构成

1.《质量管理体系 基础和术语》（GBT19000—2016）中的规定

要求企业重视质量体系文件的编制和使用，编制和使用质量体系文件本身就是一项具有动态管理要求的活动。质量体系的建立、健全要从编制完善的体系文件开始，质量体系的运行、审核与改进都要按照文件的规定进行。质量管理实施的结果也要形成文件，作为产品质量有效符合质量体系要求的有效依据。

2.质量管理文件的组成内容

质量管理文件包括：文件的质量方针和质量目标；质量手册；质量管理标

准所要求的各种生产、工作和管理的程序性文件；质量管理标准所要求的质量记录。

（1）质量方针和质量目标。一般以较为简洁的文字来表述，应反映用户和社会对工程质量的要求，以及企业要达到的质量水平和服务承诺。

（2）质量手册。是规定企业组织建立质量管理体系的文件，对企业质量体系作出了系统、完整的描述。质量手册作为企业质量管理体系的纲领性文件，具有指令性、系统性、协调性、先进性、可行性和可检查性的特点。其内容一般包括：企业的质量方针、质量目标；组织结构及质量职责；体系要素或基本控制程序；质量手册的评审、修改和控制的管理办法等。

（3）程序文件。质量管理体系中的程序文件是质量手册的支持性文件，是企业各职能部门为落实质量手册要求而规定的细则。企业为落实质量管理工作而建立的各项管理标准、规章制度等都属于程序文件的范畴。一般企业都应制定的通用性管理程序为：文件控制程序、质量记录管理程序、内部审核程序、不合格品控制程序、纠正措施控制程序、预防措施控制程序。

涉及产品质量形成过程中的各环节控制的程序文件不作统一规定，可视企业质量控制的需要而制定。为确保过程的有效运行和控制，在程序文件的指导下，尚可按管理需要编制相关文件，如作业指导书、操作手册、具体工程的质量计划等。

（4）质量记录。是产品质量水平和企业质量管理体系中各项质量活动过程及结果的客观反映。对质量体系程序文件所规定的运行过程及控制测量检查的内容应如实记录，用以证明产品质量达到合同要求及质量保证的满足程度。

质量记录以规定的形式和程序进行，并有实施、验证、审核等人员的签署意见。质量记录应完整地反映质量活动实施、验证和评审的情况并记录关键活动的过程参数，具有可追溯性的特点。

（三）企业质量管理体系的建立、运行和审核

（1）企业质量管理体系的建立。根据八项质量管理原则，在确定市场及顾

客需求的前提下，制定企业的质量方针、质量目标、质量手册、程序文件及质量记录等体系文件；确定企业在生产或服务全过程中的作业内容、程序要求和工作标准，并将质量目标分解，落实到相关层次、相关岗位的职能和职责中，形成企业质量管理体系执行系统的一系列工作；组织不同层次的员工培训，使员工了解体系工作和执行要求，为形成全员参与的质量管理体系创造条件。

企业质量管理体系的建立需识别并提供实现质量目标和持续改进所需的资源，包括人员、工作要求及目标分解的岗位职责。

（2）企业质量管理体系的运行。质量管理体系的运行是指生产及服务的全过程按质量管理文件体系制定的程序、标准、工作要求及目标分解的岗位职责进行操作。

质量管理体系运行应该按照各类体系文件的要求，监视、测量和分析过程的有效性和效率，同时做好文件规定的质量记录，持续收集、记录并分析过程中的数据和信息，全面体现出产品的质量和过程符合要求。

（3）企业质量管理体系的审核。按文件规定的办法进行管理评审和考核，内容是：过程运行的评审考核工作，应针对发现的主要问题及时采取必要的改进措施，使这些过程达到所策划的结果和实现对过程的持续改进。

质量体系内部审核程序的主要目的是：评价质量管理程序的执行情况及实用性；揭露过程中存在的问题；为质量改进提供依据；建立质量体系运行的信息系统；向外部审核单位提供体系有效的证据。

（四）企业质量管理体系的认证与监督

1.质量管理体系认证的意义

质量认证制度是由第三方认证机构对企业的产品及质量体系作出正确可靠的评价，使社会对企业的产品建立信心。它对供方、需方、社会和国家的利益有重要意义。质量管理体系认证的意义包括：①提高供方企业的质量信誉；②增强国际市场竞争能力；③减少社会重复检验和检查费用；④有利于保护消费者权益；⑤有利于法规的实施；⑥促进企业完善质量管理体系。

2.质量管理体系的申报及批准程序

（1）申请和受理。必须是具有法人资格的企业，并且按照《质量管理体系基础和术语》（GBT19000—2016）或其他国际公认的质量体系标准建立的文件化的质量管理体系，并且在生产经营全过程中均得到贯彻落实的企业才可提出申请。申请单位按照要求填写申请书，认证机构经严格审查确定符合要求后接受申请，不符合要求则不接受申请，均予发出书面通知书。

（2）审核。认证机构派出审核组对申请方质量管理体系进行检查和评定，包括文件审查、现场审核等方式，并写出审核报告。

（3）审批和注册发证。认证机构全面、仔细地审查审核报告后，对符合标准者予以批准和注册，发放认证证书。认证证书的内容包括证书号、注册企业名称和地址、认证质量体系覆盖产品的范围、评价依据、质量保证模式标准及说明、发证机构、签发人和签发日期。

3.获准认证后的维持与监督管理

企业获准认证的有效期是三年，企业获准认证后应通过经常性的内部审核，维持质量管理体系的有效性，并接受认证机构的监督管理，具体内容包括：

（1）企业通报。认证合格的企业质量管理体系一旦发生较大的变化，须向认证机构通报，认证机构接到通知后视情况进行必要的监督检查。

（2）监督检查。认证机构对认证合格企业的质量管理体系维持情况要进行定期和不定期的监督检查，定期检查一般为每年一次，不定期检查视需要临时安排。

（3）认证注销。是一种自愿行为，在企业体系发生变化或证书有效期届满时未提出申请的情况下，持证者提出注销的，认证机构予以注销，收回体系认证书。

（4）认证暂停。是认证机构在获证企业质量管理体系不符合认证要求时采取的警告措施，暂停期间企业不得将认证体系证书作为宣传方式。企业采取纠正措施满足规定条件后，认证机构撤销认证暂停，否则将撤销认证注册，收回认证合格证书。

（5）认证撤销。当获证企业发生重大不符合规定的情况，或在认证暂停期间没有进行整改的，或发生其他构成撤销体系认证资格的情况时，认证机构有权作出撤销认证的决定，企业可以提出申诉。撤销认证的企业在一年后可重新提出认证申诉。

（6）复评。认证合格有效期满前，企业如果想继续延长，可向认证机构提出复评申请。

（7）重新换证。在认证有效期内出现体系认证标准变更、体系认证范围变更、体系证书持有者变更的情况时，企业可按规定申请重新换证。

第二节　质量控制与竣工验收

一、质量控制

（一）施工阶段质量控制的目标

（1）施工质量控制的总目标。贯彻执行建设工程质量法规和强制性标准，满足工程项目预期的使用功能和质量标准。

（2）建设施工单位的质量控制目标。正确配置施工生产要素、采用科学管理的方法是参与建设工程的各方的共同责任。通过对施工全过程的全面质量监督管理、协调和决策，保证竣工项目达到投资决策者所确定的质量标准。

（3）设计单位在施工阶段的质量控制目标。通过对施工质量的验收签证、设计变更控制及纠正施工中所发现的设计问题，采纳变更设计的合理化建议等，保证竣工项目的各项施工结果与设计文件（包括变更文件）所规定的标准相一致。

（4）施工单位的质量控制目标。通过施工全过程的全面质量自控，保证交付满足施工合同及设计文件所规定的质量标准（含工程质量创优要求）的建设工程产品。

（5）监理单位在施工阶段的质量控制目标。通过审核施工质量文件、报告报表和采取现场旁站检查、平行检测等形式，并采用施工指令、结算支付控制等手段，监督施工承包单位的质量活动行为，协调施工关系，正确履行工程质量的监督义务，以保证工程质量达到施工合同和设计文件所规定的质量标准。

（二）质量控制的基本内容

1.质量控制的基本环节

质量控制应贯彻全面、全过程质量管理的思想，运用动态控制原理，进行质量的事前质量控制、事中质量控制和事后质量控制。

（1）事前质量控制

事前质量控制即在工程正式施工前进行的事前主动质量控制，通过编制施工质量计划、明确质量目标、制订施工方案、设置质量管理点、落实质量责任，分析可能导致质量目标偏离的各种影响因素，针对这些影响因素制订有效的预防措施，防患于未然。

（2）事中质量控制

事中质量控制指在施工质量形成的过程中，对影响施工质量的各种因素进行全面的动态控制。事中质量控制既是对质量活动的行为约束，又是对质量活动过程和结果的监督控制。事中质量控制的关键是坚持质量标准，重点是对工序质量、工作质量和质量控制点的控制。

（3）事后质量控制

事后质量控制也称为事后质量把关，以使不合格的工序或最终产品（包括单位工程或整个工程项目）不流入下道工序、不进入市场。事后质量控制包括对质量活动结果的评价、认定和对工序质量偏差的纠正。事后质量控制的重点是发现施工质量方面的缺陷，并通过分析提出改进施工质量的措施，保持质量处于受控状态。

以上三大环节不是互相孤立和截然分开的，它们共同构成有机的系统过程，实质上也就是质量管理 PDCA 循环的具体化，在每一次滚动循环中不断提高，达到质量管理和质量控制的持续改进。

2.质量控制的依据

（1）共同性依据

共同性依据指适用于施工阶段且与质量管理有关的通用的、具有普遍指导意义的和必须遵守的基本条件。主要包括：工程建设合同；设计文件、设计交底及图纸会审记录、设计修改和技术变更；国家和政府有关部门颁布的与质量管理有关的法律和法规性文件，如《中华人民共和国建筑法》《中华人民共和国招标投标法》和《中华人民共和国建设工程质量管理条例》等。

（2）专门技术法规性依据

专门技术法规性依据指针对不同的行业、不同质量控制对象制定的专门技术法规文件。包括规范、规程、标准、规定等，如：工程建设项目质量检验评定标准；有关建筑材料、半成品和构配件的质量控制方面的专门技术法规性文件；有关材料验收、包装和标识等方面的技术标准和规定；施工工艺质量等方面的技术法规性文件；有关新工艺、新技术、新材料、新设备的质量规定和鉴定意见等。

3.质量控制的基本内容

（1）质量文件审核

审核有关技术文件、报告或报表，是项目经理对工程质量进行全面管理的重要手段。这些文件包括：施工单位的技术资质证明文件和质量保证体系文件；施工组织设计和施工方案及技术措施；有关材料和半成品及构配件的质量检验报告；有关应用新技术、新工艺、新材料的现场试验报告和鉴定报告；反映工序质量动态的统计资料或控制图表；设计变更和图纸修改文件；有关工程质量事故的处理方案；相关方面在现场签署的有关技术签证和文件等。

（2）现场质量检查

现场质量检查的内容包括：

①开工前的检查。主要检查是否具备开工条件，开工后是否能够保持连续正常施工，能否保证工程质量。

②工序交接检查。对于重要的工序或对工程质量有重大影响的工序，应严格执行"三检"制度，即自检、互检、专检。未经监理工程师（或建设单位技术负责人）检查同意，不得进行下道工序施工。

③隐蔽工程的检查。施工中凡是隐蔽工程必须经检查认证后方可进行隐蔽掩盖。

④停工后复工前的检查。因客观因素或处理质量事故等停工复工时，经检查同意后方能复工。

⑤分项、分部工程完工后的检查。应经检查认可，并签署验收记录后，才能进行下一工程项目的施工。

⑥成品保护的检查。检查成品有无保护措施以及保护措施是否有效可靠。

二、施工准备的质量控制

（一）施工质量控制的准备工作

1.工程项目划分

一个建设工程从施工准备开始到竣工交付使用，要经过若干工序及多个工种的配合施工。施工质量的优劣取决于各个施工工序、工种的管理水平和操作质量。因此，为了便于控制、检查、评定和监督每个工序和工种的工作质量，就要把整个工程逐级划分为单位工程、分部工程、分项工程和检验批，并分级进行编号，以此来进行质量控制和检查验收，这是进行施工质量控制的一项重要基础工作。

2.技术准备的质量控制

技术准备是指在正式开展施工作业活动前进行的技术准备工作。这类工作内容繁多，主要在室内进行，例如：熟悉施工图纸，进行详细的设计交底和图纸审查；进行工程项目划分和编号；细化施工技术方案和施工人员、机具的配置方案；编制施工作业技术指导书；绘制各种施工详图（如测量放线图、大样图及配筋、配板、配线图表等）；进行必要的技术交底和技术培训。技术准备的质量控制，包括：对上述技术准备工作成果的复核审查，检查这些成果是否符合相关技术规范、规程的要求；制订施工质量控制计划，设置质量控制点，明确关键部位的质量管理点等。

（二）现场施工准备的质量控制

（1）工程定位和标高基准的控制。工程测量放线是建设工程产品由设计转化为实物的第一步。施工测量质量的好坏，直接决定工程的定位和标高是否正确，并且制约着施工过程中有关工序的质量。因此，施工单位必须对建设单位提供的原始坐标点、基准线和水准点等测量控制点进行复核，并将复测结果上报监理工程师审核，得到批准后施工单位才能建立施工测量控制网，进行工程定位和标高基准的控制。

（2）施工平面布置的控制。建设单位应按照合同约定并考虑施工单位施工的需要，事先划定并提供施工用地和现场临时设施用地的范围。施工单位要合理科学地规划使用施工场地，保证施工现场的道路畅通、材料的合理堆放、良好的防洪排水能力、优良的给水和供电设施，以及正确的机械设备的安装布置。应制定施工场地质量管理制度，并做好施工现场的质量检查记录。

（三）材料的质量控制

建设工程采用的主要材料、半成品、成品、建筑构配件等（以下统称"材料"）均应进行现场验收。凡涉及工程安全及使用功能的有关材料，应按各专业工程质量验收规范规定进行复验,并应经监理工程师(建设单位技术负责人)检查认可。为了保证工程质量,施工单位应从以下几个方面把好原材料的质量控制关。

1.采购订货关

施工单位应制订合理的材料采购供应计划,在广泛掌握市场材料信息的基础上,优选材料的生产单位或者销售总代理单位(以下简称"材料供货商"),建立严格的合格供应方资格审查制度,确保采购订货的质量。

(1)材料供货商对下列材料必须提供《生产许可证》:钢筋混凝土用热轧带肋钢筋、冷轧带肋钢筋、预应力混凝土用钢材(钢丝、钢棒和钢绞线)、建筑防水卷材、水泥、建筑外窗、建筑幕墙、建筑钢管脚手架扣件、人造板、铜及铜合金管材、混凝土输水管、电力电缆等材料产品。

(2)材料供货商对下列材料必须提供《建材备案证明》:水泥、商品混凝土、商品砂浆、混凝土掺合料、混凝土外加剂、烧结砖、砌块、建筑用砂、建筑用石、排水管、给水管、电工套管、防水涂料、建筑门窗、建筑涂料、饰面石材、木制板材、沥青混凝土、三渣混合料等材料产品。

(3)材料供货商要对外墙外保温、外墙内保温材料进行建筑节能材料备案登记。

(4)材料供货商要对下列产品实施中国强制性产品认证(简称3C认证):建筑安全玻璃(包括钢化玻璃、夹层玻璃、中空玻璃)、瓷质砖、混凝土防冻剂、溶剂型木器涂料、电线电缆、断路器、漏电保护器、低压成套开关设备等产品。

(5)除上述材料或产品外,材料供货商对其他材料或产品必须提供出厂合格证或质量证明书。

2.进场检验关

施工单位必须进行下列材料的抽样检验或试验,结果合格后才能使用:

(1)水泥物理力学性能检验。同一生产厂、同一等级、同一品种、同一批号且连续进场的水泥，袋装不超过 200 t 为一检验批，散装不超过 500 t 为一检验批，每批抽样不少于一次。取样应在同一批水泥的不同部位等量采集，取样点不少于 20 个点，并应具有代表性，且总质量不少于 12 kg。

（2）钢筋（含焊接与机械连接）力学性能检验。同一牌号、同一炉罐号、同一规格、同一等级、同一交货状态的钢筋，每批不大于 60 t。从每批钢筋中抽取 5％进行外观检查。力学性能试验从每批钢筋中任选两根钢筋，每根取两个试样分别进行拉伸试验（包括屈服点、抗拉强度和伸长率）和冷弯试验。钢筋闪光对焊、电弧焊、电渣压力焊、钢筋气压焊，在同一台班内，由同一焊工完成的 300 个同级别、同直径钢筋焊接接头应作为一批。封闭环式箍筋闪光对焊接头，以 600 个同牌号、同规格的接头作为一批，只做拉伸试验。

（3）砂、石常规检验。购货单位应按同产地、同规格分批验收。用火车、货船或汽车运输的，以 400m³ 或 600t 为一验收批，用马车运输的，以 200m³ 或 300t 为一验收批。

（4）混凝土、砂浆强度检验。每拌制 100 盘且不超过 100m³ 的同配合比的混凝土取样不得少于一次。当一次连续浇筑超过 1000m³ 时，同配合比的混凝土每 200m³ 取样不得少于一次。

同条件养护试件的留置组数，应根据实际需要确定。同一强度等级的同条件养护试件，其留置数量应根据混凝土工程量和重要性确定，一般为 3~10 组。

（5）混凝土外加剂检验。混凝土外加剂是由混凝土生产厂根据产量和生产设备条件，将产品分批编号，掺量大于 1％（含 1％）同品种的外加剂每一编号 100t，掺量小于 1％的外加剂每一编号为 50t，同一编号的产品必须是混合均匀的。其检验费由生产厂自行负责，建设单位只负责施工单位自拌的混凝土外加剂的检测费用，但现场不允许自拌大量的混凝土。

（6）沥青、沥青混合料检验。沥青卷材和沥青：同一品种、牌号、规格的卷材，抽验数量为 1000 卷抽取 5 卷；500~1000 卷抽取 4 卷；100~499 卷抽取 3 卷；小于 100 卷抽取 2 卷。同一批出厂，同一规格标号的沥青以 20t 为一个取样单位。

（7）防水涂料检验。同一规格、品种、牌号的防水涂料，每 10 t 为一批，不足 10t 者按一批进行抽检。

3.存储和使用关

施工单位必须加强材料进场后的存储和使用管理，避免材料变质（如水泥受潮结块、钢筋锈蚀等）和使用规格、性能不符合要求的材料造成工程质量事故。例如：混凝土工程中使用的水泥，如保管不妥，放置时间过久，受潮结块后就会失效；使用不合格或失效的劣质水泥，就会对工程质量造成危害等。某住宅楼工程施工中使用了未经检验的安定性不合格的水泥，导致现浇混凝土楼板拆模后出现严重的裂缝。技术人员随即对混凝土的强度进行检验，结果其结构强度达不到设计要求，造成工程项目返工。在混凝土工程中由于水泥品种的选择不当或外加剂的质量低劣及用量不准同样会引起质量事故。例如：某学校的教学综合楼工程，在冬季进行基础混凝土施工时，采用火山灰质硅酸盐水泥配制混凝土，因工期要求较紧又使用了未经复试的不合格早强防冻剂，结果导致混凝土结构的强度不能满足设计要求，不得不返工处理。因此，施工单位既要做好对材料的合理调度，避免现场材料的大量积压，又要做好对材料的合理堆放，并正确使用材料，在使用材料时进行及时检查。

（四）施工机械设备的质量控制

施工机械设备的质量控制，就是要使施工机械设备的类型、性能、参数等与施工现场的实际条件、施工工艺、技术要求等因素相匹配，符合施工生产的实际要求。其质量控制主要从机械设备的选型、主要性能参数指标的确定和使用操作要求等方面进行。

1.机械设备的选型

机械设备的选择，应按照技术上先进、生产上适用、经济上合理、使用上安全、操作上方便的原则进行。选配的施工机械应具有工程的适用性，具有保证工程质量的可靠性，具有使用操作的方便性和安全性。

2.主要性能参数指标的确定

主要性能参数是选择机械设备的依据，其参数指标的确定必须满足施工的需要和质量的要求。只有正确确定施工机械设备主要的性能参数，才能保证工程项目的正常施工，不致引起安全质量事故。

3.使用操作要求合理

正确操作使用机械设备，是保证项目施工质量的重要环节。施工企业应贯彻"人机固定"原则，实行定机、定人、定岗位职责的使用管理制度，在使用中严格遵守操作规程和机械设备的技术规定，做好机械设备的例行保养工作，使机械保持良好的技术状态，防止出现安全质量事故，确保工程施工质量。

三、施工过程的质量控制

（一）技术交底

做好技术交底是保证施工质量的重要措施之一。项目开工前应由项目技术负责人向承担施工的负责人或分包人进行书面技术交底，对技术交底资料应办理签字手续并归档保存。每一分部工程开工前均应进行作业技术交底。技术交底书应由施工项目的技术人员编制，并经项目技术负责人批准后实施。

技术交底的内容主要包括：任务范围、施工方法、质量标准和验收标准、施工中应注意的问题、可能出现意外的措施及应急方案、文明施工和安全防护措施，以及成品保护要求等。技术交底应围绕施工材料、机具、工艺、工法、施工环境和具体的管理措施等方面进行，应明确具体的步骤、方法、要求和完成的时间等。

技术交底的形式有：书面、口头、会议、挂牌、样板、示范操作等。

（二）测量控制

项目开工前应编制测量控制方案，经项目技术负责人批准后实施。对相关部门提供的测量控制点应做好复核工作，经审批后进行施工测量放线，并保存测量记录。

在施工过程中应对设置的测量控制点线进行妥善保护，不准擅自移动。同时在施工过程中必须认真进行施工测量复核工作，这是施工单位应履行的技术工作职责，其复核结果应报送监理工程师复验确认后，方能进行后续相关工序。

常见的施工测量复核有：

（1）工业建筑测量复核。厂房控制网测量、桩基施工测量、柱模轴线与高程检测、厂房结构安装定位检测、动力设备基础与预埋螺栓定位检测等。

（2）民用建筑的测量复核。建筑物定位测量、基础施工测量、墙体皮数杆检测、楼层轴线检测、楼层间高程传递检测等。

（3）高层建筑测量复核。建筑场地控制测量、基础以上的平面与高程控制、建筑物中垂准检测、建筑物施工过程中沉降变形观测等。

（4）管线工程测量复核。管网或输配电线路定位测量、地下管线施工检测、架空管线施工检测、多管线交汇点高程检测等。

（三）计量控制

计量控制是保证工程项目质量的重要手段和方法，是施工项目开展质量管理的一项重要基础工作。施工过程中的计量工作，包括施工生产时的投料计量、施工测量、监测计量以及对项目、产品或过程的测试、检验、分析计量等。其主要任务是统一计量单位制度，组织量值传递，保证量值统一。计量控制的工作重点是：成立计量管理部门和配置计量人员；建立健全和完善计量管理规章制度；严格按规定有效控制计量器具的使用、保管、维修和检验；监督计量过程的实施以保证计量的准确。

（四）工序施工质量控制

施工过程由一系列相互联系与制约的工序构成，工序是人、材料、机械设备、施工方法和环境因素对工程质量综合起作用的过程，所以对施工过程的质量控制，必须以工序质量控制为基础和核心。因此，工序的质量控制是施工阶段质量控制的重点。只有严格控制工序质量，才能确保施工项目的实体质量。

工序施工质量控制主要包括工序施工条件质量控制和工序施工效果质量控制。

1.工序施工条件质量控制

工序施工条件是指从事工序活动的各生产要素质量及生产环境条件。工序施工条件质量控制就是控制工序活动的各种投入要素质量和环境条件质量。控制的手段主要有：检查、测试、试验、跟踪监督等。控制的依据主要是：设计质量标准、材料质量标准、机械设备技术性能标准、施工工艺标准及操作规程等。

2.工序施工效果质量控制

工序施工效果主要反映工序产品的质量特征和特性指标。对工序施工效果的质量控制就是控制工序产品的质量特征和特性指标，使其达到设计质量标准以及施工质量验收标准的要求。

工序施工质量控制属于事后质量控制，其控制的主要途径是：实测获取数据、统计分析所获取的数据、判断认定质量等级和纠正质量偏差。

（五）成品保护的控制

成品保护一般是指在项目施工过程中，某些部分已经完成，而其他部分还在施工，在这种情况下，施工单位必须对已完成部分采取妥善的措施予以保护，以免因成品缺乏保护或保护不善而造成损伤或污染，影响工程的整体质量。加强成品保护，首先要加强教育，增强全体员工的成品保护意识，同时要合理安排施工顺序，采取有效的保护措施。

成品保护的措施一般有防护（就是提前保护，针对被保护对象的特点采取各种保护措施，防止对成品造成污染及损坏）、包裹（就是将被保护物包裹起来，以防损伤或污染）、覆盖（就是用表面覆盖的方法，防止堵塞或损伤）、封闭（就是采用局部封闭的办法进行保护）等方法。

四、工程施工质量验收的规定与方法

工程施工质量验收是施工质量控制的重要环节，也是保证工程施工质量的重要手段，它包括施工过程的工程质量验收和施工项目竣工时的质量验收两个方面。

（一）施工过程的工程质量验收

施工过程的工程质量验收是在施工过程中，在施工单位自行质量检查评定的基础上，参与建设活动的有关单位共同对检验批、分项、分部、单位工程的质量进行抽样复验，根据相关标准以书面形式对工程质量达到合格与否作出确认。

（1）检验批质量验收合格应符合以下规定：

①主控项目和一般项目的质量经抽样检验合格。

②具有完整的施工操作依据、质量检查记录。

检验批是工程验收的最小单位，是分项工程乃至整个建筑工程质量验收的基础。检验批是施工过程中条件相同并有一定数量的材料、构配件或安装项目，由于其质量基本均匀一致，因此可以作为检验的基础单位，并按批验收。

检验批质量合格的条件有两个方面：资料检查合格、主控项目和一般项目检验合格。质量控制资料反映了检验批从原材料到最终验收的各施工工序的操作依据、检查情况记录，以及保证质量所必需的管理制度等。对其进行完整性的检查，实际上是对过程控制的确认，这是检验批合格的前提。

检验批的质量合格与否主要取决于主控项目和一般项目的检验结果。主控项目是对检验批的基本质量起决定性影响的检验项目，因此必须全部符合有关专业工程验收规范的规定。这意味着主控项目不允许有不符合要求的检验结果，即这种项目的检查具有否决权。主控项目对基本质量的决定性影响，施工单位必须从严要求对主控项目的检验。

（2）分项工程质量验收合格应符合以下规定：

①分项工程所含的检验批均应符合合格质量的规定。

②分项工程所含的检验批的质量验收记录应完整。

分项工程的验收在检验批验收的基础上进行。一般情况下，两者具有相同或相近的性质，只是批量的大小不同而已。因此，将有关的检验批汇集构成分项工程的检验。分项工程质量合格的条件比较简单，只要构成分项工程的各检验批的验收资料文件完整，并且均已验收合格，则分项工程验收合格。

（3）分部（子分部）工程质量验收合格应符合以下规定：

①分部（子分部）工程所含分项工程的质量均应验收合格。

②质量控制资料应完整。

③地基与基础、主体结构和设备安装等分部工程中有关安全及功能的检验和抽样检测结果应符合有关规定。

④观感质量验收应符合要求。

分部工程的验收在其所含各分项工程验收的基础上进行。

分部工程验收合格的条件是：分部工程的各分项工程必须已验收合格且相应的质量控制资料文件必须完整，这是验收的基本条件。此外，由于各分项工程的性质不尽相同，因此分部工程不能简单地组合各分项工程而加以验收，需要增加以下两类检查项目：

①涉及安全和使用功能的地基基础、主体结构、有关安全和重要使用功能的安装分部工程应进行有关见证取样检测或抽样检测。

②观感质量验收，这类检查往往难以定量，只能以观察、触摸或简单测量的方式进行，并由个人的主观印象判断，检查结果并不给出"合格"或"不合格"的结论，而是综合给出质量评价。对于评价为"差"的检查点应通过返修处理等方式进行补救。

（4）单位（子单位）工程质量验收合格应符合以下规定：

①单位（子单位）工程所含分部（子分部）工程的质量均应验收合格。

②质量控制资料应完整。

③单位（子单位）工程所含分部工程有关安全和功能的检测资料应完整。

④主要功能项目的抽查结果应符合相关专业质量验收规范的规定。

⑤观感质量验收应符合要求。

（5）当建设工程质量不符合要求时应按以下规定进行处理：

①经返工重做或更换器具、设备的检验批，应重新进行验收。

②经有资质的检测单位检测鉴定能够达到设计要求的检验批，应予以验收。

③经有资质的检测单位检测鉴定达不到设计要求，但经原设计单位核算认为能够满足结构安全和使用功能的检验批，可予以验收。

④经返修或加固处理的分项、分部工程，虽然改变外形尺寸但仍能满足安全使用要求的，可按技术处理方案和协商文件进行验收。

当质量不符合要求时的处理办法：一般情况下，不合格现象在最基层的验收单位——检验批验收时就应被发现并及时处理，否则将影响后续批和相关分项工程、分部工程的验收。因此，所有质量隐患必须尽快消灭在萌芽状态，这是以强化验收促进过程控制原则的体现。

非正常情况的处理分以下四种情况：

第一种情况，是指在检验批验收时，其主控项目不能满足验收规范或一般项目超过偏差限值的子项不符合检验规定的要求时，应及时对检验批进行处理。其中，严重的缺陷应推倒重来；一般的缺陷通过翻修或更换器具、设备予以解决。应允许施工单位在采取相应的措施后重新验收。重新验收结果如能够符合相应的专业工程质量验收规范，则应认为该检验批合格。

第二种情况，是指个别检验批的某些性能（如混凝土的试块强度）不满足要求，难以确定是否达到验收标准时，应请具有资质的法定检测单位检测鉴定。当鉴定结果能够达到设计要求时，该检验批仍应被认为通过验收。

第三种情况，若经检测鉴定达不到设计要求，但经原设计单位核算，该批能满足结构安全和使用功能，该检验批可以予以验收。一般情况下，规范标准给出了满足安全和使用功能的最低限度要求，而设计往往在此基础上留有一些余量。不满足设计要求和符合相应规范标准的要求，两者并不矛盾。

第四种情况，更为严重的缺陷或者超过检验批的更大范围内的缺陷，可能影响结构的安全性和使用功能。若经法定检测单位检测鉴定以后认为其达不到规范标准的相应要求，即不能满足最低限度的完全储备和使用功能，则必须按一定的技术方案进行加固处理，使之能满足安全使用的基本要求。但这样会造成一些永久性的缺陷，如改变结构外形尺寸、影响一些次要的使用功能等。只有为了避免社会财富出现更大的损失时，在不影响安全和主要使用功能条件下可按处理技术方案和协商文件进行验收，责任方应承担经济责任，但不能作为轻视质量、回避责任的一种出路，这是应该特别注意的。

（6）通过返修或加固处理仍不能满足安全使用要求的分部工程、单位（子单位）工程，严禁验收。

（二）施工项目竣工质量验收

施工项目竣工质量验收是施工质量控制的最后一个环节，是对施工过程质量控制成果的全面检验，是从终端把关方面进行质量控制。未经验收或验收不合格的工程，不得交付使用。

1.施工项目竣工质量验收的依据

施工项目竣工质量验收的依据主要包括：上级主管部门的有关工程竣工验收的文件和规定；国家和有关部门颁发的施工规范、质量标准、验收规范；批准的设计文件、施工图纸及说明书；双方签订的施工合同；设备技术说明书；设计变更通知书；有关的协作配合协议书等。

2.施工项目竣工质量验收的要求

（1）工程施工应符合工程勘察、设计文件的要求。

（2）参加工程施工质量验收的各方人员应具备规定的资格。

（3）工程质量的验收均应在施工单位自行检查评定的基础上进行。

（4）隐蔽工程在隐蔽前应由施工单位通知有关单位进行验收，并应形成验收文件。

（5）涉及结构安全的试块、试件及有关材料,应按规定进行见证取样检测。

（6）检验批的质量应按主控项目和一般项目验收。

（7）对涉及结构安全和使用功能的重要分部工程应进行抽样检测。

（8）承担见证取样检测及有关结构安全检测的单位应具有相应资质。

（9）工程的观感质量应由验收人员通过现场检查后共同确认。

3.施工项目竣工质量验收程序

工程项目竣工验收工作,通常可分为三个阶段,即竣工验收的准备、初步验收（预验收）和正式验收。

（1）竣工验收的准备

参与工程建设的各方均应做好竣工验收的准备工作。其中建设单位应组织竣工验收班子,审查竣工验收条件,准备验收资料,做好建立建设项目档案、清算工程款项、办理工程结算手续等方面的准备工作;监理单位应协助建设单位做好竣工验收的准备工作,督促施工单位做好竣工验收的准备;施工单位应及时完成工程收尾工作,做好竣工验收资料的准备（包括整理各项交工文件、技术资料并提出交工报告）,组织准备工程预验收;设计单位应做好资料整理和工程项目整理等工作。

（2）初步验收（预验收）

当工程项目达到竣工验收条件后,施工单位在自检合格的基础上,填写工程竣工报验单,并将全部资料报送监理单位,申请竣工验收。监理单位根据施工单位报送的工程竣工报验申请,由总监理工程师组织专业监理工程师,对竣工资料进行审查,并对工程质量进行全面检查,对检查中发现的问题督促施工单位及时整改。经监理单位检查验收合格后,由总监理工程师签署工程竣工报验单,并向建设单位提交质量评估报告。

（3）正式验收

项目主管部门或建设单位在接到监理单位的质量评估报告和竣工报验单

后，经审查确认符合竣工验收条件和标准后，即可组织正式验收。竣工验收由建设单位组织，验收组由建设、勘察、设计、施工、监理和其他有关方面的专家组成，验收组可下设若干个专业组。建设单位应当在工程竣工验收7个工作日前将验收的时间、地点及验收组名单书面通知当地工程质量监督站。

召开竣工验收会议的程序是：

（1）建设、勘察、设计、施工、监理单位分别汇报工程合同履行情况和在工程建设各个环节执行法律、法规和工程建设强制性标准的情况。

（2）审阅建设、勘察、设计、施工、监理单位的工程档案资料。

（3）实地查验工程质量。

（4）对工程勘察、设计、施工、设备安装质量和各管理环节等方面作出全面评价，形成经过验收组人员签署的工程竣工验收意见。参与工程竣工验收的建设、勘察、设计、施工、监理等各方不能形成一致意见时，应当协商提出解决方法，待意见一致后，重新组织工程竣工验收，必要时可提前请建设行政主管部门或质量监督站调解。正式验收完成后，验收委员会应形成竣工验收鉴定证书，对验收做出结论，并确定交工日期及办理承发包双方工程价款的结算手续。

4.竣工验收鉴定证书的内容

竣工验收鉴定证书的内容主要包括验收的时间、验收工作概况、工程概况、项目建设情况、生产工艺水平和生产设备试生产情况、竣工结算情况、工程质量的总体评价、经济效果评价、遗留问题及处理意见、验收委员会对项目的（工程）验收结论。

第三节　工程质量事故的处理

一、工程质量事故分类

（一）工程质量事故的概念

1.质量不合格

我国 GB/T 19000 质量管理体系标准规定，凡工程产品没有满足某个规定的要求，就称之为质量不合格；没有满足某个预期使用要求或合理的期望（包括安全性方面）要求，称之为质量缺陷。

2.质量问题

凡是工程质量不合格，必须进行返修、加固或报废处理，由此造成直接经济损失低于 5000 元的称为质量问题。

3.质量事故

凡是工程质量不合格，必须进行返修、加固或报废处理，由此造成直接经济损失在 5000 元（含 5000 元）以上的称为质量事故。

（二）工程质量事故的分类

由于工程质量事故具有复杂性、严重性、可变性和多发性的特点，所以建设工程质量事故的分类有多种方法，但一般可按以下条件进行分类。

1.按事故造成的损失严重程度分类

（1）一般质量事故指直接经济损失在 5000 元（含 5000 元）以上，不满 5 万元的；或影响使用功能或工程结构安全，造成永久质量缺陷的。

（2）严重质量事故指直接经济损失在 5 万元（含 5 万元）以上，不满 10 万元的；或严重影响使用功能或工程结构安全，存在重大质量隐患的；或事故性质恶劣，造成 2 人以下重伤的。

（3）重大质量事故指工程倒塌或报废；或由于质量事故，造成人员死亡或重伤 3 人以上；或直接经济损失在 10 万元以上的。

（4）特别重大事故指凡具备国务院发布的《特别重大事故调查程序暂行规定》所列，发生一次性死亡 30 人及以上；或直接经济损失在 500 万元及以上；或其他性质特别严重的情况之一均属特别重大事故。

2.按事故责任分类

（1）指导责任事故。指由于工程实施指导或领导失误而造成的质量事故。例如，工程负责人片面追求施工进度，放松或不按质量标准进行控制和检验，降低施工质量标准等。

（2）操作责任事故。指在施工过程中，由于实施操作者不按规程和标准实施操作而造成的质量事故。例如，浇筑混凝土时随意加水，或振捣疏漏造成混凝土质量事故等。

3.按质量事故产生的原因分类

（1）技术原因引发的质量事故。是指在工程项目实施中由于设计人员、施工人员在技术上的失误而造成的质量事故。例如，结构设计计算错误、地质情况估计错误、采用了不适宜的施工方法或施工工艺等。

（2）管理原因引发的质量事故。是指管理上的不完善或失误引发的质量事故。例如，施工单位或监理单位的质量体系不完善、检验制度不严密、质量控制不严格、质量管理措施落实不力、检测仪器设备管理不善而失准、材料检验不严等原因引起的质量事故。

（3）社会、经济原因引发的质量事故。是指由于经济因素及社会上存在的弊端和不正之风引起建设中的错误行为，从而导致出现质量事故。例如：某些施工企业盲目追求利润而不顾工程质量；在投标报价中随意压低标价；中标后则依靠违法的手段或修改方案追加工程款；或偷工减料等。这些因素往往会导致重大工程质量事故，必须对其予以重视。

二、施工质量事故处理方法

（一）施工质量事故处理的依据

1.质量事故的实况资料

质量事故的实况资料包括质量事故发生的时间、地点，质量事故状况的描述，质量事故发展变化的情况，有关质量事故的观测记录，事故现场状态的照片或录像，事故调查组通过调查研究所获得的第一手资料。

2.有关合同及合同文件

有关合同及合同文件包括工程承包合同、设计委托合同、设备与器材购销合同、监理合同及分包合同等。

3.有关的技术文件和档案

有关的技术文件和档案主要是有关的设计文件（如施工图纸和技术说明）、与施工有关的技术文件、档案和资料（如施工方案、施工计划、施工记录、施工日志、有关建筑材料的质量证明资料、现场制备材料的质量证明资料、质量事故发生后对事故状况的观测记录、试验记录或试验报告等）。

（二）施工质量事故的处理程序

1.事故调查

事故发生后，施工项目负责人应按规定的时间和程序，及时向企业报告事故的状况，积极组织事故调查。事故调查应力求及时、客观、全面，以便为事故的分析与处理提供正确的依据。调查结果要整理撰写成事故调查报告，其主要内容包括：工程概况；事故情况；事故发生后所采取的临时防护措施；事故调查中的有关数据、资料；事故原因分析与初步判断；事故处理的建议方案与措施；事故涉及人员与主要责任者的情况等。

2.事故的原因分析

事故的原因分析要建立在事故情况调查的基础上，避免情况不明就主观推断事故的原因。特别是涉及勘察、设计、施工、材料和管理等方面的质量事故，往往导致事故的原因错综复杂，因此必须对调查所得到的数据、资料进行仔细分析，去伪存真，找出造成事故的主要原因。

3.制订事故处理的方案

事故的处理要建立在原因分析的基础上，并广泛地听取专家及有关方面的意见，经科学论证，决定事故是否进行处理和怎样处理。在制订事故处理方案时，应做到安全可靠、技术可行、不留隐患、经济合理、具有可操作性、满足建筑功能和使用要求。

4.事故处理

根据制订的事故处理的方案，对质量事故进行认真处理。处理的内容主要包括：事故的技术处理，以解决施工质量不合格和缺陷问题；事故的责任处罚，根据事故的性质、损失大小、情节轻重对事故的责任单位和责任人作出相应的行政处分，甚至追究刑事责任。

5.事故处理的鉴定验收

质量事故的处理是否达到预期的目的，是否依然存在隐患，应当通过检查鉴定和验收作出确认。事故处理的质量检查鉴定应严格按施工验收规范和相关的质量标准的规定进行，必要时还应通过实际测量、试验和仪器检测等方法获取必要的数据，以便准确地对事故处理的结果作出鉴定。事故处理后，施工项目负责人必须尽快提交完整的事故处理报告，其内容包括：事故调查的原始资料，测试的数据，事故原因的分析、论证，事故处理的依据，事故处理的方案及技术措施，实施质量处理中有关的数据、记录、资料，检查验收记录，事故处理的结论等。

（三）施工质量事故处理的基本方法

1.修补处理

当工程某些部分的质量虽未达到规定的规范、标准或设计的要求，仍存在一定的缺陷，但经过修补后可以达到要求的质量标准，又不影响使用功能和外观时，可采取修补处理的方法。例如：混凝土结构表面出现蜂窝、麻面，经调查分析，该部位经修补处理后，不会影响其使用及外观；混凝土结构局部出现的损伤，如结构受撞击、局部未振实、冻害、火灾、酸类腐蚀、碱骨料反应等，当这些损伤仅仅在结构的表面或局部，不影响其使用和外观时，也可采取修补处理的方法；混凝土结构出现裂缝，经分析研究后如果不影响结构的安全使用，也可进行修补处理。例如，当裂缝宽度不大于 0.2mm 时，可采用表面密封法；当裂缝宽度大于 0.3mm 时，采用嵌缝密闭法；当裂缝较深时，则应采用灌浆修补的方法。

2.加固处理

加固处理主要是针对危及承载力的质量缺陷的处理。通过对缺陷的加固处理，建筑结构得以恢复或提高承载力，重新满足结构安全性、可靠性的要求，能继续使用或改作其他用途。例如，对混凝土结构常用加固的方法主要有增大截面加固法、外包角钢加固法、粘钢加固法、增设支点加固法、增设剪力墙加固法、预应力加固法等。

3.返工处理

当工程质量缺陷经过修补处理后仍不能满足规定的质量标准要求，或不具备补救可能性时则必须采取返工处理。例如：某防洪堤坝填筑压实后，其压实土的干密度未达到规定值，经核算将影响土体的稳定性且不满足抗渗能力的要求，必须挖除不合格土，重新填筑，进行返工处理；某公路桥梁工程预应力按规定张拉系数为 1.3，而实际仅为 0.8，属严重的质量缺陷，也无法修补，只能返工处理；某工厂设备基础的混凝土浇筑时掺入木质素磺酸钙减水剂，因施工管理不善，掺量多于规定的 7 倍，导致混凝土坍落度大于 180mm，石子下沉，混凝土结构不均匀，浇筑 5 天后仍然不凝固硬化，28 天的混凝土实际强度不到规定强度的 32%，不得不返工重浇。

4.限制使用

当工程质量缺陷按修补方法处理后仍无法保证达到规定的使用要求和安

全要求，而又无法返工处理的情况下，不得已时可作出结构卸荷、减荷或限制使用的决定。

5. 报废处理

工程出现质量事故后，通过分析或实践，采用上述处理方法后仍不能使其满足规定的质量要求或标准，则必须予以报废处理。

第四节　工程质量统计分析方法

现代质量管理通常利用质量分析法控制工程质量，即利用数理统计的方法，通过收集、整理、分析、利用质量数据，并以这些数据作为判断、决策和解决质量问题的依据，从而预测和控制产品质量。工程质量分析常用的数理统计方法有分层法、因果分析图法、排列图法等。

一、分层法

分层法又叫分类法或分组法，是将调查收集的原始数据按照统计分析的目的和要求进行分类，通过对数据的整理将质量问题系统化、条理化，以便从中找出规律，发现影响质量因素的一种方法。

由于产品质量是多方面因素共同作用的结果，因而对同一批数据，可以按不同性质分层，使我们能从不同角度考虑、分析产品存在的质量问题和影响因素。常用的分层标志有：

（1）按不同施工工艺和操作方法分层。（2）按操作班组或操作者分层。

（3）按分部分项工程分层。（4）按施工时间分层。（5）按使用机械设备型号分层。（6）按原材料供应单位、供应时间或等级分层。（7）按合同结构分层。（8）按工程类型分层。（9）按检测方法、工作环境分层。

二、因果分析图法

因果分析图法，也称为质量特性要因分析法、鱼刺图法或树枝图法，是一种逐步深入研究和讨论质量问题原因的图示方法。由于工程中的质量问题是由多种因素造成的，这些因素有大有小、有主有次。通过因果分析图，层层分解，可以逐层寻找关键问题或问题产生的根源，进行有的放矢的处理和管理。

（一）因果分析图的作图步骤

（1）明确要分析的质量问题，置于主干箭头的前面。

（2）对原因进行分类，确定影响质量特性的大原因，并用大枝表示。影响工程质量的因素主要有人员、材料、机械、施工方法和施工环境五个方面。

（3）以大原因作为问题，层层分析大原因背后的中原因、中原因背后的小原因，直到可以采取措施为止，在图中用不同的小枝表示。

（二）因果分析图的注意事项

（1）一个质量特性或一个质量问题使用一张图分析。

（2）通常采用 QC 小组活动的方式进行讨论分析。讨论时应该充分发扬民主、集思广益、共同分析，必要时可以邀请小组以外的相关人员参与，广泛听取意见。

（3）层层深入的分析模式。在分析原因的时候，要根据问题和大原因以及大原因、中原因、小原因三者之间的因果关系，层层分析直到能采取改进措施为止。不能半途而废，一定要弄清问题的症结所在。

（4）在充分分析的基础上，由各参与人员采取投票或其他方式，从中选择

1~5 项多数人达成共识的主要原因。

（5）针对主要原因，有的放矢地制定改进措施，并落实到人。

三、排列图法

意大利经济学家帕累托提出"关键的少数和次要的多数间的关系"，后来美国质量管理专家朱兰把这一原则引入质量管理中。

排列图法又称主次因素分析图或帕累托图，是用来寻找影响工程（产品）质量主要因素的一种有效工具。其特点是把影响产品质量的因素按大小顺序排列。

（一）排列图的组成

排列图的组成如图 8-1 所示。

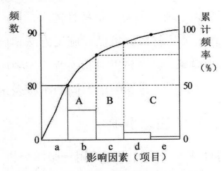

图 8-1　质量影响因素排列图

（1）排列图由两个纵坐标、一个横坐标、若干个矩形及一条曲线组成。其中左边的纵坐标表示频数，右边的纵坐标表示累计频率，横坐标表示影响质量的各种因素。

（2）若干个直方图分别表示质量影响因素的项目，直方图形的高度则表示影响因素的大小程度，按大小顺序从左向右排列。

（3）帕累托曲线：表示各影响因素大小的累计百分数。

（二）排列图的分析

采用排列图分析影响工程（产品）质量的主要因素，可按以下程序进行：

（1）列出影响工程（产品）质量的主要因素，并统计各影响因素出现的频数和频率。

（2）按质量影响因素出现频数由大到小的顺序，自左至右绘制排列图。

（3）分析排列图，找出影响工程（产品）质量的主要因素。

（三）作图步骤

（1）收集数据。

（2）整理数据。

（3）画坐标图和帕累托曲线。

（4）图形分析。

第九章　水利工程建设施工进度管理

施工管理水平对于缩短建设工期、降低工程造价、提高施工质量、保证施工安全至关重要。施工管理工作涉及施工、技术、经济等活动。施工管理活动是先从制订计划开始，通过计划的制订，进行协调与优化，确定管理目标；然后在实施过程中按计划目标进行指挥、协调与控制；再根据实施过程中反馈的信息调整原来的控制目标，通过施工项目的计划、组织、协调与控制，实现施工管理的目标。

第一节　施工进度管理的概述

一、进度的概念

进度是指工程项目实施结果的进展情况，具体包括在项目实施过程中需要消耗的时间、劳动力、成本等。当然，项目实施结果应该以项目任务的完成情况，如用工程的数量来表达。但是在实际操作中，很难找到一个恰当的指标来反映工程进度，因为工程实物进度已不只是单一的、传统的工期控制，而是工期与工程实物、成本、劳动消耗、资源的统一。

二、进度指标

进度控制的基本对象是工程活动，它包括项目结构图上各个层次的单元，上至整个项目，下至各个工作包。项目进度指标的确定对项目工程的进度表达、计算和控制都会有重要的影响。由于一个工程有不同的子项目、工作包，因此必须挑选一个共同的、对所有工程活动都适用的计量单位。

（一）持续时间

持续时间是进度的重要指标。例如：某工程计划工期两年，现已经进行了1年，则工期已达50%；一个工程活动，计划持续时间为30天，现已经进行了15天，则已完成50%。但通常还不能说工程进度已达50%，因为工期与进度是不一致的，工程的实际效率往往低于计划效率。

（二）资源消耗指标

资源消耗包括劳动工时、机械台班、成本的消耗等指标。资源消耗有较强的可比性，但在实际工程中要注意投入资源数量和实际进度有时会产背离，实际工作量和计划常有差别。

（三）进度控制原理

1.动态控制原理

施工进度控制是一个不断进行的动态控制，也是一个循环进行的过程。当实际进度按照计划进度进行时，两者相吻合；若不一致时，便产生超前或落后的偏差。

2.系统原理

施工项目在具体的进度计划中，由于过程中总是发生着变化，而且实施各种进度计划和施工组织系统都是为了努力完成一个个任务，因此，为了保证项目施工进度准确实施，还需要一个关于施工进度的检查控制系统。不同层次的人员负有不同的进度控制职责，分工协作形成一个纵横连接的施工项目控制组织系统。实施是计划控制的落实，控制是保证计划按期实现。

3.信息反馈原理

信息反馈是施工项目进度控制的主要环节。施工的实际进度通过信息反馈给各级负责人员，负责人员分析后作出决策，调整进度计划，才能保证施工进度符合预定工期目标。

第二节　施工进度计划

一、进度计划的编制依据

项目进度计划是项目进度控制的基准，是确保项目在规定的合同工期内完成的重要保证。项目进度计划的编制是指根据项目活动定义、项目活动排序、项目活动工期和所需资源进行的分析及项目进度计划的编制工作。

根据所包含的内容不同，进度计划可分为总体进度计划、分项进度计划、年度进度计划。不同的项目，其进度计划的划分方法也有所不同，如建筑工程的进度计划可分为工程总体进度计划、单项工程进度计划、单位工程进度计划、分部分项工程进度计划、工程年度进度计划等。

工程进度管理前期工作及其他计划管理所生成的各种文件都是工程进度计划编制所要参考的依据。具体包括：

（1）有关法律、法规和技术规范、标准及政府指令。

（2）工程的承包合同（承包合同中有关工程工期、工程产出物质量、资源需求量的要求、资金的来源和资金数量等内容都是制订工程进度计划的基本的依据）。

（3）工程的设计方案与施工组织设计。

（4）工程对工期的要求。

（5）工程的特点。

（6）工程的技术经济条件。

（7）工程的内部、外部条件。

（8）工程各项工作、工序的时间估计。

（9）工程的资源供应状况。

（10）已建成的同类或相似工程的实际工期。

在工程管理中，科学、合理地安排进度计划，控制好施工进度是保证工程工期、质量和成本三大要素的第一重要因素。工程进度符合合同要求、施工速度既快又科学，将有利于承包商降低工程成本，保证工程质量，同时也给承包商带来好的工程信誉；反之，工程进度拖延或匆忙赶工，都会使承包商的费用增加，资金利息增加，给承包商造成严重的亏损。另外，竣工期限拖延也会给业主带来工程管理费用增加、投入工程资金利息增加及工程延期投产运营的经济损失。可见，工程进度计划与管理无论对承包商还是业主来说都是相当重要的。

二、进度计划的编制步骤

进度计划编制的步骤如下：

（一）明确施工方案

明确施工方案一般包括确定施工程序、施工起点流向、主要分部分项的施工方法和施工机械等。

单位工程施工应遵循的程序原则为：先地下后地上、先主体后附属、先结构后装饰、先土建后设备。先地下后地上主要是指首先完成管道、管线等地下设施、土石方工程和基础工程的建设，然后开始地上工程施工。先主体后附属主要是指先进行主体结构的施工，再进行附属结构的施工。先结构后装饰主要是指先进行主体结构施工，后进行装饰工程的施工。先土建后设备主要是指土建工程施工一般应先于水、暖、电、气等建筑设备的安装。

确定施工起点流向就是确定单位工程在平面或竖向上施工开始的部位和进展的方向。施工流向牵涉到一系列施工活动的开展和进程，是组织施工活动的重要环节。

确定施工顺序的原则包括：遵循施工程序、符合施工工艺、与施工方法一致、符合施工组织的要求、满足施工质量和安全的要求、考虑当地气候的影响。

（二）工程分解与工作描述

施工方案确定后就可在此基础上对工程进行划分，即采用 WBS（项目分解结构）把建设工程分解成若干组成元素，以便按照客观的施工顺序依次或平行地逐一完成这些元素，从而最终完成建设任务。工程分解有时又称划分工序。"工序"在网络计划技术中是一个含义十分广的名词。它在双代号网络图中表现为一条箭线，这条箭线所代表的工作内容可多可少、可粗可细，要根据计划对象的情况和计划的任务来定。一般来说，计划的对象规模大或者是控制性计划，其划分的每一个工序所包含的内容就会多，划分的也就很粗，工序也就会很少。如果计划的对象规模不大，或者是用于指导施工的实施性计划，则要把工序具体划分。

在工程分解的基础上，为了更明确地描述工程所包含的各项工作的具体内容和要求，需要编制工作描述表并对所有工作进行汇总、编制工作列表。同时，为了明确各部门或个人在施工过程中的责任，应根据项目分解结构图表和组织结构图，落实好工程的每一项工作、分配好每一位任务责任者的责任。工作责任分配的结果是形成工作责任分配表。

（三）工作排序与网络图绘制

一个工程有若干项工作或活动，它们在时间上的先后顺序称为逻辑关系，既包括客观存在的、不变的强制性逻辑关系，也包括随实施方案、人为约束条件、资源供应条件变化而变化的逻辑关系。一般来说，工作排序应首先考虑强制性逻辑关系，在此基础上通过分析进一步确定工作之间可变的逻辑关系。工作排序的结果是形成描述工程各工作相互关系的项目网络图及工作之间的详细关系列表。

在此基础上便可绘制网络图。网络图是整个工程在时间工程和工序关系上的模拟，能清楚地反映整个工程的工作过程，所以它是网络计划的基础，是网络计划技术的出发点。网络图的绘制原则主要有：

（1）在网络图中不允许出现循环线路（或闭合回路），即箭头从某一事项出发，只能自左向右前进，不能反向又重新回到该事项。

（2）箭线的首尾都必须有事项，即不允许从一条箭线的中间引出另一条箭线。

（3）不允许在两个相邻事项之间有多余箭线。

（4）网络图中不允许出现中断的线路。

（5）对单目标网络，不允许出现多个起始事项和终止事项的情况。

（6）网络中各事项的编号是由左向右、由小向大，工作的起始事项编号要小于工作的终止事项编号，并且事项编号不能重复。

以上规定又称网络逻辑，一张网络图只有符合网络逻辑的要求才能正确反映计划任务的内容，并为大多数人所接受。

（四）工序作业时间估计

确定进度计划中各工序的作业时间是计算网络计划时间参数的基础，是计划工作的关键，必须十分谨慎。利用网络计划技术编制进度计划有一个特点，那就是工序作业时间的确定并非完全根据当时的情况（施工条件和工期要求），而是按照正常条件来确定一个合理的、经济的作业时间，待计算完以后再结合工期要求和资源供应等具体要求对计划进行调整。这种做法的意义表现在以下方面：

（1）按照正常的条件而不是赶工、抢工条件确定的作业时间，一般是比较合理的，其费用也是较低的。按照这种作业时间编制出来的计划总成本一般较低。

（2）有了这样的初步计划，再结合实际进行调整和优化时便有了一个合理的基础，也便于与实际进行比较。

（3）以这种作业时间为基础计算出网络时间并找到关键路线之后，在必须压缩工期时，施工单位就可以知道应该压缩哪些工艺，哪些地方有时差可以利用、有潜力可以挖掘。这样就不至于因考虑工期要求而盲目抢工，把那些还有时间的工序也加快，徒增工程费用，造成成本增加、资金浪费等问题。所以，采用网络计划技术编制进度计划从一开始就可以避免浪费。

工序作业时间的确定可以采用各种不同的方法，比如根据工程量、人工（或机械台班）产量定额和合理的人员（或机械）数量计算求得。但产量定额要根据实际情况做适当的调整才能使计划更切合实际，这是对各项具体的工序（分项工程）而言的。对于那些较大的工序（单位工程等），则可以根据国家的工期定额或类似工程的资料加以必要修正后套用。必要时，对一些缺乏经验而又比较重要的分项工程，也可以采用三时估计法，即估计一个最乐观时间（在最顺利条件下所需的时间）、一个最可能时间和一个最悲观时间（在最不利条件下所需的时间），然后利用专门的计算公式进行加权计算，求得一个期望工时。

（五）进度计划的优化

可行计划还不是最后的计划，所以只要有改进的可能，对可行计划还应逐步加以改进、优化，使之趋于完善，以便取得更好的经济效益。在工程实践中，寻求最优计划是不可能的，只能寻求在目标条件下更令人满意的计划。工程进度计划的优化一般有以下几种途径：

1.在不增加资源的前提下压缩工期

在进行工期优化时，首先应在保持系统原有资源的基础上对工期进行压缩。如果还不能满足要求，再考虑向系统增加资源。在不增加系统资源的前提下压缩工期有两条途径：

一是不改变网络计划中各项工作的持续时间，而通过改变某些活动间的逻辑关系达到压缩总工期的目的。主要是将某些原来前后衔接的活动改为互相搭接，这种方法主要适用于可以形成流水作业的工程。按照前后衔接的关系，要等到紧前活动全部完成以后，紧后活动才开始。改为互相搭接的关系后，紧前活动只要完成一部分，紧后活动就可以开始了。

二是改变系统内部的资源配置，削减某些非关键活动的资源，将削减下来的资源调集到关键工作中去以缩短关键工作的持续时间，从而达到缩短总工期的目的。

2.压缩关键活动

压缩关键活动的步骤如下：

①确定初始网络计划的计算工期和关键线路。

②将计算工期与指令工期进行比较，求得需要缩短的时间。

③重新计算压缩关键线路后的工期，得到新的计算工期。

如果这个新的计算工期符合指令工期的要求，则工期优化即已完成。否则，按上述步骤再次压缩关键线路，直到符合指令工期的要求为止。当网络图中有多条关键路径时，应先对多条关键线路的公共部分进行压缩，这样可节省费用。如果网络图中有多条关键路线，其中有一条不能够再压缩，则整个网络计划的总工期也就不能再压缩了。在实际工作中压缩任何活动的持续时间都会引起费用的增加。

3.工期—费用优化

任何一个工程都是由若干项活动组成的。每项活动的完成时间并非常量，而是随着投入其中的费用的变化而变化。因此，有必要对网络计划进行工期与费用分析。根据工期活动的费用率可知，每项活动可压缩的时间和相应要增加的成本，压缩工程工期必须压缩关键活动的时间，而且必须按费用率由小到大进行压缩。在压缩关键活动的工期时还要受到以下限制：

①活动本身最短工期的限制。

②总时差的限制。关键路线上各活动压缩时间之和不能大于非关键路线上的总时差。

③平行关键路线的限制。当一个网络计划图中存在两条（或多条）关键路线时，如果要缩短计划工期，必须同时在两条（或多条）关键路线上压缩相同的天数。

④紧缩关键路线的限制。如果关键路线上各项活动的工期都为最短工期，这条路线就称为紧缩关键路线。当网络计划中存在这种路线时，工期就不能再缩短了。在这种情况下压缩任何别的活动的持续时间，都不会缩短工期而只会增加工程的费用。

网络计划工期—费用优化可以按下列步骤进行：

①首先计算出网络计划中各活动的时间参数，确定关键活动和关键路线。

②估算活动的正常工期和正常费用、极限工期和极限费用，并计算活动的费用率。

③若只有一条关键路线，则找出费用率最小的关键活动作为压缩对象；若有两条关键路线，则要找出路线上费用率总和最小的活动组合作为压缩对象（这种费用率总和最小的活动组合被称为最小切割）。

④分析压缩工期时的约束条件，确定压缩对象的可能压缩时间，压缩后计算出总的直接费用的增加值。

⑤计算压缩后的工期能否满足合同工期的要求，如果能满足，停止压缩；如果不能满足，再按①～⑤的顺序继续压缩；如果出现了紧缩的关键路线，而工期仍不能满足合同要求，则要重新组织和安排各工序的施工方法，调整各工

序活动的逻辑关系，然后再按①～⑤的顺序进行优化调整。这种方法通过逐渐增加费用来减少工期，所以被称为最低费用加快法。

三、施工进度计划的实施

在工程项目的实施过程中，为了进行施工进度控制，进度控制人员应经常收集施工进度材料，对其进行统计整理和对比分析，确定实际进度与计划进度之间的偏差情况，其主要工作包括：

（一）跟踪检查施工实际进度

保证汇报资料的准确性，进度控制人员要经常到现场查看施工项目的实际进度情况，从而保证经常地、定期地准确掌握施工项目的实际进度。

（二）对比实际进度与计划进度

通过使用横道图比较法、S型曲线比较法、实际进度前锋线比较法、"香蕉"型曲线比较法，将收集整理的资料与施工项目的实际进度进行比较。

1.横道图比较法

横道图比较法就是在项目实施中检查实际进度收集的信息，经整理后直接用横道线并列标于原计划的横道线处，进行直观比较的方法。

横道图比较法是施工单位在施工中进行施工项目进度控制经常采用的一种简单方法。为了方便比较，一般用它们实际完成量的累计百分比与计划应完成量的累计百分比进行比较。

2.实际进度前锋线比较法

当工程进度计划采用时标网络计划形式时，可以采用实际进度前锋线的方法进行实际进度与计划进度的比较。实际进度前锋线比较法是从计划检查时间的坐标点出发，用点划线依次连接各项工作的实际进度点，最后到计划检查时间的坐标点为止，形成前锋线。根据前锋线与工作箭线交点的位置判断工程实际进度与计划进度之间的偏差。

3.S 型曲线比较法

S 型曲线比较法是以横坐标表示进度时间,纵坐标表示累计完成的任务量,绘制一条按计划时间累计完成任务量的 S 型曲线,然后将工程各检查时间对应的实际累计完成任务量的 S 型曲线也绘制在同一坐标系中,进行实际进度与计划进度相比较的一种方法。

以建筑工程为例,一般在工程的开始和结尾阶段,单位时间投入的资源量较少,在工程的中间阶段单位时间投入的资源量较多。与其相关,单位时间完成的任务量也呈现出同样的变化趋势,即随时间进展累计完成的任务量也呈 S 型变化。

4."香蕉"型曲线比较法

从 S 型曲线比较法中得知,工程进度计划实施过程中的进行时间与累计完成任务量的关系可以用一条 S 型曲线表示。而且,一般情况下,任何一个工程的网络计划图都可以绘制出两条 S 型曲线:以各项工作的最早开始时间安排进度而绘制的 S 型曲线(ES 曲线)和以各项工作的最迟开始时间安排进度而绘制的 S 型曲线(LS 曲线)。两条 S 型曲线都是从计划的开始时刻开始,在计划的完成时刻结束,因此两条曲线是闭合的。因形如香蕉,故称为"香蕉"型曲线。工程实施中进度控制的理想状况是:任一时刻按实际进度描绘的点应落在该"香蕉"型曲线的区域内。

"香蕉"型曲线的作图方法与 S 型曲线的作图方法基本一致,不同点仅在于"香蕉"型曲线要分别以工作的最早开始时间和最迟开始时间绘制两条 S 型曲线。利用"香蕉"型曲线比较法,可以对进度进行合理安排,可以定期比较工程项目的施工实际进度与计划进度,还可以对后期工程进行预测,即确定在检查状态下,后期工程仍按最早、最迟开始时间实施,分析 ES 曲线和 LS 曲线的发展趋势,预测工程后期的进度状况。

（三）施工进度检查结果的处理

施工进度计划检查完成后，进度控制人员应向企业提供施工进度控制报告、向施工项目经理及各级业务职能负责人提供进度控制的简要报告。

第三节　施工进度拖延的原因
及纠偏措施

一、进度拖延原因分析

工程项目的进度受到许许多多的因素影响，项目管理者应按预定的项目计划定期评审实施进度情况，分析并确定施工进度拖延的根本原因。进度拖延是工程项目在实施过程中经常发生的现象，拖延之后再赶进度，不仅使工期延误，还费财费力，得不偿失。因此，在各层次的项目单元、各个阶段都应避免出现延误工期的情况。

（一）工期及相关计划的失误

工期及相关计划失误是常见的现象。人们在计划期将持续时间安排得过于乐观，包括：计划时忘记（遗漏）部分必要的功能或工作；资源或能力不足；出现了计划中未能考虑到的风险或状况；未能使工程实施达到预定的效率。在现代工程中，建设工程进度控制人员必须事先对影响进度的各种因素进行全面调查，预测它们对进度可能产生的影响，避免由于计划不足而耽误工期。

（二）实施过程中管理的失误

在施工过程中由于业主与承包商之间缺乏沟通，或者项目管理者缺乏工期意识，导致项目在各个活动之间由于前提条件不足，变成拖延工程。因此，在任务下达时，承包商应提供足够的资金、材料不拖延、没有未完成项目计划的拖延情况，各单位之间有良好的信息沟通，这样能够避免施工延期，避免造成财产的损失。

二、进度拖延纠偏措施

（一）进度拖延的事前预防

在工程开始以后，首先要采取各种日常的进度控制措施，防止出现可以避免的、人为的进度拖延情况。日常进度控制途径包括以下几个方面：

1.突出关键路线

坚持抓关键路线，并以此作为最基本的工作方法和组织管理的基本点。

2.加强生产要素配置管理

配置生产要素是指对劳动力、资金、材料、设备等进行存量、流量、流向分布的调查、汇总、分析、预测和控制。合理配置生产要素是提高施工效率、增加管理效能的有效途径，也是进行网络节点动态控制的核心和关键。在动态控制中，施工单位必须高度重视整个工程建设系统内、外部条件的变化，及时跟踪现场主、客观条件的发展变化，坚持每天用大量时间来熟悉和研究人、材、机械、工程的进展状况，不断分析预测各工序资源的需要量与资源总量以及实际投入量三者之间的矛盾，规范投入方向，采取调整措施，确保工期目标的实现。

3.严格控制工序

掌握现场施工实际情况，记录各工序的开始日期、工作进程和结束日期，其作用是为计划实施的检查、分析、调整、总结提供原始资料。因此，严格控制工序有三个基本要求：一是要跟踪记录；二是要如实记录；三是要借助图表形成记录文件。

（二）进度拖延的事后措施

进度拖延的事后措施，最关键的是要分析引起拖延的原因。通常有以下措施：

1.对引起进度拖延的原因采取措施

目的是消除或降低它的影响，防止它继续造成拖延或造成更大程度的拖延，特别是因为计划不周（错误）、管理失误等原因造成的拖延。

2.增加资源

投入更多的资源以加速活动进程，或者要求增加每天的工作时间，也可以安排更多的设备或材料来加快速度。但是，增加资源往往会使成本增加。

3.采取措施保证后期的活动按计划执行

要特别关注关键路线上的进度拖延。如果缩短后期工程的工期，常常会引起一些附加问题，最典型的是增加成本开支或引起质量问题。

4.分析进度网络，找出有工期延迟的路径

应针对该路径上工期长的活动采取积极的缩短工期措施。工期长的活动往往存在更大的压缩空间，这对缩短整个路径的总工期来说效果是最明显的。

5.缩小工程的范围

包括减少工作量或删去一些工作包（或分项工程）。但是这必须征得业主同意，并且不会影响整个工程的功能，也不会大幅度降低工程的质量。

6.改进方法和技术，提高劳动生产率

可以采用信息管理系统提高信息的沟通效率，采用并行工程，增加对员工的技能培训及采取激励措施。

7.采用外包策略

让更专业的公司用更快的速度、更低的成本完成一些分项工程。

第十章　水利工程档案管理

第一节　水利工程档案管理的
特点和意义

一、档案的内容

档案管理的核心是对工程建设过程中的相关事宜进行记录。水利工程建设的档案内容在施工各阶段主要包括以下几部分。

（一）工程前期

在该阶段主要包括水文水利分析报告、可行性研究报告、当地社会经济及效益调查报告、工程设计图、环评报告、设计委托书及审批记录等相关资料。

（二）工程审批

包括相关部门的审批文件、计划请示文件、经批准的移民安置方案，以及建设用地批件等。

（三）工程施工

主要包括开工报告、施工图、施工合同书、建筑材料化验单、设计变更文件及图纸、机电设备合格证、试验报告、质量检查、施工记录、评定和事故处理记录、施工单位法人、施工单位资质、施工单位技术人员、各施工阶段的结论报告等。

（四）工程监理

设备材料审核文件、开（停、复、返）工令、许可证；工程材料监理检查、复检、试验记录报告；质量检测、抽查记录、变更价格审查、支付审批文件及其他监理文件等。

（五）竣工验收

该阶段主要是指各单元工程、分部工程、单位工程验收和竣工验收所产生的验收报告、会议原始资料、工程竣工验收鉴定书及验收委员签字表等。

二、档案管理的意义

（一）水利工程档案在水利单位日常的工作考查中起着参考作用

在水利单位内部的质量审核或者是外审中，可以通过对水利工程档案的查看，清楚地了解到水利单位的工作程序和建设是否合格。并且，水利单位也可以以水利工程档案为参考资料和依据，制订计划、总结工作、设计水利工程。水利工程档案看似与水利工程建设没有多大的关系，但是实际上却对整个水利工程系统有着深刻的影响。过去人们对水利档案资料的管理不够重视，甚至经常忽略，导致很多原始的档案出现了破旧、泛黄等问题。如今，人们逐渐认识到水利工程档案的重要性，开始注重对水利工程档案的管理。

（二）水利工程档案是检查水利工程质量，查明事故原因的依据

水利工程档案对整个水利工程的建设情况都有着详细的记录，从整个工程施工前期的准备，到最后工程完工都全部记录其中。在进行水利工程的质量鉴定过程中，通过这些档案就可以得到比较全面的、详细的资料。水利工程档案成了全面鉴定水利工程质量的依据。并且，当工程出现问题时，技术人员先观测漏洞出现的地方，再根据水利工程档案所记录的信息，便能够比较容易地查明事故出现的原因。

（三）水利工程档案为后人改建、扩建或者维修提供了完备的资料

水利工程在被使用的过程中，难免会出现一定的问题或者漏洞，或者由于周围客观环境的改变，而面临着改建或扩建的问题。这些问题能否被解决直接关系到水利工程的使用问题和效益问题。有了详细的、完备的水利工程档案作为指导，工程后期的维修、改建或者扩建都可以在此基础上顺利完成。

第二节　水利工程档案的分类与整理

一、水利工程档案分类

水利工程档案主要来源于水利工程建设从开始设计到竣工验收的全过程，要想做好水利工程档案的整理工作，首先要将水利工程所产生的文件材料收集齐全、完整。根据《中华人民共和国档案法》档案要集中统一管理的原则，结

合工程项目实际情况，按工程建设过程中所产生文件材料的性质、工程建设项目的专业类别和工程建设项目的全部档案内容来进行分类。主要包括工程在建设过程中的设计、施工、监理等以及建成后在运行管理方面所产生的文件材料。水利工程档案的分类也可根据工程项目内容（大小）来区分，如水利枢纽工程、引水工程、水库工程、除险加固工程、输水工程等，结合工程在建设全过程中产生的文件材料的具体情况而定，同时应注意考虑保持文件所反映的对象在结构上的隶属关系和在程序上的衔接关系，以确保所有文件材料都能归入相应的类别中。

二、水利工程档案整理

（一）档案组卷

在档案整理过程中，必须是具有有机联系的文件材料和完整、成套的文件材料方可组成一个案卷，整理出来的案卷要能够反映历史本来面目，同时还要考虑便于保管和利用。

组卷时要按照单位工程或阶段、专业进行组卷。针对项目的管理性科技文件材料归入所针对的项目文件中，按阶段或分年度组卷；与科研项目、建设项目、设备仪器关系密切的管理性文件材料应归入相关的类别中进行组卷；竣工图可按照单位工程或不同专业单独组卷；成册、成套的科技文件应保持其原有形态，不必重新组卷。

案卷内科技文件应齐全、完整，无论怎样组卷，都必须将有关联的文件材料相对集中地保存到一起，并且要有序排列。底图是以张或套为保管单位进行整理。建设项目和设备仪器在维护过程中所形成的科技文件要插放到原案卷中，也可单独组卷排列到原案卷后，并在原案卷的备考表中说明情况。产品升级换代后在评估、改建或重建过程中所形成的科技文件应单独组卷排列。

（二）案卷内文件材料排列

管理性文件材料应结合时间（阶段）或重要程度排列。同一份文件材料的排列顺序为正文在前，附件在后；印件在前，定稿（签发稿）在后；办理有关文件的依据性材料应放在该文件的定稿后；批复在前，请示在后；转发件在前，被转发件在后；会议文件可按时间顺序或文件重要程度排序。

科技文件材料一般应按其发文时间顺序，系统性、成套性地进行卷内文件排列。卷内文件一般是文字材料在前，图样在后。科研课题按准备阶段、制订方案阶段、调查试验阶段、研究鉴定阶段、成果和知识产权申报及推广应用阶段的次序排列。

设备仪器类应按照依据性材料、设备仪器开箱验收、设备安装调试、设备运行维修的次序排列。

建设项目类按照项目建设依据性文件材料、基础性文件材料、工程设计、工程监理、工程验收及工程后评估的次序排列。

竣工图类一般按专业、图号排列。

（三）案卷编目

案卷的编目是通过一定形式，按照一定要求，确定每个案卷的位置，保持案卷之间联系的一个过程。

案卷经过分类进行排列后，要编写页号、填写卷内目录、备考表和编制案卷封面。

1.卷内文件页号

卷内每份文件应用铅笔在文件正面右下角，反面左下角编写页号，空白页、卷内目录、备考表不编页码。卷内目录填写：卷内目录应排在卷内文件前面，卷内目录内的序号按卷内文件排列的顺序号依次标注填写；文件编号是填写文件的文号或图纸的图号或设备、项目的代号等；责任者填写文件材料的单位名称或第一作者；文件题名填写文件标题全称，如果文件没有题名要根据文件内容拟写题名；日期填写文件形成的时间；页数填写每份文件总页数；备注是当本案卷需要说明情况时可根据实际情况填写。

2.卷内备考表填写

备考表应放在每卷的最后，表内的互见号是填写和文件内容一致、载体不同的档案的档号，说明此文件的照片或其他载体类型；表内说明是填写卷内文件的总件数、总页数，以及组卷和案卷在提供使用过程中需要说明的问题；立卷人是组卷人签字；日期是填写完成立卷时的时间；检查人是指审核案卷人签字。

（四）案卷封面编制

案卷的封面是以一定格式介绍卷内科技文件材料的内容与成分的，由档号、案卷题名、立卷单位、起止日期、保管期限、密级组成。档号由全宗号、分类方案内分类号、案卷流水号组成。拟写案卷题名时案卷题名要简明扼要，并要准确反映卷内科技文件的内容，案卷题名由责任者、内容和文件名称（文种）构成，案卷题名一般不超过 50 个字；立卷单位应填写负责组卷的部门或单位；起止日期是填写案卷内科技文件形成的最早和最晚的时间(年填写4位数，月、日不足两位时前面补零，如 20140508)；保管期限填写组卷时依据有关规定划定的保管期限（永久、长期）；密级填写卷内科技文件的最高密级。

（五）案卷装订方法

将文件组成卷，编写卷内文件目录、备考表，填写案卷封面后即可进行案卷装订，装订前要除去文件的金属物和编写页码。在案卷左侧装订线处打 3 个孔，用线绳穿钉，案卷厚度一般为 2cm。

（六）装盒要求

水利案卷要严格按照案卷号的先后顺序装盒，要与案卷目录中相对应的条目一致，保证检索案卷号时能对应找到案卷实体；档案盒外表规格为 310mm×

220mm，厚度一般为 20mm、30mm、40mm，也可根据实际需要设定其他尺寸厚度；档案盒的材料应采用无酸牛皮纸。

（七）档案排列次序与方法

水利档案在柜架内的排列次序应先左后右，先上后下。对一个档案柜架来说，起始卷号在柜架的左上角，终止卷号在柜架的右下角，一个面的档案排满后转到背后的柜架。档案排放时不得过于拥挤，以免给提取或存放档案带来困难。

第三节　水利工程档案验收与移交

一、验收申请

（一）申请档案验收应具备的条件

（1）项目主体工程、辅助工程和公用设施，已按批准的设计文件要求建成，各项指标已达到设计能力并满足一定的运行条件。

（2）项目法人与各参建单位已基本完成应归档文件材料的收集、整理、归档与移交工作。

（3）监理单位对主要施工单位提交的工程档案的整理情况与内在质量进行审核后，认为已达到验收标准，并提交了专项审核报告。

（4）项目法人基本实现了对项目档案的集中统一管理，且按要求完成了自检工作，并达到有关评分标准规定的合格分数。

（二）验收申请原则与内容

项目法人在确认工程已达到有关规定的条件后应在工程计划竣工验收的3个月前，按以下原则，向项目竣工验收主持单位提出档案验收申请。

主持单位是中华人民共和国水利部的，应按归口管理关系通过流域机构或省级水行政主管部门申请；主持单位是流域机构的，直属项目可直接申请，地方项目应经省级水行政主管部门申请；主持单位是省级水行政主管部门的，可直接申请。

档案验收申请应包括项目法人开展档案自检工作的情况说明、自检得分数、自检结论等内容，并将项目法人的档案自检工作报告和监理单位专项审核报告附后。

1.档案自检工作报告的主要内容

包括：工程概况；工程档案管理情况；文件材料收集、整理、归档与保管情况；竣工图编制与整理情况；档案自检工作的组织情况；对自检或以往阶段验收发现问题的整改情况；按有关评分标准自检得分与扣分的情况；目前仍存在的问题；对工程档案完整、准确、系统性的自我评价等。

2.专项审核报告的主要内容

包括：监理单位履行审核责任的组织情况；对监理和施工单位提交的项目档案审核、把关情况；审核档案的范围、数量；审核中发现的主要问题与整改情况；对档案内容与整理质量的综合评价；目前仍存在的问题；审核结果等。

二、验收组织

档案验收由项目竣工验收主持单位的档案业务主管部门负责组织。

档案验收的组织单位应对申请验收单位报送的材料认真审核，并根据项目建设规模及档案收集、整理的实际情况，决定先进行预验收还是直接进行验收。对预验收合格或直接进行验收的项目，应在收到验收申请后的 40 个工作日内组织验收。

对需进行预验收的项目，可由档案验收组织单位组织，也可由其委托流域机构或地方水行政主管部门组织（应有正式委托函）。被委托单位应在受委托的 20 个工作日内组织预验收，并将预验收意见上报验收委托单位，同时抄送给申请验收单位。

档案验收的组织单位应会同国家或地方档案行政管理部门成立档案验收组进行验收。验收组成员，一般应包括档案验收组织单位的档案部门、国家或地方档案行政管理部门、有关流域机构和地方水行政主管部门的代表及有关专家。

档案验收应形成验收意见。验收意见须经验收组三分之二以上成员同意，并履行签字手续，注明单位、职务、专业技术职称。验收成员对验收意见有异议的，可在验收意见中注明个人意见并签字确认。验收意见应由档案验收组织单位印发给申请验收单位，并报给国家或省级档案行政管理部门备案。

三、验收程序

（一）档案验收通过召开验收会议的方式进行

验收会议由验收组组长主持，验收组成员、项目法人、各参建单位和运行管理等单位的代表参加。

（二）档案验收会议主要议程

①验收组组长宣布验收会议文件及验收组组成人员名单；

②项目法人汇报工程概况和档案管理与自检情况；

③监理单位汇报工程档案审核情况；

④已进行预验收的，由预验收组织单位汇报预验收意见及有关情况；

⑤验收组对汇报有关情况提出质询，并察看工程建设现场；

⑥验收组检查工程档案管理情况，并按比例抽查已归档文件材料；

⑦验收组结合检查情况按验收标准逐项赋分，并进行综合评议，讨论、形成档案验收意见；

⑧验收组与项目法人交换意见，通报验收情况；

⑨验收组组长宣读验收意见。

（三）档案验收意见

应包括以下内容：

①前言（验收会议的依据、时间、地点及验收组组成情况，工程概况，验收工作的步骤、方法与内容简述）。

②档案工作基本情况：工程档案工作管理体制与管理状况。

③文件材料的收集、整理质量，竣工图的编制质量与整理情况。已归档文件材料的种类与数量。

④工程档案的完整、准确、系统性评价。

⑤存在问题及整改要求。

⑥得分情况及验收结论。

⑦附件：档案验收组成员签字表。

（4）档案验收意见中提出的问题和整改要求

验收组织单位应加强对落实情况的检查、督促。项目法人应在工程竣工验收前，完成相关整改工作，并在提出竣工验收申请时，将整改情况一并报送竣工验收主持单位。

（5）未通过档案验收（含预验收）的项目法人应在完成相关整改工作后，重新申请验收。

四、档案移交

工程参建单位应该在思想上高度重视，将工程档案管理工作摆在重要位置，不断加强档案法律法规学习教育，切实提高档案管理责任意识，层层落实档案工作目标责任制；结合工程实际情况，从资料收集、分类、归档、组卷、整编和移交等方面建立完善的档案工作管理制度特别是考核奖惩制度，明确参建各方在档案形成过程中应承担的职责；配齐档案工作人员，保障档案工作经费投入，充分调动档案工作人员的积极性和主动性。只有这样，才能不断提高水利工程档案管理规范化、科学化水平。

工程各参建单位应认真履行工程档案形成和移交过程中各自所应承担的职责，扎实做好归档文件资料的移交工作，严格执行工程档案移交规定，将工程档案按合同或协议规定及时移交给项目法人单位。参建单位在办理移交手续前，应组织相关档案人员对归档资料的完整性、准确情况及案卷质量进行核查，并形成书面审查意见。若发现资料不符合归档和移交要求，应要求项目单位限期完成整改，直至相关资料满足档案管理相关要求。项目法人单位的档案管理人员应仔细对照移交清单和参建单位的审查记录，对拟移交的竣工档案资料进行全面系统的审查，经审查无误后认真办理档案移交手续，以确保工程档案及时入库。

第十一章　水利工程建设风险管理

第一节　水利工程项目风险管理的
相关概述

一、水利工程风险管理的目的和意义

随着我国国民经济的发展，我国的工程建设项目越来越多，投资规模逐年扩大。新技术、新工艺、新设备的不断研发使用，导致项目工程建设过程中面临的各种风险也日益增长。有的风险会造成工期延误；有的风险会造成施工质量低劣，从而严重影响建筑物的使用功能，甚至危害到人民生命财产的安全；有的风险会使企业经营处于破产边缘。

为减小风险损失，或将风险造成的不利影响降到最低，需要对工程建设项目进行有效的风险管理和控制，使科技发展与经济发展相适应，使企业能够更有效地控制工程项目的安全、投资、进度和质量，更加合理地利用有限的人力、物力和财力，提高工程经济效益、降低施工成本。加强工程建设项目的风险管理与控制工作将成为有效加强项目工程管理的重要课题之一。

中国是世界上水能资源最丰富的国家之一。水利工程是通过对大自然的改

造并合理利用其自然资源产生良好效益的工程,通常是指以防洪、发电、灌溉、供水、航运及改善水环境质量为目标的综合性、系统性的工程,主要包括高边坡开挖、坝基开挖、大坝混凝土浇筑、各种交通隧洞、导流洞、引水洞、灌浆平洞等项目的施工,以及水力发电机组的安装等施工项目。水利工程在施工建设过程中会受到各种不确定性因素的影响,只有成功地进行风险识别,才能更好地进行项目管理。企业要及时发现和研究项目在各阶段可能出现的各种风险,并分清轻重缓急,要有重点地进行管理。针对不同的风险因素采取不同的措施,保证工程项目以最小的风险损失得到最大的投资效益。

风险管理理论在 20 世纪 80 年代中期传入我国后,二滩水电站、三峡水利枢纽工程、黄河小浪底水利枢纽工程项目都已成功地对其进行了运用。在水电站施工过程中加强现场的安全风险管理,提高施工人员的安全风险意识,运用科学合理的分析手段,加强对水电工程项目建设中风险因素的监控力度。这些具有针对性的控制手段,能够有效提高水电项目的投资效益,保证水利工程项目的顺利实施,提高我国水利工程建设的设计与项目管理水平。

随着风险管理专题研究工作的不断深入,工程项目建设的安全风险意识也不断增强。在项目建设过程中,企业要熟练运用风险识别技术,认真开展风险评估与分析工作,对存在的风险事件及时采取应对措施,减小风险损失。科学、合理地利用现有的人力、物力和财力,确保项目投资的正确性,树立工程项目决策的全局意识和总体经营理念,对促进我国国民经济的长期、持续、稳定、协调发展、提高我国工程项目的风险管理水平和企业的整体效益具有重要的实际意义。

二、水利工程风险管理的特点

水利工程建设是指按照水利工程设计的内容和要求进行水利工程项目的建设与安装。水利工程项目的复杂性、多样性,导致其风险产生的因素也是多种多样的，并且各种因素之间又有着错综复杂的关系，水电行业有不同于其他行业的特殊性，从而导致水电行业风险的多样性和多层次性。因此，水利工程与其他工程相比，具有以下显著特征：

（1）多样性。水利建设系统工程包括水工建筑物、水轮发电机组、水轮机组辅助系统、输变电及开关站、高低压线路、计算机监控及保护系统等多个单位工程。

（2）固定性。水利工程建设场址固定，不能移动，具有明显的固定性。

（3）唯一性。与工民（工业与民用建筑的简称）建设项目相比，水利工程项目不但规模大、结构复杂，而且建造时间、地点、地形、工程地质、水文地质条件、材料供应、技术工艺和项目目标各不相同，每个水利工程都具有独特性、唯一性。

（4）水利工程主要承担发电、蓄水和泄洪任务，施工队伍需要具备国家认定的专业资质，并且按照国家规程规范、标准地进行施工作业。

（5）水利工程的地质条件相对复杂，必须由专业的勘察设计部门进行专门的设计研究。

（6）水利工程建设要根据水流条件及工程设计要求进行施工作业，对当地的水环境影响较大。

（7）水利工程建设基本上是露天作业，易受外界环境因素影响。为了保证工程质量，在寒冬和酷暑季节须分别采取保暖和降温措施。同时，施工流域易受地表径流变化、气候因素、洪水、地震、台风、海啸等不可抗力因素的影响。

（8）水利工程建设交通不便，施工准备阶段任务量大、交叉作业多、施工干扰较大、防洪度汛任务繁重。

（9）对人类的影响巨大。大容量水库、高水头水电站的安全生产管理工作直接关系到施工人员和下游人民群众的生命和财产安全。

水利工程的以上特点，决定了水电安全生产风险因素具有长期性、复杂性、瞬时性、不可逆转性，以及对人类影响巨大等特性。

第二节　水利工程施工安全评价与指标体系

一、施工安全评价

（一）施工特点

水利工程施工与我们常见的建筑工程施工如公路建设、桥梁架设、楼体工程建设等有很多相似之处。例如：工程中一般都用钢筋、混凝土、沙石、钢构、大型机械设备等进行施工，施工理论和方法也基本相同，一些工具器械也可以通用。但水利工程施工也有一些不同的特点：

（1）水利工程多涉及大坝、河道、堤坝、湖泊、箱涵等建设工程，环境和季节对工程的施工影响较大，并且工作人员很难对这些影响因素进行预测或精确计算，这给施工留下很大的安全隐患。

（2）水利工程施工范围较广，尤其是线状工程施工，施工场地之间的距离一般较远，造成各施工场地之间的沟通联系不便，使得整个施工过程的安全管理难度加大。

（3）水利工程的施工场地环境多变，且多为露天环境，很难对现场进行有效的封闭隔离，导致施工作业人员、交通运输工具、机械工程设备、建筑材料的安全管理难度增加。

（4）施工器械、施工材料的质量有时很难保证，因现场机械操作带来危害的事件时有发生。

（5）由于施工现场环境恶劣，招聘的工人普遍文化程度不高、专业知识水平不足、缺乏必要的安全知识和自我保护意识，这也为整个项目的施工增加了安全隐患。

综上所述，水利工程的施工过程中存在着大量的安全隐患，我们要在增强安全意识、提高施工工艺的同时，采取科学的手段与方法对工程进行安全评价，及时发现安全隐患并发布安全预警信息。

（二）安全评价的概念

安全评价起源于 20 世纪 30 年代，是以实现工程、系统安全为宗旨，应用安全系统工程原理和方法，识别和分析工程、系统、生产和管理行为及社会活动中存在的危险和有害因素，预测发生事故和造成职业危害的可能性及其严重性，提出科学、合理、可行的安全风险管理对策。

安全评价既需要以安全评价理论为支撑，又需要理论与实践经验相结合，两者缺一不可。对施工进行安全评价的目的是判断和预测建设过程中存在的安全隐患以及可能带来的工程损失，针对安全隐患提早进行安全防护，为施工提供安全保障。

（三）安全评价的特点和原则

1.安全评价的特点

安全评价作为保障施工安全的重要措施，其主要特点如下：

（1）真实性

进行安全评价时所采用的数据和信息都是施工现场的实际数据，保证了评价数据的真实性。

（2）全面性

对项目的整个施工过程进行安全评价，全面分析各个施工环节和影响因素，保证了评价信息的全面性。

（3）预测性

传统的安全管理均是事后工程，即事故发生后再分析事故发生的原因，进行补救处理。但是有些事故发生后造成的损失较大且很难弥补，因此我们必须做好全过程的安全管理工作。施工项目的安全评价工作就是要预先找出施工或管理中可能存在的安全隐患，预测该因素可能造成的影响及影响程度，针对隐患因素制定出合理的预防措施。

（4）反馈性

将施工安全从抽象概念转化为可量化的指标，并与前期预测数据进行对比，验证模型和相关理论的正确性，以完善相关政策和理论。

2.安全评价的原则

安全评价是为了预防、减少事故的发生，为了保障安全评价的有效性，在施工过程进行安全评价时应遵循以下原则：

（1）独立性

整个安全评价过程应公开透明，各评估专家互不干扰，保障评价结果的独立性。

（2）客观性

各评价专家应是与项目无直接利益相关者，每次对项目打分评价均要站在项目安全的角度，以确保评价结果的客观性。

（3）科学性

整个评价过程必须保证数据的真实性和评价方法的适用性，及时调整评价指标权重比例，以确保评价结果科学性。

3.安全评价的意义

安全评价是施工建设中的重要环节，与日常安全监督检查工作不同。安全评价通过分析和建模，对施工过程进行整体评价，对造成损失的可能性、损失程度及应采取的防护措施进行科学分析和评价，其意义体现在以下三个方面：

（1）有利于建立完整的工程建设信息底账，为项目决策提供理论依据。随着现代社会信息化水平的不断提高，企业须逐步完善工程建设信息管理，完善现有的评价模型和理论，为相关政策、理论的发展提供大数据支持。因此，建立完善的信息底账对我国水利工程建设意义重大，影响深远。

（2）对项目前期建设进行反馈，及时采取防护措施，这使得项目建设更加规范化、标准化。我国安全生产方针是"安全第一，预防为主，综合治理"。企业对施工进行安全评价，有助于弥补前期预测的不足，预防安全事故的发生，使工程建设朝着安全、有序的方向发展，并完善工程施工的标准。

（3）有利于减少工程建设浪费、避免资金损失、提高资金利用率和项目的管理水平。施工过程进行安全评价不仅能及时发现安全隐患，更能预测隐患所带来的经济损失，如果损失不可避免，尽早发现也可以合理地采取能够减轻事故危害的措施，将损失降至最低。

（四）安全评价方法

1.定性分析法

（1）专家评议法

专家评议法是指多位专家参与，根据其以往的项目建设经验，结合当前项目建设情况以及项目发展趋势，对项目的发展进行分析、预测的方法。

（2）德尔菲法

德尔菲法也称为专家函询调查法，是基于该系统的应用，采用匿名发表评论的方法，即不允许团队成员之间相互讨论，团队成员之间不发生横向联系，只与调查员进行联系，经过几轮磋商，使专家小组的预测意见趋于集中，最后得出符合市场未来发展趋势的预测结论。

（3）失效模式和后果分析法

失效模式和后果分析法是一种综合性的分析技术，主要用于识别和分析施工过程中可能出现的故障模式，以及这些故障模式发生后对工程的影响，从而编制出有针对性的控制措施以有效地降低施工过程中的风险。

2.定量分析法

（1）层次分析法

层次分析法（简称 AHP 法）是在进行定量分析的基础上将与决策有关的元素分解成方案、原则、目标等层次的决策方法。

（2）模糊综合评价法

模糊综合评价法是一种基于模糊数学的综合评价方法。该方法根据模糊数学的隶属度理论把定性评价转化为定量评价，即用模糊数学对受到多种因素制约的事物或对象作出一个总体的评价。

（3）主成分分析法

主成分分析法也被称为主分量分析法。在研究多元问题时，变量太多会增加问题的复杂性，主成分分析法是用较少的变量去解释原来资料中最原始的数据，将许多相关性很高的变量转化成彼此相互独立或不相关的变量，是利用降维的思想，将多变量转化为少数几个综合变量。

二、评价指标体系的建立

（一）指标体系建立原则

影响水利工程施工安全的因素有很多，在对这些评价元素进行选取和归类时，应遵循以下选取原则：

（1）系统性。各评价指标要从不同方面体现出影响水利工程施工安全的主要因素，每个指标之间既要相互独立，又要存在联系，共同构成评价指标体系的有机统一体。

（2）典型性。评价指标的选取和归类必须具有一定的典型性，尽可能地体现出水利工程施工安全因素的典型特征。另外，因指标数量有限，要合理分配指标的权重。

（3）科学性。每个评价指标必须具备科学性和客观性，才能正确客观地反映出影响系统安全的主要因素。

（4）可量化。评价指标体系的建立是为了对复杂系统进行抽象法研究以达到对系统定量的评价，评价指标的建立也只有通过量化才能精确地展现系统的真实性，因此各指标必须具有可操作性和可比性。

（5）稳定性。建立评价体系时，所选取的评价指标应具有稳定性，受偶然因素影响波动较大的指标应予以排除。

（二）影响施工安全评价指标的因素

水利工程施工安全的指标多种多样，经过调研，将影响安全的指标体系分为四类：人的风险、机械设备风险、环境风险、项目风险。

1.人的风险

在对水利工程施工安全进行评价时，人的风险是每个评价方法都必须考虑的问题。研究表明，由于人的不安全行为而导致的事故占所有事故总数的80%以上。水利工程施工大多是在一个有限的场地内集中了大量的施工人员、建筑材料和施工机械机具，施工过程中的人工操作较多，劳动强度较大，很容易因人为失误酿成安全事故。

（1）企业管理制度

我国现阶段水利工程施工安全生产体制还有待完善，施工企业的管理制度很大程度上直接决定了施工过程中的安全状况。管理制度决定了自身安全水平的高低以及所用分包单位的资质，其完善程度直接影响到管理层及员工的安全态度和安全意识。

（2）施工人员素质

施工人员作为工程建设的直接实施者，其素质水平直接影响着施工的成效。影响施工人员素质水平的因素主要包括文化素质、经验水平、宣传教育、执行能力等。施工人员的文化水平很大程度上影响着施工操作的规范性及其对安全的认知程度。水利工程施工的特点决定了施工过程比较烦琐，面对复杂的施工环境，施工人员的经验水平直接影响到其能否对施工现场的危险因素进行快速、准确的辨识。整个施工队伍人员素质水平不同，对安全的认识水平也普遍不高，公司提高宣传教育力度能大大增加人员的安全意识。安全施工规章、制度最终要落实到具体施工过程中才能取到预期的效果。

（3）施工操作规范

施工人员必须经过安全技术培训，熟知和遵守所在岗位的安全技术操作规程，并应定期接受安全技术考核。焊接、电气、空气压缩机、龙门吊、车辆驾驶及各种工程机械操作等岗位的施工作业人员必须经过专业培训，取得相关操作证书，持证上岗。

（4）安全防护用品

加强安全防护用品使用的监督管理，避免不合格的安全帽、安全带、安全防护网、绝缘手套、口罩、绝缘鞋等防护用品进入施工场地，根据《中华人民共和国建筑法》《中华人民共和国安全生产法》及地方相关法律规定，施工人员在一些场景必须配备安全防护用具，否则不允许进入施工场地。

2.机械设备风险

水利工程施工是将各种建筑材料进行整合的系统过程，在施工过程中需要各种机械设备的辅助，机械设备的正确使用也是保障施工安全的一个重要方面。

（1）脚手架工程

脚手架既要满足施工需要，又要为保证工程质量和提高工效创造条件，同时还应为组织快速施工提供工作面，确保施工人员的人身安全。脚手架要有足够的牢固性和稳定性，保证在施工期间对所规定的荷载量或在气候条件的影响下不变形、不摇晃、不倾斜，能确保作业人员的人身安全；要有足够的面积满足堆料、运输、操作和行走的要求；构造要简单，搭设、拆除、搬运要方便，使用要安全。

（2）施工机械器具

施工过程中使用的机械设备、起重机械（包含外租机械设备及工具）应采取多种形式的检查措施，禁止所有损坏机械设备的行为，消除影响人身健康、安全以及使环境遭到污染的因素，以保障施工安全和施工人员的健康，确保形成保证体系，明确各级单位安全职责。

（3）消防安全设施

在施工场地内安设消防设施，适时开展消防安全专项检查，对存在安全隐患的地方发出整改通知，制订整改计划，限期整改。定期进行防火安全教育，检查电源线路、电气设备、消防设备、消防器材的维护保养情况，检查消防通道是否畅通等。

（4）施工供电及照明

高低压配电柜、动力照明配电箱的安装必须符合相关标准要求，电气管线保护要采用符合设计要求的管材，特殊材料管之间连接要采用丝接的方式。电缆设备和灯具的安装要满足施工规范，并安装防雷设施。

3.环境风险

由水利工程施工的特点可知，施工环境对施工安全作业也有很大影响，施工环境又是客观存在的，不会以人的意志为转移，因此面对复杂的施工环境，只能采取相应的控制措施，尽量削弱环境因素对安全工作的不利影响。

（1）施工作业环境

施工作业环境对人员施工有着很大影响，当环境适宜时人们会进入较好的工作状态，相反，当人们处于不舒适的环境中时，工人的作业效率会受影响，甚至发生意外事故。

（2）物体打击

作业环境中常见的物体打击事故主要有以下几种：高空坠物、人为扔杂物伤人、起重吊装物料坠落伤人、设备运转飞出物料伤人、放炮乱石伤人等。

（3）施工通道

施工通道是建筑物出入口位置或者在建工程地面入口通道位置，该位置可能发生的伤亡事故有火灾、倒塌、触电、中毒等，在施工通道建设时要防止坍塌、流沙、膨胀性围岩等情况，为了防止该位置的施工发生物体坠落产生的物体打击事故，防护材料及防护范围均应满足相关标准。

4.项目风险

在进行水利工程施工安全评价时，项目本身的风险也是不可忽略的重要因素，项目本身影响施工安全的因素也是多种多样。

（1）建设规模

建设规模由小变大使得施工难度增大，危险因素也随之变化，会出现多种不安全因素。跨度的增大、空间增高会使施工的复杂程度成倍增加，也会大大增加施工难度，容易造成安全隐患。

（2）地质条件

施工场地地质条件的复杂程度对施工安全影响很大，如土洞、岩溶、断层、断裂等，严重影响施工打桩建基的选型和施工质量的安全。如果对施工场地岩土条件认识不足，可能会造成在施工中改桩型、严重的质量安全隐患和巨大的经济损失。

（3）气候环境

对于水利工程施工，从基础到完工整个工程的 70%都在露天的环境下进行，并且施工周期一般较长，工人要承受高温严寒等各种恶劣天气，要根据施工地的气候特征选择不同的评价因素，常见的有高温、雷雨、大雾、严寒等。

（4）地形地貌

我国地域广阔，具有平原、高原、盆地、丘陵、山地等多种地形地貌。对地形地貌进行分析是因地制宜开展水利工程施工安全评价的基础工作之一。

（5）涵位特征

在箱涵施工时，不可避免地要跨越沟谷、河流、人工渠道等。涵位特征的选择也决定了它的功能、造价和使用年限，进行安全评价时要查看涵位特征是否因地制宜，综合考虑施工工程所在地的地形地貌、水文条件等。

（6）施工工艺

水利工程施工过程中，由于需要大范围使用机械设备，以及一些施工工艺本身的复杂性，使得操作本身具有一定的危险性，因此有必要提高施工工艺的成熟度及相关人员技术水平。

第三节 水利工程施工安全管理系统

一、系统分析

目前水利工程施工安全管理对于信息的存储仍然采用纸介质的方式，这就导致存储介质的数据量过大，查找资料不方便，给数据分析和决策带来不便。信息交流方面，各种工程信息主要记载在纸上，工程项目安全管理相关资料都需要人工传递，这影响了信息传递的准确性、及时性、全面性，使各单位不能随时了解工程施工情况。因此，各级政府部门、行业部门、建设及监理单位、施工企业及施工安全方面的专家学者应该协同工作，形成水利工程安全管理的"五位一体"总体布局模式。利用计算机云技术管理各种施工安全信息（文本、图片、照片、视频，以及有关安全的法律法规、政策、标准、应急预案、典型案例等），通过信息共享，使政府及主管部门能够随时检查监督；旁站的安全监理工作可根据日常监理如实反映整体安全施工的情况；专家可以对安全管理信息进行高层判断、评判和潜在风险识别；施工企业则可以及时得到反馈和指导；劳动者也可以及时得到安全指导信息，学习安全施工的有关知识，与现场安全监管有机结合，最终实现全方位、全过程、全时段的施工安全管理。

二、系统架构

软件结构的优劣从根本上决定了应用系统的优劣，良好的架构设计是项目成功的保证，能够为项目提供优越的运行性能。本系统的软件结构是根据目前业界的统一标准构建，采用了 B/S 结构，保证了系统的灵活性和简便性，使用统一的界面作为客户端程序，方便远程客户访问系统。本系统服务器部分采用三层架构，分别为表现层、业务逻辑层、数据持久层，具体实现采用 J2EE 多个开源框架组成，即 Struts2、Spring 和 Hibernate。表现层采用 Struts2，业务逻辑层采用 Spring，而数据持久层则采用 Hibernate，模型与视图相分离，利用这三个框架各自的特点与优势，将它们无缝地整合起来应用到项目开发中，充分降低了开发中的耦合度。

三、系统构成

（一）系统主界面

启动数据库和服务器，在任何一台联网的计算机上打开浏览器，地址栏输入服务器相应的 URL，进入登录界面。为防止用户恶意利用工具对服务器进行攻击，页面采用了随机验证码机制，验证图片由服务器动态生成。用户点击安全资料链接可进入安全资料模块，进行资料的查阅，也可先进行用户注册。会员用户须输入用户名、密码、验证码，信息正确后才可以进入系统。任何用户提交注册信息后都须经过业主方审核，审核通过后才能登录系统。

（二）法规与应急管理模块

水利工程施工是一个危险性高且容易发生事故的行业。水利工程施工中人员流动较大、露天和高处作业多，工程施工的复杂性及工作环境的多变性都会导致施工现场安全事故的发生。因此，按照相关的法律法规对水利工程施工进行系统化的管理非常有必要。此模块主要用于存储与管理各种信息资源，包括法规与标准（水利工程施工安全评价管理参考的相关法律、行政法规、地方性法规、部委规章、国家标准、行业标准、地方标准等）及应急预案参考（提供各类应急预案、急救相关知识、相关学术文章、相关法律法规、管理制度与操作规程，以确保事故发生后，能迅速有效地开展抢救工作，最大限度地降低员工及相关方面的安全风险）。用户可根据需求，方便地检索所需要的资料，系统提供了多种施工安全方面的文件资料，用户可在法规与应急管理模块的菜单栏中根据不同的分类查找自己需要的资料，用鼠标点击后资料会在右侧内容区域显示。

（三）评价体系模块

不同的用户角色登录后，由于权限不同，看到的页面也是不同的。系统主要设置了四个用户角色，分别是业主、施工单位、监理、专家。

1.评价类别（一级分类）管理

评价体系模块主要由业主负责，包括对施工工程进行评价的评价方法及其相对应的指标体系。主要有参考依据、类别管理、项目管理、检查内容管理以及神经网络数据样本管理等部分。

安全评价是为了杜绝或减少事故的发生，保障安全评价的有效性。对施工过程进行安全评价时应遵循以下原则：

（1）独立性

整个安全评价过程应公开透明，各评估专家互不干扰，确保评价结果的独立性。

（2）客观性

各评价专家应是与项目无直接利益相关者，每次对项目打分评价均应站在项目安全的角度，以确保评价结果的客观性。

（3）科学性

整个评价过程必须保证数据的真实性和评价方法的适用性，及时调整评价指标权重比例，以确保评价结果的科学性。

参考依据部分为安全评价的有效进行提供了依据。评价类别主要是一级类别的划分。用户可根据不同行业标准以及参考依据自行划分，本系统主要包括安全管理、施工机具、桩机及起重吊装设备、施工用电、脚手架工程、模板工程、基坑支护、劳动防护用品、消防安全、办公生活区在内的十个一级评价指标，用户还可以根据施工安全评价指标进行类别的添加、修改、删除。页面打开后默认显示全部类别，如内容较多，可通过底部的翻页按钮查看。

点击页面上的"添加"按钮，可在弹出的窗口中进行类别的添加，添加内容不能为空，显示次序必须为整数，否则不能提交。显示次序主要是用来对类别进行人工排序，一般数字小的排在前面。类别刚添加时，分值为0，当其中有二级项目时（通过项目管理进行操作），分值会更新为其包含的二级项目分值的总和。用户用鼠标左键单击某一类别所在的行，可选中这一类别。在类别选中的状态下，点击"修改"或"删除"按钮可进行相应的操作；如未选中类别而直接操作，则会弹出对话框，提示相关信息。

在一级分类下还有二级项目内容的情况下，此分类是不允许被直接删除的，须在二级项目管理页面中将此分类下的所有数据清空后才行，即当其分值为0时，方可删除。

2.评价项目（二级分类）管理

评价项目属于评价类别（一级分类）的子模块。如"安全管理"属于一级分类，即类别模块，其下包含"市场准入""安全机构设置及人员配备""安全生产责任制""安全目标管理""安全生产管理制度"等多个评价项目。

在系统默认情况下，项目管理页面不显示任何记录，用户须点击搜索按钮进行搜索。若所属类别为一级分类，可从已添加的一级分类中选取；否则检查项目由用户手工输入，可选择这两项中的任何一项进行搜索。当"所属类别"和"检查项目"都不为空时，搜索条件是"且"的关系。在检查结果中，用户可以用鼠标选中相应记录，进行修改、删除，方法同一级分类操作；也可点击"添加"按钮，添加新的项目。评价内容管理中有关评价内容的操作主要是为评价项目（二级分类）添加具体内容，用户选择类别和项目后，可点击"添加"按钮进行评价内容的添加。经过对不同工程的各种评价内容进行分类、总结、归纳，一共划分出三种考核类型：是非型、多选型、文本框型。

3.检查内容管理

检查内容管理负责对施工单元进行评价，是评价体系的核心内容，只有选择科学、实用、有效的评价方法，才能真正实现施工企业安全管理的可预见性，实现水利工程施工安全管理从事后分析型转变为事先预防型。通过安全评价，施工企业才能建立起安全生产的量化体系，改善安全生产条件，提高企业安全生产管理水平。

本系统为检查内容管理方面提供了打分法、定量与定性相结合法、模糊评价法、神经网络预测法及网络分析法等多种评价方法。定性分析方法是一种从研究对象的"质"或类型方面来分析事物，描述事物的一般特点，揭示事物之间相互关系的方法。定量分析方法是为了确定认识对象的规模、速度、范围、程度等数量关系，解决认识对象"是多大""有多少"等问题的方法。系统通过专家调查法对水利工程施工过程中的定性问题，如边坡稳定问题、脚手架施工方案等进行评价。由于专家不能随时随地留在施工现场，工作人员可以将施工现场中的有关资料上传到系统，专家可以通过本系统做到远程评价。定量评价是现场监理根据现场数据对施工安全中的定量问题，如安全防护用品的佩戴及使用、现场文明用电情况等进行具体精细的评价。一般来说，定量比定性更加具体、精确且更具操作性。但水利工程施工安全评价不同于一般的工作评价，有些可以定量评价，有些却不能或很难量化。因此，对于不能量化的施工行为，就要选择合适的评价方法保证其评价结果的公正。

运用定性定量相结合的分析方法，在评价过程中将专家依靠经验知识进行的定性分析与监理基于现场资料的定量判断结合在一起，综合两者的结论，辅助形成决策。评价人员可以通过多种方式进行评价，充分展示自己的经验、知识，还可以自主搜索和使用必要的资源、数据、文档、信息系统等，辅助自己完成评价工作。

（四）工程管理模块

工程管理模块主要是业主对整个工程的管理及施工单位对所管辖标段的

管理。此模块主要包括标段管理、施工单元管理、施工单元考核内容管理、评价得分详情、模糊评价结果及神经网络评价结果等部分。不同的用户角色在此模块中具有的权限是不同的。

1.标段管理

此模块分为两部分：一部分是业主对标段的管理；另一部分是施工单位对标段的管理。

（1）业主（水利建设方）对标段进行管理

此模块是业主特有的功能，主要用于将一个工程划分为多个标段，交由不同的施工单位去管理。业主可为工程添加标段，也可修改标段信息，或删除标段。选中一个标段后，点击其中的"查看资料"按钮将会弹出新页面，显示此标段的"所有信息"。这些信息是由施工单位负责维护的，其中施工单位是从已有用户中选择，并且有"开放"（开放给施工单位管理）和"关闭"（禁止施工单位对其操作）两个选项可供业主选择，所有数据不能为空。

（2）施工单位对标段进行管理

施工单位从登录主界面登录后，会进入标段管理界面。如果某施工单位负责多个标段的施工，则首先选择要管理的标段，选择后可进入对应标段的管理主界面，如果施工单位只负责一个标段，则直接进入标段管理主界面。施工单位可通过菜单栏对相应信息进行管理，主要分为以下两类：

第一，企业资质安全证件。这部分主要是负责管理有关安全管理的各种证件（企业资质证、安全生产合格证等），用户第一次点击"企业资质安全证件"按钮时，系统会提示用户上传相关信息并跳转到上传页面。施工单位可在此发布图片、文件信息，并作文字说明，点击"提交"按钮即可发布。点击右上角的"编辑"按钮，可进入编辑页面，对已提交的信息进行修改。

第二，信息的发布与管理。企业资质安全证件以外的信息，全部归入信息发布与管理。这部分主要包含规章制度和操作规程（安全生产责任制考核办法，部门、工种队、班组安全施工协议书，安全管理目标，安全责任目标的分解情况，安全教育培训制度，安全技术交底制度，安全检查制度，隐患排查治理制度，机械设备安全管理制度，生产安全事故上报制度，食堂卫生管理制度，防火管理制度，电气安全管理制度，脚手架安全管理制度，特种作业持证上岗制度，机械设备验收制度，安全生产会议制度，用火审批制度，班前安全活动制度，加强分包、承包方安全管理制度等文本，各工种的安全操作规程，已制定的生产安全事故应急救援预案、防汛预案等）、工人安全培训记录、施工组织设计及批复文件、工程安全技术交底表格、危险源管理的相关文件（包括危险源调查、识别、评价并采取有效控制措施）、施工安全日志（翔实的）、特种作业持证上岗情况、事故档案、各种施工机具的验收合格书、施工用电安全管理情况及脚手架管理（包括施工方案、高脚手架结构计算书及检查情况）。点击"信息发布"按钮，选择栏目后可发布文字、图片、文件、视频等信息。

2.施工单元管理

施工单元代表着标段的不同施工阶段，此模块主要由施工单位负责，业主不仅具有此功能，还比施工单位多了一项评价核算功能。施工单位可在此页面增加新的施工单元，也可修改、删除单元资料；点击"菜单栏"，可以发布与该施工单元有关的文字、图片、视频等信息。施工单位只能管理自己标段的单元信息，而业主可以对所有标段的施工单元进行操作（但不能为施工单位发布单元信息），同时可对各施工单元进行评价结果核算。业主可选择打分法核算、模糊评价核算、神经网络核算中的一种方法进行核算，核算后结果会显示在列表中。

（五）评分模块

此模块主要涉及的用户角色是业主和专家。业主负责指定评价内容，专家负责审核标段资料，并对施工单元进行打分，最后由业主对结果进行核算。

业主确定施工单元要考核的内容，选好相应的施工单元后，可点击"添加"按钮，选择要评价的项目，其中的评价项目来自评价体系模块。每个标段可以根据现场不同情况指定多个考核项目，同时可以点击"查看"按钮打开测试页面，了解具体的评分内容。

专家通过登录主界面登录系统后，首先选择要测评的标段，选择相应标段后，可进入标段信息主页面，对施工单位所管理的标段信息进行检查。点击"施工单元评价"，可对施工单元信息进行检测和评价。点击"进行评价"，专家进入评分主界面，选择其中的一项点击"进行打分"，进入具体评分页面。

（六）安全预警模块

安全预警机制是为了预防事故发生制订的一系列有效方案。预警机制，顾名思义就是预先发布警告的制度。

此模块主要是由专家向施工单位发布安全预警信息，提醒施工单位做好相应工作。专家选择相应的标段，进行安全预警信息的发布。业主可以对不同标段的预警信息进行删除与修改。施工单位登录标段管理主界面后，首先显示的就是标段信息和预警信息。

第四节　水利工程建设风险管理措施

一、水利工程风险识别

在水利工程建设中实施风险识别是水电建设项目风险控制的基本环节，通过对水利工程存在的风险因素进行调查、研究和分析辨识后，查找出水利工程施工过程中存在的危险源，并找出可以减少风险因素向风险事故转化的条件。

（一）水利工程风险识别方法

风险识别方法大致可分为定性分析、定量分析、定性与定量相结合的综合评估方法。定性风险分析是依据研究者的学识、经验教训及政策走向等非量化材料，对系统风险作出决断。定量风险分析是在定性分析的研究基础上，对风险造成危害的程度进行定量的描述，以增加可信度。综合评估方法是把定性和定量两种分析方法相结合，通过对工程建设多个层面受到的危害进行评估，对总的风险程度进行量化，方便对风险程度进行动态评价。

1.定性分析方法

定性风险分析方法有头脑风暴法、德尔菲法、故障树分析法、风险分析问询法、情景分析法。在水利项目风险管理过程中，主要采用以下几种方法：

（1）头脑风暴法

又叫畅谈法、集思法。通常采用会议的形式，引导参加会议的人员围绕一个中心议题畅所欲言，激发灵感。一般由生产班组的施工人员共同对施工工序作业中存在的危险因素进行分析，提出处理方法。主要适用于重要工序，如焊接、施工爆破、起重吊装等。

（2）德尔菲法

通常采用调查问卷的形式，对本项目施工中存在的危险源进行分析、识别，提出规避风险的方法和要求。它具有隐蔽性，不易受他人或其他因素影响。

（3）LEC法（半定量的安全评价方法）

LEC法是指根据 D=LEC 公式，依据 L——发生事故的概率、E——人员处于危险环境的频率、C——发生事故带来的破坏程度，赋予三个因素不同的权重，来对施工过程的风险因素进行评价的方法。其中：

L值：指发生事故的概率，按照完全能够发生、有可能发生、偶然能够发生、发生的可能性小、很不可能但可以设想、极不可能、实际不可能共七种情况分类。

E值：人员处于危险环境频率，按照接连不断暴露、工作时间内暴露、每周一次或偶然暴露、每月一次暴露、每年几次暴露、罕见暴露共六种情况分类。

C 值：事故破坏程度，按照 10 人以上死亡、3～9 人死亡、1～2 人死亡、严重、重大伤残、引人注意共六种情况分类。

2.定量分析方法

（1）风险分解结构法（RBS 法）

RBS 指风险分解结构。它将水利建设项目的风险因素分解成许多"风险单元"，使得水利工程建设风险因素更加具体化，从而更便于风险的识别。

RBS 分析法是指对风险因素按类别分解，对影响投资的风险因素进行系统分层分析，并分解至基本风险因素，将其与工程项目分解之后的基本活动相对应，以此确定风险因素对各基本活动的进度、安全、投资等方面的影响。

（2）工作分解结构法（WBS 法）

WBS 分析法主要通过对工程项目的逐层分解，将不同的项目类型分解成为适当的单元工作，形成 WBS 文档和树形图表等，明确工程项目在实施过程中每一个工作单元的任务、责任人、工程进度及投资、质量等内容。

WBS 分析法的核心是合理科学地对水利工程工作进行分解，分解过程要贯穿施工项目的全过程，分解时要适度划分，不能划分得过细或者过粗。划分原则基本上按照招投标文件规定的合同标段和水利工程施工规范要求进行。

3.综合分析方法

（1）概率风险评估

概率风险评估是定性与定量相结合的方法，它以事件树和故障树为核心，将其运用到水利建设项目的安全风险分析中，主要对施工过程中的重大危险项目、重要工序等进行危险源分析，对发现的危险因素进行辨识，确定各风险源等级及发生风险的概率。

（2）模糊层次分析法

模糊层次分析法是将两种风险分析方法相互结合应用的新型综合评价方法。主要是将风险指标系统按递阶层次分解，运用层次分析法确定指标比重，按各层次指标进行模糊综合评价，然后得出总的综合评价结果。

（二）水利工程风险识别步骤

（1）对可能面临的风险危害进行推测和预报。

（2）对发现的风险因素进行识别、分析，对存在的问题逐一检查，直至找到风险源头，将控制措施落到实处。

（3）对重要风险因素的构成和影响危害进行分析，按照主要、次要风险因素进行排序。

（4）对存在的风险因素分别采取不同的控制措施和方法。

二、水利工程风险评估

在对水利建设工程的风险进行识别后，就要对水利工程存在的风险进行估计，要遵循风险评估理论的原则，结合工程特点，按照水利工程风险评估规定和步骤来分析。水利工程项目风险评估的步骤分为以下四步：

①将识别出来的风险因素转化为事件发生的概率和机会分布。

②对某种单一的工程风险可能对水利工程造成的损失进行估计。

③从水利工程项目的某种风险的全局入手，预测项目各种风险因素可能造成的损失程度和发生概率。

④对风险造成的损失期望值与实际造成的损失值之间的偏差数据进行统计、汇总。

一般来说，水利工程项目的风险主要存在于施工过程当中。对于一个单位的施工工程项目来说，主要风险事件是由于设计缺陷、工艺技术落后、原材料质量及作业人员忽视安全所造成的。气候、恶劣天气等自然因素造成的事故以及施工过程中对第三者造成伤害的概率都比较小；一旦发生，会对工程施工造成严重后果。因此，对水利工程要采取特殊的风险评价方法进行分析、评价。

目前，水利工程建设项目的风险评价过程采用霍尔的三维结构图来表示，通过对霍尔的三维结构图的每一个小的单元进行风险评估，判断水利系统存在的风险。

三、水利工程风险应对

水利工程建设项目风险管理的主要应对方案有回避、自留、转移三种方式。

（一）水利工程风险回避

主要采取以下方式进行风险回避：

（1）所有的施工项目严格遵守国家招投标法等有关规定进行招投标工作，从中选择满足国家法律、法规和强制性标准要求的设计、监理和施工单位。

（2）严格按照国家关于建设工程等有关工程招投标规定，严禁对主体工程随意肢解分包、转包，防止将工程分包给没有资质的皮包公司。

（3）根据现场施工状况编制施工计划和方案。施工方案在符合设计要求的情况下，尽量回避地质复杂的作业区域。

（二）水利工程风险自留

水利建设方（业主）根据工程现场的实际情况，对于无法避开的风险因素由自身来承担。这种方式事前要进行周密的分析、规划，采取可靠的预控手段，尽可能将风险控制在可控范围内。

（三）水利工程风险转移

对于水利工程项目中的风险转移，行之有效且经常采用的是质保金、保险等方式。在招投标时为规避合同流标而规定的投标保证金、履约保证金制度；在施工过程中为了避免安全事故造成人员、设备损失而实行的建设工程施工一切险、安全工程施工一切险等制度都得到了迅速的发展。

第十二章　水利工程建设施工企业安全管理

第一节　安全生产目标管理与组织保障

一、安全生产目标管理

（一）安全生产目标的制定

水利施工企业制定安全生产总目标，是实施安全生产目标管理的第一步，也是安全生产目标管理的核心。安全生产总目标制定的合适与否，关系到安全生产目标管理的成败。

1.安全生产目标制定的依据

水利施工企业制定企业安全生产总目标的依据包括下列内容：

（1）国家与上级主管部门的安全工作方针、政策及下达的安全指标。

（2）本企业的中、长期安全工作规划。

（3）工伤事故和职业病的统计资料和数据。

（4）企业安全工作及劳动条件的现状与主要问题。

（5）企业的经济条件及技术条件。

2.安全生产目标的内容

水利施工企业安全生产目标一般包括下列几个方面：

（1）重大事故次数，包括死亡事故、重伤事故、重大设备事故、重大火灾事故、急性中毒事故等。

（2）死亡人数指标。

（3）伤害频率或伤害严重程度。

（4）事故造成的经济损失，如工作日损失、工伤治疗费、死亡抚恤费等。

（5）尘毒作业点达标率。

（6）劳动安全措施计划完成率、隐患整改率、设施完好率。

（7）全员安全教育率、特种作业人员培训率等。

（二）安全生产目标的分解

水利施工企业安全生产总目标制定以后，必须按层次逐级进行安全生产目标的分解落实，将安全总目标从上到下层层展开，分解到各级、各部门直到每个人，形成自下而上层层有保证的安全生产目标体系。

安全生产目标分解的形式通常有下列三种：

1.纵向分解

安全生产目标的纵向分解是指将安全生产总目标自上而下逐级分解成每个管理层级直至每个人的分目标。企业安全总目标可分解为部门级、班组级及个人安全生产目标。

2.横向分解

安全生产目标的横向分解是指将目标在同一层级的基础上再分解为不同部门的分目标。企业安全生产目标可分解为安全专职机构、生产、技术等部门的安全生产目标。

3.时序分解

按时序顺序分解安全生产目标是指将安全生产总目标按时间顺序分解为各个时期的分目标，如年度安全生产目标、季度安全生产目标、月度安全生产目标等。

在实际应用中，往往是综合应用上述三种方法，形成三维立体目标。一个企业的安全生产总目标既要横向分解到各个职能部门，又要纵向分解到不同班组和个人，还要在不同年度和季度有各自的分目标。

（三）安全生产目标的实施

安全生产目标自上而下层层分解，各项措施自下而上层层保证。各单位或部门应逐级签订安全生产目标责任书，目标实施应与经济挂钩，每个分目标都要有具体的保证措施、责任承担者及相应的权重系数。

安全目标的达成须要上级对下级的工作进行有效的监督、指导、协调和控制，并适当"放权"。上级对下级部门不过分监督、干涉，下级部门也不必事事向上级请示、时时汇报工作情况。但是，"放权"不等于撒手不管。上级要对下级目标的实施状况进行管理，定期深入下级部门，了解和检查目标完成情况，交换工作意见，对下级工作进行必要的指导。除此之外，安全目标的实施还须要依靠各级组织和广大职工的自我管理、自我控制，依靠各部门和各级人员的共同努力、协作配合，可以化解目标实施过程中各阶段、各部门之间的矛盾，保证目标按计划顺利实施。

（四）安全生产目标的考核与评价

安全生产目标的考核与评价是指对实际取得的目标成果进行客观的评价，对达到目标的给予奖励，未达目标的给予惩罚，从而使先进的受到鼓舞，落后的得到激励，进一步调动全体职工追求更高目标的积极性。考评有利于企业总结经验和教训，发挥优势、克服缺点，明确前进的方向，为下期安全生产目标管理奠定基础。

安全生产目标管理的四个阶段，即安全生产目标的制定、安全生产目标的分解、安全生产目标的实施、安全生产目标的考核与评价是相互联系、相互制约的。安全生产目标的制定是进行安全生产目标管理的前提，安全生产目标的分解是安全生产目标管理的基础，安全生产目标的实施是安全生产目标管理的关键，而安全生产目标的考核与评价是实现安全生产目标管理持续发展的动力。

二、安全生产组织保障

水利施工企业的安全生产管理必须有组织上的保障，否则安全生产管理工作就无从谈起。组织保障主要包括两方面：一是安全生产管理机构的设置及职责；二是安全生产管理人员的配备及职能。

安全生产管理机构是指企业中专门负责安全生产监督管理的内设机构。安全生产管理人员是指企业中从事安全生产管理工作的专职或兼职人员。其中，专门从事安全生产管理工作的人员是专职的安全生产管理人员。既承担其他工作职责，又承担安全生产管理职责的人员则为兼职安全生产管理人员。

（一）安全生产管理机构设置及职责

水利施工企业安全生产管理机构是指水利施工企业设置的负责安全生产管理工作的独立职能部门。

水利施工企业所属的分公司、区域公司等较大的分支机构应当独立设置安全生产管理机构，负责本企业（分支机构）的安全生产管理工作。

水利施工企业安全生产管理机构主要有下列职责：

（1）宣传和贯彻国家有关安全生产的法律法规和标准。

（2）编制并适时更新安全生产管理制度并监督实施。

（3）组织或参与企业生产安全事故应急救援预案的编制及演练。

（4）组织开展安全教育培训与交流。

（5）协调配备项目专职安全生产管理人员。

（6）制订企业安全生产检查计划并组织实施。

（7）监督在建项目安全生产费用的使用。

（8）参与危险性较大工程的安全专项施工方案专家论证会。

（9）通报在建项目违规、违章、查处情况。

（10）组织开展安全生产评优、评先、表彰工作。

（11）建立企业在建项目的安全生产管理档案。

（12）考核评价分包企业安全生产业绩及项目安全生产管理情况。

（13）参与生产安全事故的调查和处理工作。

（14）企业明确的其他安全生产管理职责。

（二）安全生产管理人员配备及职责

水利施工企业专职安全生产管理人员是指经建设主管部门或者其他有关部门安全生产考核合格，并取得安全生产考核合格证书，在企业从事安全生产管理工作的专职人员，包括企业安全生产管理机构的负责人、工作人员和施工现场的专职安全员。

水利施工企业必须配备专职的安全生产管理人员。建筑施工企业安全生产管理机构专职安全生产管理人员的配备应满足下列要求，并应根据企业经营规模、设备管理和生产需要予以增加：

（1）建筑施工总承包资质序列企业：特级资质不少于 6 人；一级资质不少于 4 人；二级和二级以下资质企业不少于 3 人。

（2）建筑施工专业承包资质序列企业：一级资质不少于 3 人；二级和二级以下资质企业不少于 2 人。

（3）建筑施工劳务分包资质序列企业：不少于 2 人。

（4）建筑施工企业的分公司、区域公司等较大的分支机构应依据实际生产情况配备不少于 2 人的专职安全生产管理人员。

水利施工企业专职安全生产管理人员在施工现场检查过程中具有下列职责：

（1）查阅在建项目的安全生产有关资料、核实有关情况。

（2）检查危险性较大工程的安全专项施工方案落实情况。

（3）监督项目专职安全生产管理人员履责情况。

（4）监督作业人员安全防护用品的配备及使用情况。

（5）对发现的安全生产违章违规行为或事故隐患，有权当场予以纠正或作出处理决定。

（6）对不符合安全生产条件的设施、设备、器材，有权当场作出停止使用的处理决定。

（7）对施工现场存在的重大事故隐患有权越级报告或直接向建设主管部门报告。

（8）企业明确的其他安全生产管理职责。

（三）施工现场安全生产管理机构设置及人员配备

水利工程建设施工现场应按工程建设规模设置安全生产管理机构、配备专职安全生产管理人员，工程建设项目应当成立由项目负责人负责的安全生产领导小组。建设工程实行施工总承包的，安全生产领导小组由总承包企业、专业承包企业和劳务分包企业项目负责人、技术负责人和专职安全生产管理人员组成。

施工现场的项目负责人应由取得相应执业资格的人员担任，对水利工程建设项目的安全施工负责，落实安全生产责任制度、安全生产规章制度和操作规程，确保安全生产费用的有效使用，并根据工程的特点组织制订安全施工计划，消除安全事故隐患，及时、如实报告生产安全事故。

施工现场的专职安全生产管理人员负责对安全生产进行现场监督检查，发现生产安全事故隐患及时向项目负责人和安全生产管理机构报告，对违章指挥、违章操作等行为进行制止。

第二节　安全生产投入与规章制度

一、安全生产投入

安全生产投入是指为了实现安全生产而投入的人力、物力、财力和时间等。

（一）安全生产投入的内容

安全生产投入是水利施工企业安全生产的基本保证，施工项目是安全生产投入的对象，其投入费用从工程项目施工生产成本、间接费用和管理费用中单独列支，专款专用。安全生产投入内容很多，按照投入的动力和目的可以划分为两类，即主动投入和被动投入。

主动投入是指从生产过程的安全角度出发，预先采取各种预防措施而需要的投入。这种投入是主动的、积极的、必不可少的。主动投入主要包括安全措施费用、安全预防管理费用和安全防护用品费用。

被动投入一般指对事故发生后的经济损失及产生的社会影响和危害进行的投入。这种投入是消极的、被动的、无可奈何的，但它并不是不可避免的。被动投入包括事故造成的直接损失和间接损失，按照我国有关规定，前者是指事故造成人身伤亡及善后处理支出的费用和毁坏财产的价值，后者指因事故导致产值减少、资源破坏及其他受事故影响而造成的其他损失的价值。

（二）安全生产费用的使用和管理

安全生产费用是指企业按照规定标准提取，在成本中列支，专门用于完善和改进企业安全生产条件的资金。在水利工程建设中，安全技术措施经费和安全文明施工措施经费是为了确保施工安全文明生产而设立的专项费用。

水利施工企业在工程报价中应包含工程施工的安全作业环境及安全施工措施所需费用。工程承包合同中应明确安全作业环境及安全施工措施所需的费用。对列入工程建设概算的安全生产费用（应用于施工安全防护用具及设施的采购和更新、安全施工措施的落实、安全生产条件的改善）不得挪作他用。

1.安全生产费用使用范围

安全生产费用按照"企业提取、政府监管、确保需要、规范使用"的原则进行财务管理。

水利施工企业安全生产费用使用范围主要包括下列几个方面：

（1）完善、改造和维护安全防护设施设备支出（不含"三同时"要求初期投入的安全设施），包括施工现场临时用电系统、高处作业防护、交叉作业防护、防火、防爆、防尘、防毒、防雷、防台风、防地质灾害、地下工程有害气体监测、通风、临时安全防护等设施设备。

（2）配备、维护、保养应急救援器材支出，设备支出和应急演练支出。

（3）开展重大危险源和事故隐患评估、监控和整改支出。

（4）安全生产检查、评价（不包括新建、改建、扩建项目的安全评价）、咨询和标准化建设支出。

（5）配备和更新现场作业人员安全防护用品支出。

（6）安全生产宣传、教育、培训支出。

（7）安全生产适用的新技术、新标准、新工艺、新装备的推广应用支出。

（8）安全设施及特种设备检测检验支出。

（9）其他与安全生产直接相关的支出。

在规定的使用范围内，水利施工企业应当将安全生产费用优先用于满足安全生产监督管理部门以及水利行业主管部门对企业安全生产提出的整改措施或达到安全生产标准所需的支出。

水利施工企业提取安全生产费用应当专户核算，按规定范围安排使用，不得挤占、挪用。年度结余资金结转下年度使用，当年安全生产费用不足的，超出部分按正常成本费用渠道列支。

2.安全生产费用管理

水利施工企业安全生产费用管理工作主要包括下列几个方面：

（1）制定安全生产的费用保障制度，明确提取、使用、管理的程序、职责及权限。

（2）按照《企业安全生产费用提取和使用管理办法》的规定足额提取安全生产费用，在编制投标文件时将安全生产费用列入工程造价。

（3）根据安全生产需要编制安全生产费用计划，并严格审批程序，建立安全生产费用使用台账。

（4）每年对安全生产费用的落实情况进行检查、总结和考核。

（三）安全技术措施计划

安全技术措施计划是水利施工企业财务计划的一个重要组成部分，是改善企业安全生产条件、有效防止事故发生和预防职业病的重要保证制度。水利施工企业为了保证安全资金的有效投入，应编制安全技术措施计划。

1.安全技术措施

安全技术措施计划的核心是安全技术措施。安全技术措施是为研究解决生产中安全技术方面的问题而采取的措施。它针对生产劳动中的不安全因素，采取科学有效的技术措施予以控制和消除。

按照导致事故发生的原因可将安全技术措施分为防止事故发生的安全技术措施和减少事故损失的安全技术措施。

（1）防止事故发生的安全技术措施

防止事故发生的安全技术措施是指为了防止事故发生，采取约束、限制能量或危险物质，防止其意外释放的技术措施。常用的防止事故发生的安全技术措施有消除危险源、限制能量或危险物质等。

（2）减少事故损失的安全技术措施

减少事故损失的安全技术措施是指防止意外释放的能量引起人的伤害或物的损坏，或减轻其对人的伤害、对物的破坏的技术措施。常用的减少事故损失的安全技术措施有隔离、设置薄弱环节、个体防护、避难与救援等。

2.安全技术措施计划的基本内容

（1）安全技术措施计划的项目范围

安全技术措施计划大体可以分为下列四类：

①安全技术措施

安全技术措施是指为防止工伤事故和减少事故损失为目的的一切技术措施。如安全防护装置、保险装置、信号装置、防火防爆装置等。

②卫生技术措施

卫生技术措施是指以改善对员工身体健康有害的生产环境条件，以防止职业中毒与职业病为目的的技术措施。如防尘、防毒、防噪声与振动、通风降温、防寒、防辐射等装置或设施。

③辅助措施

辅助措施是指保证工业卫生方面所必需的房屋及一切卫生性保障措施。如：尘毒作业人员的淋浴室、更衣室等。

④安全宣传教育措施

安全宣传教育措施是指改进作业人员安全素质的宣传教育设备、仪器、教材和场所。

（2）安全技术措施计划的编制内容

每一项安全技术措施计划应至少包括下列内容：

①措施应用的单位或工作场所。

②措施名称。

③措施的目的和内容。

④经费预算及来源。

⑤实施部门和负责人。

⑥开工日期和竣工日期。

⑦措施预期效果及检查验收。

3.安全技术措施计划编制的原则

安全技术措施计划编制的原则包括：

（1）必要性和可行性原则

编制计划时，一方面，要考虑安全生产的实际需要，根据在安全生产检查中发现的隐患，可能引发伤亡事故和职业病的主要原因，对新技术、新工艺、新设备等的应用，在安全技术革新项目和职工提出的合理化建议等方面编制安全技术措施；另一方面，还要考虑技术可行性与经济承受能力。

（2）自力更生与勤俭节约的原则

编制计划时，要注意充分利用现有的设备和设施，挖掘潜力，讲究实效。

（3）轻重缓急与统筹安排的原则

应优先考虑影响最大、危险性最高的项目，逐步有计划地解决问题。

（4）领导和群众相结合的原则

加强企业领导，依靠群众，使计划切实可行，以便顺利实施。

4.安全技术措施计划编制的要求

安全技术措施计划编制的要求包括下列内容：

（1）对施工现场安全管理和施工过程的安全控制进行全面策划，编制安全技术措施计划，并进行动态管理。

（2）要在工程开工前编制，并经过审批。如遇工程更改等施工具体情况变化，也必须及时对安全技术措施进行补充完善。

（3）要有针对性。编制安全技术措施的技术人员必须掌握工程概况、施工方法、场地环境、施工条件等第一手资料，熟悉安全生产法律法规和标准，才能编制出有针对性的安全技术措施。

（4）考虑全面、具体。安全技术措施应贯彻于全部施工工序，对多种因素和各种不利条件尽量考虑全面、具体，但这并不等于罗列、抄录。

（5）应对达到一定规模的危险性较大的工程（基坑支护与降水工程、土方和石方开挖工程、模板工程、起重吊装工程、脚手架工程、拆除工程、爆破工程、围堰工程、其他危险性较大的工程）编制专项施工方案，并附上安全验算结果，经水利施工企业技术负责人签字以及总监理工程师核签后实施。水利施工企业还应组织专家对前款所列工程中涉及高边坡、深基坑、地下暗挖工程、高大模板工程的专项施工方案进行论证、审查。

总之，应该根据工程施工的具体情况进行系统的分析，选择最佳施工安全方案，编制有针对性的安全技术措施计划。

5.安全技术措施计划的编制注意事项

安全技术措施计划所需要的设备、材料应列入物资技术供应计划；所需的各项措施，应规定实现的期限和负责人。水利施工企业的领导人对安全技术措施计划的编制和贯彻执行负责。

水利施工企业在编制和实施安全技术措施计划中应做到下列要求事项：

（1）在编制生产、技术、财务计划时，必须负责编制安全技术措施计划。

（2）国家规定的安全技术措施经费，必须按比例提取、正确使用，不得擅自挪用。

（3）应以改善劳动条件、解决事故隐患、防止发生伤亡事故和进行尘毒治理、预防职业病等为目的，确定有关安全技术措施计划的范围及所需经费。

（4）安全技术措施计划的编制与实施，以及安全技术措施经费的提取与使用，应接受工会的监督。

二、安全生产规章制度

安全生产规章制度是指企业依据国家有关法律法规、国家标准和行业标准，结合生产经营的安全生产实际，以企业名义颁发的有关安全生产的规范性文件。一般包括规程、标准、规定、措施、办法、制度、指导意见等。

（一）主要依据

安全生产规章制度以安全生产法律法规、标准规范、危险有害因素的辨识结果、相关事故经验教训和国内外先进的安全管理方法为依据。

（二）编制内容

安全生产规章制度编制的内容包括制度名称、编制目的、具体内容、责任部门、进度安排。

水利施工企业安全生产规章制度的内容至少应包括下列内容：

（1）安全生产目标管理制度。

（2）安全生产责任制管理制度。

（3）法律法规标准规范管理制度。

（4）安全生产投入管理制度。

（5）工伤保险制度。

（6）文件和记录管理制度。

（7）风险评估和控制管理制度。

（8）安全教育培训及持证上岗管理制度。

（9）施工机械及加工器具（含特种设备）管理制度。

（10）安全设施和安全标志管理制度。

（11）交通安全管理制度。

（12）消防安全管理制度。

（13）防洪度汛安全管理制度。

（14）脚手架搭设、拆除、使用管理制度。

（15）施工用电安全管理制度。

（16）危险化学品管理制度。

（17）工程分包安全管理制度。

（18）相关方及外用工（单位）安全管理制度。

（19）安全技术（含危险性较大工程和安全技术交底）管理制度。

（20）职业健康管理制度。

（三）编制流程

安全生产规章制度编制流程包括起草、会签、审核、签发、发布五个步骤。制度发布后，要组织相关人员的学习、培训、考试，让每位职工都熟悉本企业的安全生产规章制度。

（四）编制注意事项

安全生产规章制度编制应做到目的明确、责任落实、流程清晰、标准明确，编制过程中应注意下列几点：

（1）与国家安全生产法律法规、标准规范保持协调一致，有利于国家安全生产法律法规、标准规范的贯彻落实。

（2）广泛吸收国内外安全生产管理的经验，并密切结合自身的实际情况进行运用。

（3）覆盖安全生产的各个方面，形成体系，不出现死角和漏洞。

三、安全生产责任制

安全生产责任制是企业最基本的安全管理制度，是所有安全生产规章制度的核心。《中华人民共和国安全生产法》明确规定，生产经营单位必须建立、健全安全生产责任制。

（一）建立安全生产责任制

企业建立安全生产责任制要按照"安全第一、预防为主、综合治理"的方针和"管生产必须管安全"的原则，将各级负责人、各职能部门及其工作人员和各岗位生产工人在职业安全健康方面应做的事情和应负的责任加以明确。

企业安全生产责任制的核心是实现安全生产的"五同时"，就是在计划、布置、检查、总结、评比生产工作的时候，同时计划、布置、检查、总结、评比安全工作。一个完整的安全生产责任制体系其内容大体分为两个方面：一是纵向方面到各级组织、各级人员的安全生产责任制；二是横向方面到各职能管理部门的安全生产责任制。

水利施工企业安全生产责任制的制定范围应覆盖本企业所有组织、管理部门和岗位；应根据其组织机构的设置及职能，分别制定出各级领导干部、各职能管理部门的安全生产责任制；根据本企业所有岗位设置及职责，分别制定出各岗位员工的安全生产责任制。

水利施工企业在制定安全生产责任制时，建议采取下列程序：

（1）成立编制机构，由专人实施编制。

（2）根据机构编制，核实机构职能、岗位及人员配置。

（3）对本企业各所属组织的安全管理状况和各岗位风险进行识别、评估、定位。

（4）指导安全生产责任制大纲的编制工作。

（5）组织人员编制。

（6）下发编制成果征求意见并修改完善。

（7）审查安全生产责任制草案。

（8）企业主要负责人批准、发布。

水利施工企业建立安全生产责任制的同时，要结合实际建立健全各项配套制度，特别要注意发挥工会的监督作用，以保证安全生产责任制得到真正落实。水利施工企业要建立安全生产监督检查制度，通过安全生产监督检查工作来确保安全生产责任制的落实。对于违反安全管理制度的，要建立奖惩处罚制度，如安全生产奖惩制度、"三违"（指违章指挥、违章作业、违反劳动纪律）处罚办法等；对于发生生产安全事故的，要建立事故责任追究制度，如安全生产事故问责制度等。

（二）明确员工安全生产责任

1.主要负责人的安全生产职责

水利施工企业主要负责人主要有下列安全生产职责：

（1）水利施工企业的主要负责人是安全生产第一责任人，对本企业的安全生产工作全面负责，必须保证本企业的安全生产、企业员工在工作中的安全健康和生产过程的顺利进行。

（2）负责组织建立与企业经营规模相适应的专职安全生产管理机构和安全生产保障体系，配备具有相应管理能力和足够数量的专职安全生产管理人员，并建立健全安全生产管理责任制度。

（3）审批安全技术措施经费使用计划，并保证安全生产经费的及时、足额投入。

（4）负责组织制定年度安全生产目标计划，制定和确定安全生产考核指标。

（5）组织制定和完善各项安全生产规章制度、奖惩办法及操作规程。

（6）组织制定、实施本企业安全生产事故应急救援预案。

（7）及时、如实报告安全事故，并主持员工因工伤亡事故的调查、分析及处理，组织并监督防范措施的制定和落实，防止同类事故重复发生。

（8）负责定期听取有关安全生产的工作汇报，掌握安全生产工作动态，研究解决本企业存在的安全生产问题，督促、检查企业安全生产工作，定期向员工代表大会报告安全生产情况。

2.项目负责人的安全生产职责

水利施工企业项目负责人是施工现场安全生产的第一责任人，全面领导施工现场的安全生产。项目负责人主要有下列安全生产职责：

（1）依据项目规模特点，建立安全生产管理体系，制定本项目安全生产管理具体办法和要求，按有关规定配备专职安全管理人员，落实安全生产管理责任，并组织监督、检查安全管理工作实施情况。

（2）组织制订具体的施工现场安全施工费用计划，确保安全生产费用的有效使用。

（3）负责组织项目主管、安全副经理、总工程师、安全监督人员落实施工组织设计、施工方案及其安全技术措施，监督单元工程施工中安全施工措施的实施。

（4）项目开工前，对施工现场情况进行规划、管理，以达到安全文明工地标准。

（5）负责组织对本项目全体人员进行安全生产法律、法规、规章制度以及安全防护知识与技能的培训教育。

（6）负责组织项目各专业人员进行危险源辨识，做好预防预控，制订文明安全施工计划并贯彻执行；负责组织安全生产和文明施工定期与不定期检查，评估安全管理绩效，研究分析并及时解决存在的问题；接受上级机关对施工现场安全文明施工的检查，对检查中发现的事故隐患和提出的问题，定人、定时间、定措施予以整改，及时反馈整改意见，并采取预防措施避免同类事故重复发生。

（7）负责组织制定安全文明施工方面的奖惩制度，并组织实施。

（8）负责组织监督分包单位在其资质等级许可的范围内承揽业务，并根据有关规定及合同约定对其实施安全管理。

（9）组织制定生产安全事故的应急救援预案。

（10）及时、如实报告生产安全事故，组织抢救，作好现场保护工作，积极配合有关部门调查事故原因，提出预防事故重复发生和防止事故危害扩延的措施。

3.专职安全管理人员安全生产职责

水利施工企业专职安全管理人员主要有下列安全生产职责：

（1）负责对施工现场的安全生产条件和安全生产行为实施监督与检查，对职权范围内的安全生产负有监督和管理的责任；参与脚手架工程、临时用电工程、机械设备及各项安全防护设施使用前的安全检查验收，并签署验收意见。

（2）严格监督各项安全生产规章制度、安全技术措施及操作规程的执行情况，严格查处违章行为，一旦发现事故隐患，安全管理人员有权要求立即停止作业，有权越级上报。

（3）督促并参与对员工进行的三级安全教育工作；对新工人、新换岗工人进行上岗前的安全生产操作技术指导；检查特种作业人员持证上岗情况；参加制定或修订现场各项安全管理制度；协助工地负责人做好安全生产的宣传工作。

（4）参加审核施工组织设计及各单元工程的施工方案，根据工程进度和有关安全规定，督促有关人员及时实施相应的安全防护措施；根据不同气候、环境、部位特点，协助并参加有关人员的安全交底工作；会同工地负责人和技术人员等，对危险性较大的单元工程按有关方案进行旁站监督；监督各项安全组织措施和技术措施的落实情况。

（5）负责收集整理工地安全工作的基础性资料，会同其他部门管理人员建立健全资料档案，搞好文明安全施工的内业工作。

（6）发现安全事故隐患，应及时向项目负责人和安全生产管理机构报告，参与伤亡事故的调查、分析、处理，并负责上报；对事故进行统计归档工作；监督并落实防止事故范围扩大或事故重复发生措施的实施情况。

（7）负责对本岗位安全管理工作进行记录并保存。

（三）安全操作规程

安全操作规程一般应包括下列内容：

（1）操作必须遵循的程序和方法。

（2）操作过程中有可能出现的危及安全的异常现象及紧急处理方法。

（3）操作过程中应经常检查设备的部位和部件是否处于安全稳定状态的方法。

（4）对作业人员无法处理的问题的报告方法。

（5）禁止作业人员出现的不安全行为。

（6）非本岗人员禁止出现的不安全行为。

（7）停止作业后的维护和保养方法等。

（四）安全生产规章制度和操作规程的执行

安全生产规章制度和操作规程的执行是水利施工企业保护从业人员安全与健康的重要手段。安全生产规章制度和操作规程的执行，使从业人员明确自己的权利和义务，也为从业人员在工作中遵章守纪、规范操作提供标准和依据。

1.加强宣传贯彻

水利施工企业必须加大安全生产规章制度和操作规程的宣传力度，通过对安全生产规章制度和操作规程进行大力宣传和教育培训，使员工掌握安全生产规章制度和操作规程的要领，熟悉制度和规程的各项规定。

2.重在落实

安全生产规章制度和操作规程编制一旦下发，就要始终保持制度和规程的严肃性，保证规定和指令安排得到有效执行。

3.评估与修订

水利施工企业应定期对安全生产规章制度和操作规程的执行情况进行检查评估，并根据评估情况、安全检查反馈的问题、生产安全事故案例、绩效评定结果等，对安全生产管理规章制度进行修订，确保其有效和适用，及时更新，保证每个岗位所使用的为最新有效版本。

4.监督检查

水利施工企业安全管理部门要深入基层，采取定期与不定期结合、动态与静态结合的方式，对安全生产规章制度和操作规程的落实情况进行监督和检查。

5.严格执行文件和档案管理制度

为确保安全规章制度和操作规程编制、使用、评审、修订的效力，水利施工企业必须建立文件和档案管理制度，并严格执行落实此制度。

第三节　安全教育培训与隐患排查治理

一、安全教育培训的种类

安全教育培训按教育培训的对象分类，可分为安全管理人员（包括企业主要负责人、项目负责人、专职安全生产管理人员）、岗位操作人员（包括特种作业人员、新员工、转岗或离岗人员等）和其他从业人员的安全教育。水利施工企业根据教育培训对象、侧重内容的不同提出了不同的教育培训要求。

（一）安全管理人员的安全教育培训

水利施工企业主要负责人、项目负责人、专职安全生产管理人员应具备与本企业所从事的生产经营活动相适应的安全生产知识、管理能力和资质，每年按规定进行再培训。

1.安全管理人员安全教育培训学时要求

水利施工企业主要负责人、项目负责人、专职安全生产管理人员初次安全培训时间不少于 32 学时，每年再培训时间不少于 12 学时。

2.安全管理人员安全教育培训内容要求

水利施工企业主要负责人、项目负责人安全培训应当包括下列内容：

（1）国家安全生产方针、政策和有关安全生产的法律、法规、规章及标准。

（2）安全生产管理基本知识、安全生产技术、安全生产专业知识。

（3）重大危险源管理、重大事故防范、应急管理和救援组织以及事故调查处理的有关规定。

（4）职业危害及其预防措施。

（5）国内外先进的安全生产管理经验。

（6）典型事故和应急救援案例分析。

（7）其他需要培训的内容。

水利工程建设专职安全生产管理人员的安全培训应当包括下列内容：

①国家安全生产方针、政策和有关安全生产的法律、法规、规章及标准。

②安全生产管理、安全生产技术、职业卫生等专业知识。

③伤亡事故统计、报告及职业危害的调查处理方法。

④应急管理、应急预案编制以及应急处置的内容和要求。

⑤国内外先进的安全生产管理经验。

⑥典型事故和应急救援案例分析。

⑦其他需要培训的内容。

（二）岗位操作人员安全教育培训

1.特种作业人员安全教育培训

特种作业是指容易发生事故，可能对操作者本人或他人的安全健康及设备设施的安全造成重大危害的作业。水利工程建设项目特种作业包括：电工作业、金属焊接切割作业、登高架设及高空悬挂作业、制冷作业、安全监管总局认定的其他特种作业。

直接从事特种作业的人员称为特种作业人员。特种作业人员必须经专门的安全技术培训并考核，取得特种作业操作证后，方可上岗作业。

特种作业操作证在全国范围内有效，有效期为6年，每3年复审1次。特种作业人员在其特种作业操作证有效期内，连续从事本工种10年以上，严格遵守有关安全生产法律法规的，经原发证机关或者从业所在地考核发证机关同意，特种作业操作证的复审时间可以延长至每6年1次。

特种作业操作证申请复审或者延期复审前，特种作业人员应当参加必要的安全培训并考试合格。安全培训时间不少于8个学时，主要培训法律、法规、相关标准、事故案例和有关新工艺、新技术、新装备等方面的知识。复审、延期复审仍不合格，或者未按期复审的，其特种作业操作证失效。

2.新员工三级安全教育

三级安全教育一般是指企业、部门、班组的安全教育。一般是由企业的安全、教育、劳动、技术等部门配合组织进行的。受教育者必须经过教育、考试，合格后才准许进入生产岗位；考试不合格者不得上岗工作，必须重新补考，合格后方可工作。

企业级安全教育指新员工分配到工作岗位之前，由水利施工企业的安全生产部门对其进行的初步安全教育。教育培训的重点内容是水利施工企业安全风险辨识、安全生产管理目标、规章制度、劳动纪律、安全考核奖惩、从业人员的安全生产权利和义务、有关事故案例等。

部门级安全教育指新员工分配到部门后，由部门进行的安全教育。培训重点内容是：本岗位工作及作业环境范围内的安全风险辨识、评价和控制措施；典型事故案例；岗位安全职责、操作技能及强制性标准；自救互救的急救方法、现场紧急情况的疏散和处理；安全设施、个人防护用品的使用和维护等。

班组级安全教育指新员工进入工作岗位前的教育，一般采用"以老带新"或"师带徒"的方式。教育内容：岗位安全操作规程和岗位之间工作衔接配合；岗位风险及对策措施；个人防护用品的使用和管理；事故案例等。

新员工参加三级安全教育时间不得少于24学时。新员工工作一段时间后，为加深其对三级安全教育的感性和理性认识，也为了使其适应施工现场的变化，必须对其进行安全继续教育。培训内容可从原先的三级安全教育内容中有重点地选择，并进行考核，不合格者不得上岗工作。

3."五新"教育培训

在新工艺、新技术、新材料、新装备、新流程投入使用前，对有关管理、操作人员进行有针对性的安全技术和操作技能培训。

4.转岗或离岗安全教育

作业人员转岗、离岗1年以上，在重新上岗前，均需参加项目部（队、车间）、班组安全教育培训，经考核合格后方可上岗工作。

（三）其他从业人员安全教育培训

水利施工企业应督促分包单位对员工按照规定进行安全生产教育培训，经考核合格后进入施工现场，并保存好员工安全教育培训记录资料。需持证上岗的岗位，不能安排无证人员上岗作业。

水利施工企业应对外来参观、学习等人员进行有关安全规定、可能接触到的危险及应急知识等方面的安全教育，并由专人带领做好相关监护工作。

二、安全教育培训实施与考核

（一）制订安全教育培训计划

水利施工企业应定期总结安全教育培训需求，制订教育培训计划。安全教育培训计划要确定培训内容、培训的对象和时间。

一般来说，安全教育培训对象主要分为安全管理人员、特种作业人员、一般操作人员；安全教育培训时间可分为定期（如管理人员和特殊工种人员的年度培训）和不定期培训（如一般性操作工人的安全基础知识培训、企业安全生产规章制度和操作规程培训、分阶段的危险源专项培训等）。

内容、对象和时间确定后，安全教育培训计划还应对培训的经费作出概算。

（二）选择安全教育培训方式

从教育培训的手段来看，目前多数培训还是采用传统的授课手段，运用多媒体技术开展教育培训的情况还不太普遍。为解决行业内较大的教育培训需求和教育培训资源相对不足的矛盾，大范围运用多媒体技术开展培训势在必行。

对一般性操作工人进行安全基础知识的教育培训，应遵循易懂、易记、易操作、趣味性强的原则，建议采用发放图文并茂的安全知识小手册、播放安全教育多媒体教程的方式增强培训效果。

多媒体安全教育培训可使枯燥的安全教育培训工作变得生动有趣，充分提升安全教育培训效果。现场培训可应用便携式多媒体安全培训工具箱。多媒体安全培训工具箱对安全培训教室所需的硬件、软件、课件进行集成，并以培训自动化、多媒体化的优势将安全生产管理人员从繁重的安全培训工作中彻底解放出来。

另外，班组的班前、班后会议作为安全教育培训的重要补充，应对此予以充分重视。

（三）安全教育培训考核

考核是评价教育培训效果的重要环节，是改进安全教育培训效果的重要输入信息。依据考核结果，可以评定员工对教育培训的认知程度和采用的教育培训方式的适宜程度。

考核的形式主要有下列几种：

（1）书面形式开卷

适宜普及性培训的考核，如针对一般性操作工人的安全教育培训。

（2）书面形式闭卷

适宜对专业性较强的培训进行考核，如针对管理人员和特殊工种人员的年度考核。

（3）计算机联考

将试卷用计算机程序编制好，并放在企业的局域网上，员工可以通过本地登录或远程登录的方式在计算机上答题，这种考核模式一般适用于公司管理人员和特殊工种人员。计算机联考便于培训档案管理，具有到期提醒功能。

（四）安全教育培训档案

安全教育培训档案的管理是安全教育培训的重要环节，通过建立安全教育培训档案，在整体上对接受培训的人员的安全素质作必要的跟踪和综合评估，在招收员工时可以与历史数据进行比对，比对的结果可以作为是否录用或发放安全上岗证的重要依据。安全教育培训档案可以使用计算机进行管理，通过该程序完成个人培训档案录入、个人培训档案查询、个人安全素质评价、企业安全教育与培训综合评价等工作。

三、隐患排查和治理

（一）隐患排查和治理的职责

水利施工企业是事故隐患排查、治理和防控的责任主体，应当履行下列事故隐患排查治理职责：

（1）建立健全事故隐患排查治理和建档监控等制度，逐级建立并落实从主要负责人到每个从业人员的隐患排查治理和监控责任制。

（2）保证事故隐患排查治理所需的资金，建立资金使用专项制度。

（3）定期组织安全生产管理人员、工程技术人员和其他相关人员排查本单位的事故隐患。对排查出的事故隐患，应当按照事故隐患的等级进行登记，建立事故隐患信息档案，并按照职责分工实施监控治理。

（4）建立事故隐患报告和举报奖励制度，鼓励、发动职工发现和排除事故隐患，鼓励社会公众进行举报。对发现、排除和举报事故隐患有功的人员，给予相应物质奖励和表彰。

（5）每季度、每年对本单位事故隐患排查治理情况进行统计分析，并分别于下一季度 15 日前和下一年 1 月 31 日前向安全监管监察部门和其他有关部门报送书面统计分析表。统计分析表应当由水利施工企业主要负责人签字。

（二）隐患排查

水利施工企业应组织事故隐患排查工作，对隐患进行分析评估，确定隐患等级，登记建档，及时采取有效的治理措施。

1.隐患排查的一般要求

当发生下列情况时，水利施工企业应及时组织隐患排查：

（1）法律法规、标准规范发生变更或公布新的条款。

（2）企业操作条件或工艺改变。

（3）新建、改建、扩建项目建设。

（4）相关方进入、撤出或改变，对事故、事件或其他信息有新的认识。

（5）组织机构发生大的调整。

事故隐患排查要做到全员、全过程、全方位，涵盖施工现场人员、设备设施、环境和管理等各个环节。

2.隐患排查的方式

安全检查是隐患排查的主要方式，其工作重点是检查设备、系统运行状况是否符合现场规程的要求，确认现场安全防护设施是否存在不安全状态，现场作业人员的行为是否符合安全规范，发现安全生产管理工作存在的漏洞和死角等。

水利施工企业应根据施工的需要和特点，采用定期综合检查、专业专项检查、季节性检查、节假日检查、日常检查等方式进行隐患排查。

（1）定期综合检查

定期综合检查一般是指由上级主管部门或地方政府中负有安全生产监督管理职责的部门，组织对企业进行的安全检查。

（2）专业专项检查

专业专项检查是针对某一个专业设施及工种的专门检查。如：施工电梯安全检查、起重机械安全检查等。

（3）季节性检查

季节性安全检查是根据不同季节的施工特点开展的安全检查。如：防暑降温安全检查、防雨防雷安全检查、防汛防台风安全检查、防寒防冻安全检查等。

（4）节假日检查

节假日（特别是重大节日）前、后为防止员工出现纪律松懈、思想麻痹等现象而进行的检查。检查应由单位领导组织有关部门人员进行。节假日加班时，更要重视对加班人员的安全教育，同时要认真检查安全防范措施的落实情况。

（5）日常检查

日常检查是普遍的、全员性的安全检查活动，包括对作业环境、安全设施、操作人员、机械设备、施工器具、个人防护用品、通道、材料堆放等的自检、互检及交接班的检查。

（6）阶段性检查

阶段性安全检查是针对水利工程建设项目各个不同施工阶段的特点所进行的安全检查，包括对阶段重点工序和危险性较大工程的验收检查。

3.隐患排查的内容

隐患排查的范围应包括所有与施工生产有关的场所、环境、人员、设备设施和活动。

水利工程建设施工现场隐患排查的内容与要求一般包括下列内容：

（1）作业场地平整，道路畅通，洞口有盖板或护栏，地下施工通风良好，照明充足。

（2）设备设施布置合理，器材堆放整齐稳固，人行通道宽度不小于 0.5m，且平整畅通。

（3）用电线路布置整齐、醒目，架空高度、线间距离符合用电规范，电气设备接地良好，开关箱应完整并装有漏电保护装置。

（4）高处作业和通道的临空边缘设置高度不低于 1.2m 的栏杆。

（5）悬崖、危岩、陡坡、临水场地边缘设置围栏或警告标识。

（6）易燃易爆物品使用场所有相应防护措施和警示标识。

（7）各种安全标识和告示准确、醒目。

（8）施工人员和现场管理人员遵守规章制度，正确穿戴安全防护用品、正确使用施工器具，特种作业人员持证上岗。

（三）重大事故隐患报告

对于重大事故隐患，水利施工企业应及时向安全监管监察部门和其他有关部门报告。重大事故隐患报告内容应包括下列内容：

（1）隐患的现状及其产生原因。

（2）隐患的危害程度和整改难易程度分析。

（3）隐患的治理方案。

（四）隐患治理

1.隐患治理要求

水利施工企业应根据事故隐患排查的结果，采取相应措施对隐患及时进行治理。

一般事故隐患由水利施工企业（部门、班组等）负责人或者有关人员立即组织整改。

重大事故隐患由水利施工企业主要负责人组织制定并实施事故隐患治理方案，在治理前应采取临时控制措施并制定应急预案。

重大事故隐患治理方案应包括目标和任务、采取的方法和措施、经费和物资的落实、负责治理的机构和人员、治理时限和要求、安全措施和应急预案等。

2.隐患治理措施

水利施工企业可采取的事故隐患排查治理措施包括下列内容：

（1）工程技术措施，消除或减少危害，实现本质安全。

（2）管理措施，弥补管理中的缺陷，提高管理水平。

（3）教育措施，规范作业行为，杜绝个人的违章行为。

（4）个体防护措施，切实保护人员安全。

（5）应急措施，最大限度减少事故中的损失。

事故隐患排查治理措施应满足下列基本要求：

①能消除或减少生产过程中产生的危险及有害因素。

②处置危险和有害物，并兼顾国家规定的限制。

③预防生产装置失灵和操作失误产生的危险、有害因素。

④能有效预防重大事故和职业危害的发生。

⑤发生意外事故时，能为遇险人员提供自救和互救条件。

3.注意事项

水利施工企业在事故隐患治理过程中，应注意：

（1）事故隐患排除前或者排除过程中无法保证安全的，应当从危险区域内撤出作业人员，并疏散可能危及的其他人员，设置警戒标识，暂时停产停业或者停止使用。

（2）对暂时难以停止使用的相关生产储存装置、设施、设备应当加强维护和保养，防止事故发生。

（3）加强对自然灾害的预防。对于可能因自然灾害导致事故灾难的隐患，应当按照有关法律、法规、标准中的要求排查治理，采取可靠的预防措施，制定应急预案。在接到有关自然灾害预报时，应及时向下属单位发出预警通知。发生自然灾害可能危及水利施工企业和人员安全的情况时，应采取撤离人员、停止作业、加强监测等安全措施，并及时向当地人民政府及其有关部门报告。

（五）安全评估与持续改进

事故隐患治理完成后，应对治理情况进行验收和效果评估。地方人民政府或安全监管监察部门及有关部门挂牌督办并责令全部或者局部停产停业，待重大事故隐患治理工作结束后，有条件的水利施工企业应当组织本单位的技术人员和专家对重大事故隐患的治理情况进行评估。其他水利施工企业应委托具备相应资质的安全评价机构对重大事故隐患的治理情况进行评估。

施工企业自行组织的事故隐患排查，在事故隐患整改措施计划完成后，安全管理部门应组织有关人员进行验收。上级主管部门或地方政府中负有安全生产监督管理职责的部门组织安全检查，在隐患整改措施完成后，应及时上报整改完成情况，申请复查或验收。

一旦发现事故隐患，施工企业应从安全管理制度的健全和完善、从业人员的安全教育培训、设备设施的更新改造、加强现场检查和监督等环节入手，做到持续改进、不断提高安全生产管理水平、防止生产安全事故的发生。

第十三章　水利工程施工重大危险源
施工设备管理

第一节　水利工程施工重大危险源

水利工程施工重大危险源是指水利工程施工中可能导致人员死亡、健康严重损害、财产严重损失或环境严重破坏的根源。

一、水利工程施工重大危险源的辨识

水利工程施工重大危险源辨识按区域可以分为：生产、施工作业区；物资仓储区；生活、办公区。

（一）生产、施工作业区重大危险源辨识

生产、施工作业区重大危险源主要依据作业活动危险特性、作业持续时间及可能发生事故的后果来进行辨识。生产、施工作业区的危险作业条件出现下列情况时，宜列入重大危险源重点评价对象：

1.施工作业活动类

主要包括下列几类：

（1）明挖施工

开挖深度大于 4m 的深基坑作业；深度虽未超过 4m，但地质条件和周边环境极其复杂的深基坑作业；土方边坡高度大于 30m 或在地质缺陷部位的开挖作业；石方边坡高度大于 50m 或滑坡地段的开挖作业；堆渣高度大于 10m 的挖掘作业；须在大于 10m 的高排架上进行的支护作业；存在上下交叉的开挖作业等。

（2）洞挖施工

断面大于 20m² 或单洞长度大于 50m 以及地质缺陷部位开挖；不能及时支护的部位；地应力大于 20MPa 或大于岩石强度的 1/5 或埋深大于 500m 部位的作业；未进行围岩稳定性监测；可能存在有毒、有害气体而又未进行浓度监测；洞室临近相互贯通时的作业；当某一工作面爆破作业时，相邻洞室的施工作业。

（3）石方爆破

一次装药量大于 200kg 的露天爆破作业或装药量达 50kg 的地下开挖爆破作业；竖井、斜井开挖爆破作业；多作业面同时爆破作业；邻近边坡的地下开挖爆破作业；雷雨天气露天爆破作业。

（4）填筑工程

截流工程；围堰工程汛期运行。

（5）灌浆工程

采用《危险化学品重大危险源辨识》（GB 18218-2018）中规定的危险化学品进行化学灌浆；廊道内灌浆。

（6）斜井、竖井施工提升系统

有天锚或地锚；载人吊篮；提升运行系统行程大于 20m。

（7）砂石料生产

堆场高度大于 10m；存在潜在洪水、泥石流等灾害；料场下方有村庄；料场处于高寒地区，经常性出现雨、雪、雾、冰冻等恶劣天气。

（8）混凝土生产系统

利用液氨系统制冷；存在 2MPa 以上高压系统。

（9）混凝土浇筑

厂房顶板浇筑；大型模板；利用缆机或门机浇筑；浇筑高度大于 10m。

（10）脚手架工程

悬挑式脚手架；高度超过 24m 的落地式钢管脚手架；高度超过 10m 的承重脚手架；附着式升降脚手架；吊篮脚手架。

2.大型设备类

主要包括下列几类：

（1）通勤车辆

运载 30 人以上的通勤车辆。

（2）大型施工机械

存在大风的区域作业；设备运行范围内存在高压线；大型施工机械安装及拆卸。

（3）大型起重运输设备

两台及多台大型起重机械存在立体交叉作业；存在大风的区域作业；设备运行范围内存在高压线；一次起吊重量大于 100t。

3.设施、场所类

主要包括下列几类：

（1）弃渣场

渣场下方有生活或办公区。

（2）供水系统

水源地无监控；利用液氯进行消毒；利用盐酸进行污水处理；压力大于 1.6MPa 的管道；高位池；处于汛期的泵房。

（3）供风系统

压风机、高压储气罐。

（4）供电系统

变电站、变压器以及洞内的高压电缆。

（5）金属结构加工厂

乙炔临时超量存储；氧气与乙炔发生器未隔离存放等。

（6）道路桥梁隧洞

严寒及冰雪地区，存在大坡度、长距离下坡运输；超长、超高、超宽构件运输等。

首次采用的新技术、新设备、新材料应列入重大危险源重点评价对象并对其进行辨识。

（二）物资仓储区重大危险源辨识

物资仓储区重大危险源按照储存物资的危险特性、数量以及仓储条件进行辨识，应按物资仓储区的危险物资特性及周边环境计算其发生事故时的后果。

（1）物资仓储区危险化学品重大危险源辨识

物资仓储区危险化学品重大危险源辨识依据《危险化学品重大危险源辨识》进行重大危险源的辨识。

（2）物资仓储区其他重大危险源辨识

物资仓储区存在下列情况时，宜列入重大危险源重点评价对象并对其进行辨识：

①库房用电、照明不规范。

②库房安全距离不足。

③消防器材缺失或过期。

④避雷设施不完善。

⑤装卸危险物资。

⑥物资堆高超标。

⑦库房的防盗措施不完善。

⑧危险物资出入库账物不符。

⑨地质、山洪等自然灾害危害。

（三）生活、办公区重大危险源辨识

生活、办公区重大危险源依据环境的危险特性和发生事故的后果进行辨识。辨识的重点部位包括办公楼、营地、医院和其他公共聚集场所。

生活、办公区中可能导致人员重大伤害或死亡的危险因素均应列为重大危险源的重点辨识对象，包括下列几个方面：

（1）可能导致重大灾害的危险因素。

（2）可能产生滑塌并危及生活、办公区安全的弃渣场。

（3）可能危及生活、办公区安全的自然或地质灾害。

（4）群体性食物中毒，大型聚会群体事件，传染病群体事件。

（5）具有放射性危害的设施。

（6）雷电。

二、水利工程施工重大危险源的评价

（一）重大危险源评价方法

水利工程施工重大危险源评价按层次可分为总体评价、分部评价及专项评价，按阶段可分为预评价、施工期评价。水利工程施工重大危险源评价宜选用安全检查表法、预先危险性分析法、作业条件危险性评价法（LEC）、作业条件——管理因子危险性评价法（LECM）和层次分析法。不同的阶段、层次应采用相应的评价方法，必要时可采用不同的评价方法来进行相互验证。

安全检查表法适用于施工期评价，作业条件危险性评价法、作业条件——管理因子危险性评价法适用于各阶段评价，预先危险性分析法适用于预评价，

层次分析法适用于施工过程危险评价。

（二）重大危险源分级

水利工程施工重大危险源根据事故可能造成的人员伤亡数量及财产损失情况可分为以下四级：

（1）一级重大危险源。可能造成30人以上（含30人）死亡，或者100人以上（含100人）重伤，或者1亿元以上直接经济损失的危险源。

（2）二级重大危险源。可能造成10～29人死亡，或者50～99人重伤，或者5000万元以上1亿元以下直接经济损失的危险源。

（3）三级重大危险源。可能造成3～9人死亡，或者10～49人重伤，或者1000万元以上5000万元以下直接经济损失的危险源。

（4）四级重大危险源。可能造成3人以下死亡，或者10人以下重伤，或者1000万元以下直接经济损失的危险源。

第二节　施工设备管理

一、设备基础管理

水利施工企业设备基础管理的主要内容包括：建立健全设备管理制度；设置设备管理机构并配备设备管理专（兼）职人员；建立设备台账；管理设备信息资料档案。

（一）设备管理制度

水利施工企业应建立健全下列设备管理制度：

（1）施工设备准入制度。

（2）施工设备作业人员和特种设备安装（拆除）队伍准入制度。

（3）施工设备安全检查制度。

（4）施工设备作业指导书和安全措施审查制度。

（5）施工设备调度、租赁和退场管理制度。

（6）施工设备维护保养管理制度。

（7）施工设备资料管理制度。

（8）特种设备安全管理制度。

（二）设备安全管理网络

水利施工企业应设置施工设备管理机构或配备设备管理专（兼）职人员，形成设备安全管理网络，同时还应明确施工设备管理机构或设备管理专（兼）职人员的主要职责。

施工设备管理机构或设备管理专（兼）职人员主要有下列职责：

（1）负责建立健全本企业施工设备管理制度和安全操作规程。

（2）负责对即将进入工程现场的施工设备进行准入检查。

（3）负责配置、租赁施工设备，并组织运输、试验和验收工作，确认满足施工要求。

（4）负责对特种设备安装（拆除）单位或队伍的资质和作业人员的资质进行审查。

（5）组织审定特种设备和其他重要机械设备的安拆、大修、改造方案。

（6）组织编制特种设备安装、使用、拆卸、维修、运输、试验等过程中的危险源辨识、评价和控制措施计划。

（7）负责组织对施工设备的安全检查和对机械重要作业、关键工序的旁站监督。

（8）负责组织编制特种设备事故应急预案，并组织开展应急培训和演练。

（9）负责对进入现场的施工设备作业人员进行资格审查，组织特种设备作业人员的培训及考核，建立特种设备作业人员工作台账，监督检查特种设备作业人员持证上岗情况。

（10）参与施工设备事故的调查处理。

（11）负责建立施工设备台账，保存施工设备档案资料，并实施动态管理。

（12）其他需要参与的安全管理工作。

（三）设备台账

水利施工企业应建立施工设备台账并及时进行更新，保存施工设备管理档案资料，确保资料的齐全、清晰。

施工设备管理档案由施工设备基本台账、施工设备履历、施工设备技术资料、施工设备运行记录、施工设备维修记录及施工设备安全检查记录等施工设备安全技术资料组成，具体包括（但不限于）下列内容：

（1）施工设备基本台账应包括设备的名称、编号、类别、型号、规格、制造厂（国）、出厂年月、安装完成日期、调试完成日期、投产日期、安装地点、合同号、设备原值和净值、厂家质保期和管理责任落实情况等。

（2）施工设备履历用于记载所有施工设备自投产运行以来所发生的重要事件，如施工设备的调动、产权变更、使用地点变化、安装、改造、重大维修、事故等。

（3）施工设备技术资料应包括该施工设备的主要技术性能参数；设备制造厂提供的设计文件、产品质量合格证明、安装及使用维修说明、监督检验证明等文件；安装、改造、维修时施工企业提供的施工技术资料；与施工设备安装、运行相关的土建技术图纸及其数据；检验报告；安全保护装置的型式试验合格证明等。

（4）施工设备运行记录用于记载该设备的日常检查、润滑、保养情况，以及设备的运行状况、故障处理和事故记录等。

（5）施工设备维修记录用于记载该设备的定期检修、故障维修和事故维修情况；设备进行维护、检修、试验的依据或文件号（含检修任务书、作业指导书、各类技术措施）；设备维护检修时更换的主要部件；检修报告、试验报告、试验记录、验收报告和总结等。

（6）施工设备安全检查记录包括该设备定期进行的自行安全检查、全面安全检查记录及专项安全检查记录，以及根据安全检查所发现的隐患的整改报告等。

（7）施工设备相关证书等。

（四）设备信息资料档案管理

施工设备信息资料档案可按每单机（台）设备整理，并按设备类别进行编号，档案的编号应与设备的编号一致。施工设备信息资料档案的各种记录应规范填写、技术资料应收集齐全。

二、设备运行管理

（一）设备检查

水利施工企业应在施工设备运行前和运行过程中对施工设备进行检查。施工设备检查的方式如下：

1. 日常检查

日常检查是指设备操作人员每日（班前、班后）对设备状况的自行检查。

2. 巡检

巡检是指设备管理人员、安全管理人员、安全员在施工现场随机检查设备运行、作业的安全情况和违章违规情况，发现问题并及时处置。

3. 专项检查

专项检查是指设备管理机构、安全管理机构根据特定情况（如特殊吊装前对起重设备的检查；大风、汛期对设备的防风、防汛措施检查等）组织的对施工设备技术状况和管理情况的检查。

4.旁站监督

旁站监督是指设备管理人员、安全管理人员在现场对施工设备重要作业、关键工序的监督检查。

5.定期检查

定期检查是指水利施工企业按照规定时间对设备安全状况进行检查。

（二）设备运行

施工设备操作人员上岗前，水利施工企业要对其进行安全意识、专业技术知识和实际操作能力方面的教育培训，并组织现场实际操作和理论知识的考核，考核合格的操作人员，才能上岗进行操作。特种设备作业人员，必须首先到省级质量技术监督部门指定的特种设备作业人员考试机构报名参加考试，经考试合格取得"特种设备作业人员证"以后方可从事相应的作业。

施工设备启动运行前，设备操作人员应按操作规程做好各项检查工作，确认设备性能及运行环境满足设备运行要求后，方可启动运行。

施工设备运行过程中，水利施工企业应严格执行"三定"（即定人、定机、定岗）制度和设备操作人员岗位责任制度，并按规定进行设备检查，保存相关检查记录。

设备运行过程中，设备操作人员应履行下列职责：

（1）必须遵守施工设备安全管理制度和"三定"制度，持证上岗，严格按照操作规程运行设备。

（2）安全合理地使用设备，充分发挥其效能，保证施工质量，完成规定指标，努力降低消耗。

（3）认真做好设备的日常检查和保养工作，保证附属装置与随机工具齐全，对于设备的维护保养必须达到四项要求，即整齐、清洁、润滑、安全。

（4）及时、准确地填写设备点检记录、运行记录、交接班记录、故障记录、保养记录等。

（5）参加安全教育培训和考核。

（6）不带病运行设备，严禁违章操作，拒绝违章指挥。

（7）发现事故隐患或者其他不安全因素立即向现场管理人员和单位有关负责人报告；当发现危及人身安全的情况时，应立即停止作业并且采取相应的应急措施。

（8）参加应急救援演练，掌握基本的救援技能。

（三）设备维护保养

为确保施工设备设施状况良好，水利施工企业在设备维护、保养方面应做好以下工作：

（1）水利施工企业应根据相关法律法规和标准规范的要求，编制设备维护保养制度和操作规程。

（2）水利施工企业应依据机械保养的要求保障设备维护保养时所需的油料、备件和其他物资材料的充足。

（3）水利施工企业应结合本企业实际情况，制订设备维护保养计划，对设备进行维修、保养。

（4）设备检查维修前，应根据实际情况制定检查维修方案，确定风险防范措施，严格按照检查维修方案开展查维修工作。

（5）设备检查维修结束后应组织验收，合格后投入使用。

（6）为了保证设备维护保养计划的有效执行和设备检查维修质量，确保企业设备维修、保养后能够安全、稳定地运行，水利施工企业应组织设备检查、加强过程监督、跟踪整改情况，相关人员应做好维修保养记录。

特种设备的重大维修、电梯日常的维护保养必须由国务院负责特种设备安全监督管理部门许可的单位进行。特种设备重大维修前，水利施工企业应依法向直辖市或设区的市级特种设备安全监督管理部门书面告知，办理告知后方可进行维修。特种设备重大维修的过程中，水利施工企业应当接受检验检测机构的监督检验，经有关特种设备检验检测机构检验合格后投入使用。

三、设备报废管理

设备存在严重安全隐患，无改造、维修价值，或者超过规定使用年限，应及时予以报废；已报废的设备应及时拆除，并退出施工现场。

一般来讲，施工设备具备下列条件之一者应当报废：

（1）已达到规定使用年限或运行小时，并丧失使用价值的。

（2）磨损严重，基础件已损坏，再进行大修已不能达到安全使用要求的；使用、维修、保养费用高，在成本上不如新的经济划算。

（3）技术性能落后、耗能高、效率低、无改造价值的；严重污染环境，危害人身安全与健康，进行改造又不经济的。

（4）属于淘汰机型又无配件来源的。

（5）发生事故，且无法修复的。

（6）存在严重安全隐患的。

水利施工企业应重视施工设备报废处理过程中的管理。在施工设备报废处理过程中应注意下列几点：

①已报废的施工设备要将其及时拆除或退出施工现场，严禁擅自留用或出租，防止引发生产安全事故。

②已报废的施工设备未处理前，应妥善保管，严禁擅自将零部件、辅机等拆除，另作他用。

③施工设备拆除应由具备相应实力和资质的单位进行。特种设备拆除必须由取得国务院负责特种设备安全监督管理部门许可资质的单位承担。

④须拆除的施工设备，在设备拆除施工作业前，应制订安全可靠的拆除计划或方案；办理拆除设施交接手续；拆除施工中，要对拆除的设备、零件、物品进行妥善放置和处理，确保拆除施工的安全；在拆除施工结束后要填写拆除验收记录及报告。

⑤对使用、存储易燃易爆和危险化学品的施工设备的拆除，水利施工企业

应根据国家对易燃易爆、危险化学品处置的有关法律法规、标准规范制订可靠的拆除处置方案或实施细则；对拆除工作进行风险评估，针对存在的风险编制相应防范措施和应急救援预案。

⑥对特种设备、机动车辆等在国家监督管理范围内的施工设备的报废，企业还须按照国家的有关规定，向有关政府部门办理使用登记注销手续或申请办理报废或下户手续。

四、特种设备管理

（一）特种设备进场

特种设备进场后，水利施工企业应进行现场开箱检查验收。

（二）特种设备的安装、调试

特种设备的安装、调试必须由具有相应实力和资质的单位承担，安装（拆除）施工人员应具备相应的能力和资质。

特种设备安装单位应在施工前将拟进行的特种设备安装情况书面告知直辖市或者设区的市级特种设备安全监督管理部门。

水利施工企业在特种设备安装过程中，须安排专人进行现场监督。

特种设备安装完成后，应组织验收。在验收后 30 日内，特种设备安装单位应将相关技术资料和文件移交给水利施工企业，由水利施工企业将其存入该特种设备的安全技术档案。

（三）特种设备的使用

特种设备在投入使用前或者投入使用后 30 日内，水利施工企业应当上报所在地负责特种设备安全监督管理部门进行登记备案，并取得使用登记证书。

水利施工企业应建立特种设备岗位责任制、隐患排查治理制度、应急救援制度等安全管理制度，编制特种设备安全操作规程和特种设备事故专项应急预案，配备特种设备安全管理人员，组织特种设备作业人员进行安全教育培训，确保特种设备作业人员取得"特种设备作业人员证"，持证上岗。

水利施工企业应建立特种设备安全技术档案。特种设备安全技术档案应包括下列内容：

①特种设备的设计文件、产品质量合格证明、安装及使用维护保养说明、监督检验证明等相关技术资料和文件。

②特种设备的定期检验和定期自行检查记录。

③特种设备的日常使用状况记录。

④特种设备及其附属仪器、仪表的维护保养记录。

⑤特种设备的运行故障和事故记录。

水利施工企业应对特种设备进行经常性的检查、维护、保养和定期自行检查，同时对特种设备的安全附件、安全保护装置进行定期校验、检修，并做好相应记录。

水利施工企业要按照安全技术规范的定期检验要求，在安全检验合格有效期届满前1个月向特种设备检验检测机构提出定期检验申请，及时更换安全检验合格标志，不得使用安全检验合格标志超过有效期的特种设备。

在特种设备使用过程中，水利施工企业还应建立特种设备作业人员工作台账，监督特种设备作业人员持证上岗。

（四）特种设备的报废、注销

存在严重事故隐患，无改造、维修价值，或者超过规定使用年限的特种设备，特种设备使用单位应及时予以报废，并到原登记的特种设备安全监督管理部门办理注销手续。

五、租赁设备和分包单位的施工设备管理

水利施工企业按照有关规定租赁设备或进行工程分包时，应签订设备租赁

合同或工程分包合同，并明确下列内容：

（1）设备的型号、规格、生产能力、数量、工作内容、进退场时间。

（2）设备的机容机貌、技术状况。

（3）设备及操作人员的安全责任。

（4）费用的提取及结算方式。

（5）双方的设备管理安全责任等。

租赁设备或分包单位的施工设备进入施工现场时，水利施工企业应根据合同对设备进行验收，验收内容包括：

①核对设备的型号规格、生产能力、机容机貌、技术状况。

②核对设备制造厂合格证、役龄。

③核对强制年检设备的检验证件的有效期。

对于不满足合同条件的设备，水利施工企业不予其进场。验收合格的设备方可投入使用，水利施工企业应认真做好验收记录。

水利施工企业将租赁设备或分包单位的施工设备纳入本单位设备安全管理范围，按要求进行有效管理。

第三节　安全文化与生产标准化建设

一、安全文化建设

水利施工企业应编制企业安全文化建设规划和计划，重视企业安全文化建设，营造安全文化氛围，形成企业安全价值观，促进安全生产工作，同时举行多种形式的安全文化活动，形成全体员工共同认同、共同遵守且带有本企业特点的安全价值观，形成安全自我约束机制。

（一）安全文化建设规划

水利施工企业进行安全文化建设，首先应从总体上进行规划，主要包括制定《安全文化建设纲要》、实施安全文化建设各项措施、评估和总结安全文化建设成效等工作。

（1）制定《安全文化建设纲要》。水利施工企业应在安全文化建设现状分析的基础上，结合当前的实际情况及未来的战略规划，制定《安全文化建设纲要》。《安全文化建设纲要》应明确不同阶段具体的工作任务、工作目标、工作方法和保障措施，以有效指导安全文化建设工作的稳步开展。

（2）实施安全文化建设各项措施。水利施工企业应结合自身安全文化建设所处阶段，对症下药，有针对性地实施安全文化建设的各项措施，充分提高安全文化建设的成效。

（3）评估和总结安全文化建设成效。水利施工企业应对安全文化建设的情况进行深入分析，总结安全文化建设的经验和教训，指出可进一步提升的方面，实现安全文化建设的持续完善和改进。

（二）安全文化建设实施

水利施工企业在安全文化建设实施过程中，应注重下列几点：

①安全文化建设是一项长期的工作，需要领导高度重视，明确员工是企业最宝贵的财富、也是最重要的资源。

②必须全员参与。安全文化建设的主体虽然是团队，但也离不开个体安全人格的培养和塑造。同时，应注意培养骨干，使其给参与安全文化建设的其他人员起到模范带头作用。

③必须以人为本，重视对人的行为引导及安全习惯的养成，通过创造良好的安全氛围和协调的人—机—环关系，对人的观念、意识、态度、行为等产生

从无到有的影响。

④必须强调各方面的教育培训（包括法律法规、安全意识、安全技术、事故预防、危险预知、应急处理等）活动，广泛宣传、普及企业文化基本知识，使员工对企业安全文化基本知识及核心理念有基本的了解、掌握。

⑤重视制度的执行。制度仍是安全文化建设与保持的支撑，而标准化、精细化、可视化是制度执行的保障。

⑥采取"柔和型"的管理方式，采用激励的方式充分调动全体员工参与安全文化建设的积极性和创造性。

水利施工企业安全文化建设的具体实施应逐层推进，主要可分为约束阶段、引导阶段、传播阶段和持续阶段，在不同的阶段应侧重于使用不同的安全文化建设手段。

1.约束阶段

约束阶段对员工的管理侧重于采用制度或行为准则等方式进行行为约束，它要求各级管理层对安全责任作出承诺，员工按要求执行安全规章制度。

这一阶段应着重对安全管理制度进行梳理，形成完善的安全制度管理体系，主要包括下列内容：

（1）建立健全和优化各项规章制度。

（2）编制管理手册及程序文件，严格依照制度、规范、流程、标准化进行安全管理，并从下列四个方面展开实施：

①安全管理标准程序。

②人员安全管理标准程序。

③设备设施管理标准程序。

④环境管理标准程序。

每部分包括不同的管理单元，管理单元下分管理要素，不同管理要素对应不同的关键流程管理控制节点，提供安全管理的内容和工作标准，明确管理的对象、管理的范围和管理的方法。

2.引导阶段

在引导阶段中，开始重视规范员工的行为、提高员工安全意识。该阶段的特点是通过教育培训和安全激励等方式提高员工安全文化素质，引导员工养成良好的安全行为习惯，增强员工执行安全规章制度的自觉性。这一阶段的实施内容主要包括编制安全文化手册、强化教育培训等。

（1）编制安全文化手册

水利施工企业根据自身安全文化建设情况及行业特点，编制安全文化手册。手册应融入安全文化理念、安全愿景、安全生产目标、安全管理等内容，能有效增强全体从业人员的安全意识，逐步成为全体员工所认同、共同遵守的安全价值观，实现员工的自我约束，保障安全生产水平持续提高。

（2）强化教育培训

教育培训应重视采取灵活多样的教学形式，如多媒体教学等；应重视丰富教学内容，侧重于对规章制度、企业文化、安全生产标准化达标及班组安全生产建设的教育培训，以形成良好的安全学习交流氛围。

3.传播阶段

在传播阶段中，安全意识已深入人心。员工可以方便快捷地获取安全信息，在工作和生活中时刻能感受到安全文化的氛围。

这一阶段的实施内容主要包括设计安全可视化系统、开展安全文化活动等。

（1）设计安全可视化系统

结合水利施工企业现场实际环境，设计内容丰富、载体形式多样、传播媒介丰富的安全可视化系统。通过建设一系列看得见、用得上、有感召力量、能引领思想和凝聚人心的安全文化宣教体系，营造浓厚的安全文化氛围，提高人员的安全意识。例如：以安全文化宣传挂图、展板、漫画牌、折页等为载体进行安全理念、安全常识的宣传。

（2）开展安全文化活动

水利施工企业应开展多种形式的安全文化活动，包括安全生产技能演习、安全生产演讲比赛、班组安全建"小家"等，充分激发员工参与安全文化建设的热情与兴趣。

4.持续阶段

持续（总结）阶段应重点关注安全文化建设的总结评估和持续改进，以保持安全文化持久的生命力。此阶段要求在前三个阶段已有成效的基础上进行，侧重于对前期安全文化建设成果的总结、评估，整改不足、推广经验，使安全文化建设不断完善、持续改进。该阶段主要实施的内容是进行安全文化评估和建设总结。

（1）进行安全文化评估

评估主要包括下列内容：

①基础特征，包括企业状态特征、文化特征、形象特征、员工特征和技术特征，以及监管环境、经营环境和文化环境特征。

②安全承诺，包括安全承诺的内容、表述、传播和认同。

③安全管理，包括安全权责、管理机构、制度执行和管理效果。

④安全环境，包括安全指引、安全防护和环境感受。

⑤安全培训与学习，包括重要性体现、充分性体现和有效性体现。

⑥安全信息传播，包括信息资源、信息系统及效能体现。

⑦安全行为激励，包括激励机制、激励方式及激励效果。

⑧安全事务参与，包括安全会议与活动、安全报告、安全建议及沟通交流。

⑨决策层行为，包括公开承诺、责任履行与自我完善。

⑩管理层行为，包括责任履行、指导下属与自我完善。

（2）进行安全文化建设总结

对前期安全文化建设进行总结的目的是将已形成的价值体系、环境氛围、行为习惯固定下来并传承下去，同时对上一阶段安全文化建设中存在的问题进行修订与完善，持续改进，以实现安全文化建设的总目标。

二、安全生产标准化建设

（一）安全生产标准化建设概念

所谓安全生产标准化建设，就是用科学的方法和手段，提高人的安全意识，创造人的安全环境，规范人的安全行为，使人—机—环三者的关系达到和谐统一，从而最大限度地减少伤亡事故。安全生产标准化建设的核心是人，即企业的每个员工。因此，它涉及的面很广，既涉及人的思想，又涉及人的行为，还涉及人所从事的环境、所管理的机械设备、物体材料等方面。

开展安全生产标准化建设工作，要遵循"安全第一、预防为主、综合治理"的工作方针，以隐患排查治理为基础，提高安全生产水平，减少事故发生，保障人身安全和健康，保证生产经营活动的顺利进行。加强本企业各个岗位和环节的安全生产标准化建设，有利于不断提高安全生产管理水平，促进安全生产主体责任制落实到位。建立预防机制，规范生产行为，使各生产环节符合有关安全生产法律法规和标准规范的要求，使人—机—环三者处于良好的状态，并持续改进。

安全生产标准化建设是落实企业安全生产主体责任、强化企业安全生产基础工作、改善安全生产条件、提高管理水平、预防事故发生的重要手段，对保障职工群众的生命财产安全具有重要的意义。

（二）安全生产标准化建设流程

水利工程建设安全生产标准化工作采用"策划、实施、检查、改进"动态循环的模式，结合自身的特点，建立安全生产标准化系统，通过自我检查、自我纠正和自我完善，建立持续改进安全绩效的安全生产长效机制。

1.策划阶段

策划阶段是指水利施工企业成立安全生产标准化组织机构，按照安全生产标准化法律法规、标准规范等要求，分析本企业组织机构、人员素质、设备设施等信息，对本企业安全管理现状进行初步评估，从而编制具体实施方案的阶段。

水利施工企业在安全生产标准化策划阶段主要包括下列工作内容：

（1）根据有关规定和企业实际需求，成立安全生产标准化组织机构，明确人员职责，全面部署、协调、实施安全生产标准化建设工作。

（2）识别和获取适用的安全生产标准化法律法规、标准规范及其他要求。

（3）对企业安全管理现状进行评估，创建安全生产标准化实施方案。

（4）对各职能部门和班组的安全生产标准化情况进行现状摸底。

（5）领导要高度重视安全生产标准化建设，并公开表明态度。

2.实施阶段

实施阶段是指水利施工企业将安全生产标准化策划方案具体落实、实施的过程。水利施工企业在安全生产标准化实施阶段的主要工作包括下列内容：

（1）组织全面、分层次的安全生产标准化教育培训，使企业各级、各部门员工理解并掌握安全生产标准化建设及评审的要求和内容，理解安全生产标准化达标对本企业和个人的重要意义，以保证安全生产标准化建设工作的顺利实施。

（2）根据识别和获取的适用于本企业的安全生产标准化法律法规、标准规范及其他要求，构建本企业安全生产标准化体系，并完成安全生产标准化文件的制定、修订与完善。

（3）加强设备设施管理、作业现场控制、事故隐患排查治理、重大危险源监控、事故管理、应急管理等工作，严格落实执行安全生产标准化文件的规定，确保各项管理制度、操作规程等落实到位，实现安全生产标准化建设工作有效实施。

3.检查阶段

检查阶段是指水利施工企业衡量安全生产标准化建设在策划和实施阶段取得的效果，及时查找、发现问题的过程。水利施工企业应定期组织对安全生产标准化建设情况进行检查：一方面督促各职能部门和班组落实安全生产标准化工作；另一方面能够及时发现存在的问题并及时整改，实现持续改进。

4.改进阶段

改进阶段是指水利施工企业根据安全检查结果，对发现的问题进行整改，并对整改进行验证，以实现安全生产标准化建设不断完善、提高的过程。水利施工企业在完成安全生产标准化建设情况检查后，需要对检查中发现的问题及时落实整改，主要包括下列内容：

（1）制订整改计划，落实责任部门、责任人、责任时间等工作。

（2）各责任部门、责任人按照整改计划，编制并实施整改方案。

（3）安全生产标准化组织机构对问题的整改情况及时进行验证和统计分析。

（三）安全生产标准化达标评审

1.评审等级

（1）计分方法

水利施工企业安全生产标准化达标评级采用对照《水利安全生产标准化评审管理暂行办法》（水安监〔2013〕189号），对不符合项进行扣分的评分方式进行。对不符合项进行扣分时，应以"标准分"为准，累计扣完本项分值为止，不计负分。

评审得分=（各项实际得分之和/应得分）*100

其中，各项实际得分之和为评分项目实际得分值的总和；应得分为评分项目标准分值的总和。

（2）评审等级标准

依据评审得分，水利施工企业安全生产标准化等级分为一级、二级和三级，各评审等级的具体划分标准为：

①一级

评审得分在90分以上（含90分），且各一级评审项目得分不低于应得分的 70%。

②二级

评审得分在 80 分以上（含 80 分），且各一级评审项目得分不低于应得分的 70%。

③三级

评审得分在 70 分以上（含 70 分），且各一级评审项目得分不低于应得分的 60%。

④不达标

评审得分低于 70 分，或任何一项一级评审项目得分低于应得分的 60%。

2.达标评审流程

按照分级管理的原则，水利部部属水利施工企业一级、二级、三级安全生产标准化达标评审工作和非部属水利施工企业一级安全生产标准化达标评审工作由水利部安全生产标准化评审委员会负责。非部属水利施工企业二级和三级安全生产标准化达标评审工作由各省、自治区、直辖市水行政主管部门负责。

水利部部属水利施工企业以及申请一级的非部属水利施工企业安全生产标准化达标评审按下列流程进行：

（1）单位自评

水利施工企业依据《水利安全生产标准化评审管理暂行办法》（水安监〔2013〕189 号）进行自查整改，或聘请有关中介机构进行咨询服务，自主验收评分，形成自评报告。

（2）评审申请

水利施工企业根据自主评定的结果，确定要申请的评审等级，经上级主管单位或所在地省级水行政主管部门同意后向水利部提出评审申请，并进行网上申报，评审申请材料应该包括申请表和自评报告。具体申请流程如下：

①部属水利施工企业经上级主管单位审核同意后，向水利部提出评审申请。

②非部属水利施工企业申请水利安全生产标准化一级的，经所在地省级水

行政主管部门审核同意后，向水利部提出评审申请。

③上述两款规定以外的水利施工企业申请水利安全生产标准化一级的，经上级主管单位审核同意后，向水利部提出评审申请。

（3）外部评审

水利部负责对达标申请单位的评审申请材料进行审查，符合申请条件的，通知申请单位开展外部评审工作。

通过水利部审核的水利施工企业，应委托水利部认可的评审机构开展外部评审工作。评审机构按照水利部制定的安全生产标准化达标评级标准中的内容和要求来进行现场检查评审，并形成评审报告。

（4）评审审核

水利部安全生产标准化评审委员会办公室收到被评审单位提交的评审报告后，应进行初审，认为有必要时，可组织现场核查。初审后的评审报告应提交评审委员会审定。

（5）公告、发证

审定通过的水利施工企业名单将在水利安全监督网上进行公示，公示期为7个工作日。公示无异议的，由水利部颁发证书、牌匾；公示有异议的，由水利部安全生产标准化评审委员会办公室核查处理。

非部属水利施工企业申请二级、三级的达标评审工作，整体也按照单位自评—评审申请—外部评审—评审审核—公告、发证的流程进行，具体的评审流程由各省水行政主管部门制定。

（四）安全生产标准化保持与换证

安全生产标准化达标评级工作是水利施工企业安全生产管理的长效机制，获级单位应对取得的成果长期保持、持续改进和不断提高，争取再获得更高级别的荣誉称号。

1.保持

保持是指水利施工企业对取得的荣誉称号的延续。水利施工企业取得水利安全生产标准化等级证书后，每年应对本企业安全生产标准化的情况至少进行一次自我评审，并形成报告，以发现和解决企业生产经营中的安全问题，持续改进，不断提高安全生产水平。

2.换证

换证是指水利施工企业获取的证书、牌匾有效期已满时，须到原发证单位换取新证。具体流程如下：

（1）证书有效期满前 3 个月，应向原发证机关提出延期申请。

（2）评审机构对申请企业进行全面复评，复评通过后换发新等级证书。

（3）等级证书的有效期届满后，未申请复评或复评未通过的单位不得继续使用等级证书，并报请有管辖权的水行政主管部门向社会公告。

第十四章　水利工程建设管理云平台的建立

第一节　水利工程建设管理云平台
建立概述

水利工程建设管理云平台的设计原则：首先，要有先进性和前瞻性；其次，方便易用、安全可靠、成熟稳定也都是在云平台和中间件的设计选型时应该充分考虑和注意的问题；最后，应使管理云平台具有良好的可扩展性和兼容性。总的来说，水利工程建设管理云平台的设计原则主要包括先进前瞻、兼容拓展、标准开放、安全可靠、成熟稳定、方便易用。

简要地说，要通过建立水利工程管理云平台和系统实现四个转变、四个创新、两个突破与两个提升。

一、实现水利工程建设管理的四个转变

（1）方法转变。从人工管理到信息化管理。

（2）从传统的建设、应用、运行、维护管理模式转变为云计算模式。研制出符合我国水利工程管理需求的具有国际先进水平的创新模式和系统。

（3）模式转变。从分散模式到区域云中心模式。

（4）方式转变。从低效率、高能耗方式转向管理云平台的设计原则化、高效能、集约化方式，从单一功能管理转向实现水利工程建设全过程覆盖的多功能管理。

二、水利工程建设的五个创新

原来没有一个云平台是为包括业主、承包商、工程监理、检测方、监督单位几方共同设计的，而现在工程建设管理云平台利用云计算技术构建了一个为多主体协同管理提供综合信息服务的云平台。

通过建立水利工程建设管理云平台和云管理系统将实现四个方面的创新，即模式创新、体制机制创新、管理创新、技术创新。

（1）模式创新。水利工程建设管理云模式的创新，可以加快水利工程建设信息化管理的进程。

（2）体制机制创新。为了管理一个水利工程建设项目，多个责任主体使用一个管理云平台，多个单位为实现一个共同的目标——建设优质工程，进行密切合作与协同管理。管理云平台可使法人负责制、工程项目监理制、招投标制、第三方监督制在同一个云平台上实现。

（3）管理创新。管理创新主要表现在以下几个方面：从无信息管理系统到有水利工程云管理系统；以水利工程建设相关规范为基础，建立网络信息时代的工程管理程序；从单个环节的管理到全生命周期的管理；水利工程建设项目电子文件与电子档案一体化的管理。

（4）技术创新。利用目前已有的 GPS 技术、GIS 技术及互联网技术，结合水利工程建设管理现状，在构建水利工程管理云平台和集成系统时使用了最新的信息技术。例如：云计算技术将水利工程建设管理需要的硬件与软件资源进行整合，能够同时管理多个水利工程，实现资源共享以及信息化应用与管理模式的转变；虚拟化技术可以实现资源的动态扩展，并提高资源的利用率；物联网技术可以实现水利工程灌浆与碾压数据的实时自动采集；可视化技术可以实现智慧管理。

三、实现水利工程管理的两个突破

水利工程建设管理云平台模式，通过对多个工程长时间的管理，形成大数据环境，为开展数据分析和数据挖掘工作奠定了基础，有助于建立支持水利工程建设项目全生命周期的文档一体化管理系统；通过构建水利工程管理云平台和系统，积极研究探索水利工程建设管理创新的云模式，有助于水利企业找到水利工程建设电子文件与档案的一体化管理方法。

四、水利工程管理水平的两个提升

管理云平台和集成系统实现水利工程建设从人工管理到信息化管理与智能化管理的跨越式发展，使中小型水利工程建设信息化管理的整体水平得到提升；通过信息化管理研究探索提高水利工程建设质量管理水平与效果的新方法，使中小型水利工程建设的管理效率与效益得到提升。

第二节　水利工程建设管理云平台建设

目的与规划

2006 年，我国开始尝试在岩土工程中应用信息化技术；2011 年，陈祖煜院士通过中国科学院上报给国务院的《建设我国重要基础工程数据库的建议》经原国务院总理温家宝的批示，在 2012 年成为了国家科技部"十二五"科技支撑项目。我国开始对重大水利工程的建设信息管理系统进行研究，并开展了云计算技术与物联网技术的应用研究。

在进行基于云计算与物联网技术的水利工程建设管理系统研究之前，我国水利企业首先需要结合目前水利工程建设的管理特点，进行新型的水利工程建设管理云平台的规划。首先可以明确的是，企业建设开发基于云计算与物联网技术的水利工程建设管理云平台，就是创造一种新的水利工程建设管理的模式与多个责任主体协同管理的业务流程。

一、建立一个面向多个责任主体和不同层次的协同管理工作平台

我国水利工程建设管理单位较多，因此，需要一个方便、简洁的协同工作平台为不同的工程建设参建单位提供工程管理便利。水利工程建设管理云平台就是要建立一个面向所有参建单位的信息化管理云平台，为多个责任主体建设同一个水利工程建设项目提供便利。

水利工程建设管理云平台的协同管理主要包括以下几个方面：

（1）水利工程建设管理所涉及的各个用户。水利工程建设管理云平台的用户中，应该包括目前水利工程建设过程中的各个参建单位，如工程建设管理单位（业主）、勘察设计单位、监理单位、施工单位、检测单位、监督单位、上级政府主管机构（包括中华人民共和国水利部、省水利厅、地市和县的水务管理局）等单位。

水利工程建设管理云平台是为工程业主单位、监理单位、施工单位、检测单位、监督单位和政府主管部门协同完成水利工程建设管理任务，提供综合信息管理与办公服务平台，也为多个责任主体间的协同管理、信息处理及交互提

供了重要作用的工作平台。工程管理单位和各个参建单位可以使用云平台，共享所管理工程的信息，对水利工程的进度、质量与经费进行实时控制，确保工程建设质量与工程施工安全，保证项目进行能够满足预先制定的进度要求。

（2）明确水利工程中各建设管理单位的责任。明确水利工程建设中不同参建单位的责任，就是要在水利工程建设过程中的各单位依据自己的职责，进行工程建设中相关部分内容的实施与工程管理，保证工程建设的有序进行，保证工程建设能够满足设计要求。

（3）为不同层次的用户提供他们需要的功能与信息。水利工程建设管理云平台有三个层次的用户，即决策层、管理层和作业层。决策层包括各级水行政主管部门，如水利部各司局、省水利厅下属相关主管机构等；管理层包括项目主管机构，建设、设计、施工、监理等单位的领导与管理者；作业层包括设计人员、施工人员、监理人员、检测人员和监督人员等。

根据不同层次不同角色的云平台用户的功能与信息服务的需要，水利工程管理云平台和系统为他们提供需要的功能与信息服务。了解不同层次的用户所关心的信息以及用户对平台模块划分和平台功能的需求，是水利工程建设管理云平台开发与编制的重点，也是系统开发与编制的重要基础。

水利工程建设管理云平台的设计开发是针对不同层次的用户需求进行的，其针对不同用户开发不同的功能，具有三个方面的主要特点：为不同层次的用户提供相适应的信息服务；每个层级的用户可以访问的数据是与其管理职责相符合的，并能快速进入工作程序；每类用户能够处理的业务和操作是与其工作岗位和职责相符合的。管理云平台应在满足以上要求的前提下对系统进行设计与开发。

二、多个责任主体协同管理的工作流程

目前，在常见的水利工程建设管理中，不同参建单位的相互沟通还需要通

过相关的联系单来进行来往交互，并且联系单的签收、批示与转发都需要通过相关单位的办事人员在不同的部门之间进行来回传递。因此，在这种管理模型下，水利工程建设的管理水平较低、管理效率低下。随着信息化的发展，水利工程中有的参建单位使用了一些为使自己业务便利而编制的相关工程管理系统，也有一些工程是管理人员使用自己的计算机应用电子表格等来管理工程的数据与进度、设计工程图等，虽然具备了一定的信息化水平，但是还不能形成一个面向多个责任主体的综合管理系统。当多个责任主体在同一个综合性的工程管理平台上进行工程建设管理时，绝大部分的业务流程可以在平台上进行，业务流程需要结合工作部门的特点进行制定。与常规的工程建设管理工程流程相比，管理云平台的有些业务流程是会发生变化的。例如，下面列举了几个重要的协同管理的业务流程：

（1）合同项目监督备案申请流程。

（2）项目开工申请审批流程。

（3）项目划分审批流程。

（4）工程项目变更审批流程。

（5）工程量核准与支付流程。

（6）单位、分部、单元工程质量评定和等级核定流程。

（7）工程质量问题与事故处理流程。

（8）单位、分部、重要隐蔽工程与合同项目竣工验收审批流程。

下面以合同项目办理开工申请的业务流程为例来说明多个责任主体协同管理的业务流程。

依据工程监督管理规范的规定，在开工前要先做以下工作：

（1）施工单位在线填写合同项目开工申请表。

（2）监理单位负责复核合同项目开工申请文件，如符合要求则同意施工单位发出的开工申请；如果资料不全则退回并要求其对申请资料进行补充完善。

（3）法人单位向监督单位递交合同项目开工申请表。

（4）监督单位审查收到的合同项目监督申请与备案表，如果满足开工条件就发出可以开工的通知；如果不满足开工条件则驳回其申请。

三、水利工程建设管理云平台

在对目前常规的水利工程建设管理流程、管理短板等问题进行认真、细致调研的基础上，水利工程建设管理云平台的规划与编制研究工作正式开展。

在实际工程中，利用水利工程建设管理云平台系统，进行水利工程建设过程管理，还会为工程管理人员带来以下几个方面的益处：

（1）水利工程建设管理云平台系统以工程施工阶段为重要关注点，以自动生成施工过程中产生的各种文档为主线，结合水利工程项目划分标准，实现水利工程建设施工过程以质量管理为重点、支持工程多阶段的全过程管理。

（2）云平台系统应该是面向所有参建单位的，目的是要实现在平台上的多责任主体协同管理与信息共享。管理云平台为工程管理单位、勘察设计单位、工程监理单位、工程施工单位、第三方检测单位以及水利工程建设监督单位的水利工程建设协同管理提供综合的信息服务。

（3）系统将根据不同的工程建设管理单位，设置不同的平台应用权限与应用窗口。通过建立个性化的工作平台，可以根据不同用户管理工作范围的不同而呈现个性化的工程信息与相关待办事宜等内容，以满足不同层次、不同角色工程管理用户的需求。

（4）水利工程建设管理云平台系统，把水利工程建设活动所需的资源进行集合，如把人力资源、设备资源、实验资源、数据资源等进行有机的协调与整合，实现工程建设一体化管理。

根据水利工程建设管理的相关业务规定以及水利工程建设管理中常用表单格式与类型等方面资料，水利企业设计了水利工程建设管理云平台。云平台的总体构架主要包括五层。最下面是硬件平台层，包括网络设备、服务器与存储设备；自下而上，第二层是 IT 资源虚拟化管理层，可以按需动态分配与扩展；第三层为中间件层，支持软件系统应用与开发管理，包括数据存储、多租户数据隔离与数据备份管理以及任务调度与应用状态监控管理；第四层是服务层，是将硬件与软件资源以服务的形式支撑各个应用系统的运行；第五层是水利工程云管理应用系统层，包括项目管理、进度管理、质量管理、经费管理、合同管理、材料管理、检测检验、设备管理、档案管理、安全管理、日常工作、工作台管理、知识管理和数据采集等功能模块。在平台的功能模块中，质量管理、进度管理、检验检测与档案管理是该平台的核心功能模块。

第三节　水利工程建设管理云平台功能模块与信息处理流程

一、水利工程建设管理云平台功能模块

水利工程建设管理云平台模块的设计，是结合水利工程建设现场物联网技术以及云计算技术，并通过工程建设管理云平台以及其他施工信息采集手段，及时将工程建设过程中产生的相关数据自动或者人工导入进来，并且进行系统整理、分析，形成工程管理过程中所需的各种表单，通过网络在业主、设计、施工、监理等各方签批流转，并最终作为工程档案在数据库中进行管理，实现对水利基础工程建设全过程、全面的管理，保证工程进度与工程质量。

下面对水利工程建设管理云平台中的各个模块进行简要阐述：

（一）项目管理

水利工程建设项目管理模块的功能主要是对水利工程建设重要环节的事务进行处理，包括项目上报审批、参建单位管理、项目划分、开停工审批、项目验收和竣工移交等，并通过对这些环节进行规范化的管理，从而保证工程建设项目的顺利实施和有效管理。具体内容如下：

（1）项目信息。主要包括项目的基本信息和与工程投资相关的一些概况信息。

（2）参建单位。主要实现统计参建单位的企业基本信息、企业资质信息、人员信息，以及机构人员对项目进行填报、上报、审核、签批等操作。

（3）资料报审。主要实现技术方案、进度计划、施工用图计划、资金流计划、施工分包申报、设计文件签收、设计图纸核查、设计图纸签发的在线填报、在线报送、在线审核、在线签批。

（4）项目划分。主要实现单位工程、分部工程、单元工程的项目划分操作，包含项目划分、不含单元工程、含单元工程、编码查询、项目划分报审、项目划分模板六个子功能模块。

（5）开、停工审批。主要实现项目的进场通知、合同项目开工申请、合同项目开工令、分部工程开工申请和通知、暂停施工申请和通知、复工申请和通知的上报及审批。

（6）竣工管理。主要实现对工程移交申请、工程移交通知、工程移交证书、保修终止证书及竣工资料的管理操作。施工单位分别对这五个子功能模块进行填报后，上报到监理单位，由项目经理进行审核，最终由业主单位签批。

（二）进度管理

进度管理模块提供编制项目总进度计划、年进度计划、季度进度计划、月进度计划的功能，并采用横道图等直观的方式，形象地展示进度计划与实际完成的工程进度，使项目管理者能够及时掌握工程建设的完成情况，实现对工程进度的实时控制与管理，确保工程能够按照计划顺利完成。该模块的主要功能如下：

（1）形象进度。例如：通过形象进度图展现出工程项目大坝填筑的开始时间和结束时间，以及在工期时间段内完成工程的比例，然后根据大坝的高度和宽度计算出填筑的百分比，反映出填筑工程的进度完成情况，即用数字和图表形象勾勒出工程的完成情况，并结合文字，简明扼要地反映出工程实际达到的形象部位。单项工程的形象进度，反映出整个建设项目的形象进度，借此表明该工程的总进度。

（2）进度管理。系统分别从整体计划、年度计划、季度计划、月度计划这四种计划类型记录项目的施工进度计划和实际进度信息，并根据施工合同确定的开工日期、总工期和竣工日期确定施工进度目标，明确计划开工日期和计划竣工日期，并确定项目分期分批的开工和竣工日期。

系统须跟踪记载每个施工过程的开始时间、完成时间，记录阶段完成的工程量和累计完成的工程量，并依据进度计划对分部工程和单位工程的进度计划信息实现增加和发布等操作，将最终将发布完成后的进度计划以横道图的方式展现出来，更加形象地呈现出项目的实际进度。

（三）质量管理

质量管理模块通过对水利工程项目中的单元工程、分部工程、单位工程逐级地进行严格的控制管理，从而实现对项目整体质量的控制与管理。质量管理模块要特别关注关键部位与隐蔽工程的施工工艺与施工方法的跟踪控制与管理。现场管理人员要及时发现和处理施工过程中出现的施工质量问题与质量事故，对施工过程各个阶段完成的工作结果进行严格的质量评定，从而保证整个项目的工程质量达到合格，并对工程质量问题进行通报与及时预警。

在该模块中，可以对目前已经上报的工程进行模块化的自动划分，也可以按照划分步骤进行工程划分。

该模块主要功能如下：

（1）单位工程信息。主要实现单位工程评定、单位工程验收、施工工艺管理、质量缺陷备案、质量事故管理的填报、向上级报送、最终签批等操作。

（2）分部工程信息。主要实现对分部工程进行评定、对重要隐蔽单元工程和关键部位单元工程的合格数和优良数进行统计、收集施工单位自评意见、分部工程验收通过施工单位报送、监理单位复核、业主认定、监督单位核验的操作流程。

（3）单元工程列表。主要实现单元工程的施工信息、质量评定、工程报验、重要工程签证、施工审批信息、相关资料的报送和审批操作。

（4）工程质量信息。主要实现查看单位工程状态信息和分部工程状态信息并进行统计，从而对项目进行质量评定，最终对评定完的项目进行验收，由施工单位上报，监理单位负责将上报的信息进行复核，经过项目法人认定后，由监督机构进行最终核定的操作。

（四）经费管理

经费管理是对项目经费计划、支付、月结算、成本核算和决算等进行全过程管理，并在合同的基础上结合工程进度以及工程质量对经费的使用进行严格的管控，以实现对工程经费的有效管理。对水利工程建设过程中的所有经费使用和往来进行实时把控，有助于企业能够快速、准确地计算出项目所涉及的各项费用。

具体内容如下：

（1）月结算管理。实现对工程量和新增项目、计日工的月支付提出月付款申请，主要申请内容为文件编号、文件名称、申请年月、金额等信息，申请通过后，对月付款证书的月支付申请书文号、应支付金额等基本信息进行维护。

（2）预付款管理。主要对工程预付款申报、预付款付款证书、材料付款报审进行管理，实现施工单位上报、监理单位审核、项目经理确认后由业主单位进行签收的审批操作，形成具有流程化、管理化、规范化的预付款管理流程。

（3）工程决算管理。主要实现对项目的基本信息、项目的主要特征、项目效益、项目投资款、建设成本、实际投资、工程主要建设情况、主要工程量、主要材料消耗、征迁补偿等内容进行管理，对竣工财务决算、年度财务决算、竣工投资分析、竣工项目成本、预计未完工程及其费用、待核销基建支出、转出投资、交付使用资产进行统一的工程结算，形成规范和准确的决算管理流程。

（五）合同管理

合同管理模块是要对水利工程建设过程中产生的各类合同进行统一管理，并在此基础上对水利基础工程的专项基金进行合理的控制与分配，并为严格、统一地进行工程进度与质量管理提供依据。建立合同管理责任体系，对合同的变更、支付与索赔过程进行严格的审批控制与跟踪管理。合同管理责任体系通过建立严格的合同控制流程，明确各方管理责任，保证合同按计划执行，确保工程能够按计划完成。

该模块主要功能如下：

（1）合同信息管理。主要对合同的名称、分类、签订时间、主要内容、单价项目清单、合价项目清单、新增项目清单进行管理。

（2）工程计量管理。主要实现对计日工工程量签证、计日工工程量汇总、计日工月支付明细、计日工工作通知、工程量计量单、承包工程计量月报、监理工程计量月报进行报送、审批、签收的流程操作。

（3）工程测量管理。主要实现放样验验、联合测量通知、测量成果报审的填报、报送上级单位审核、最终进行签批的流程操作。

（4）合同变更管理。主要实现对变更指示、变更价格申报、变更价格审核、变更价格确认、变更通知、变更申请、延长工期申报进行填报和报送、使监理单位进行审核、签批的流程管理。

（5）合同支付管理。主要对完工付款申请、完工付款证书、保留金付款进行支付管理。

（6）合同索赔管理。主要实现索赔意向通知、索赔申请报告、费用索赔审核、费用索赔签认的流程管理。

（六）材料管理

对工程材料进行科学与规范的管理。材料管理模块主要实现对材料合同和执行过程的管理。材料管理要求建立材料台账，记录材料出入库的情况，对入库的原材料均要进行检验，对原材料实行严格的质量控制与管理，保证所有进场的施工材料质量合格，通过对材料验收、入库、出库和使用，实现全过程的跟踪管理和统计分析。企业根据台账记录以及项目进度计划来制订或调整材料采购计划，保证工程有足够的原材料可用。

该模块主要功能如下：

（1）出入库管理。实现对入库和出库材料的名称、规格型号、出入库的开始时间和结束时间、数量、材料单价、材料来源公司等基本信息进行维护和管理，具有入库记账、出库记账、查看库存、统计报表等相关功能。

（2）材料进场报验。实现通知监理、业主进行外观检查，然后对需要复检的材料进行取样送检，取得报告后就可以进行材料报验的流程操作。

（3）材料使用月报。主要对已进场材料和新增材料的使用情况进行月报汇总，根据材料的名称、规格、型号、上月材料库存、本月进货数量、本月消耗数量、本月库存数量、下月计划用量计算出材料的使用情况。

（4）材料信息管理。对所有材料的类型和规格型号进行添加、编辑、删除操作，将所有的材料集中统计成列表，提供分页查看，实现对材料信息的统一管理。

（七）设备管理

设备管理模块建立水利工程建设所使用的施工设备台账，记录设备的基本信息、性能参数、使用与保养等信息。为了保证工程顺利进行，有足够的设备可供使用，系统详细记录了设备的状态、使用时间及设备检修情况，保证所有的设备处于可用状态，并按时对设备进行检修，以提高设备利用率。

该模块主要功能如下：

（1）设备信息管理。主要实现对设备的品牌型号、厂家基本信息、购置情况等信息进行记录，对设备的鉴定结果、鉴定单位、下次鉴定日期进行编辑及删除操作，对设备的操作人及操作记录进行基本管理。

（2）进场报验管理。主要实现设备进场和设备申报信息流程化的报验管理，形成由施工单位进行进场报验报送后，提交给监理单位审核、项目经理确认，最终提交给业主单位签收的审批流程。

（3）设备使用月报。主要对设备的使用情况进行统计，对月报的年月、编制单位、发布基本情况和报废信息进行管理，对机械设备的型号规格、数量、本月工作台时等信息进行记录，并根据设备的使用情况以及信息对设备使用的完好率和利用率进行统计和分析。

（4）设备采购管理。主要对设备的采购情况和采购申报信息进行记录和管理，对采购设备的名称、品牌、规格型号、厂家产地、设备数量、拟采购日期等信息进行记录，形成采购信息由施工单位上报给监理单位、经过审核后提交给经理确认、最终由业主单位签批的审批流程。

（八）检测试验

检测试验模块是对水利工程建设过程中使用的原材料、中间产品的质量进行检测，按照质量管理规范，实现从来样登记到试验结果的记录与查询。系统严格区分承包单位、监理单位和监督单位的检验请求及留样，分别记录其检验结果和数据，保证检测项目的准确度、精确度，从而确保检验结果真实可靠。

该模块主要功能如下：

（1）试样管理。实现对试样材料、取样位置、取样时间、取样人员、工程单元、试验项目、是否留样等一些基本信息的登记进行管理。

（2）试验管理。主要包括对试验信息的单元工程信息、检测试验编号和类型、检测试验单位及试验者等一些基本信息进行维护；对试验数据的粗筛试样质量和细筛试样质量进行计算；对试验报告所包含的工种情况、试验日期等信息进行记录和汇总，累计留筛土质量数据；对试验的颗分数量曲线图、试验记录的试样基本信息进行管理。

（3）委托试验。主要对送样清单、委托书、费用结算、检测报告进行管理，分别对送样清单的基本信息进行备案，交给委托方进行确认，进行实时结算，将送样的清单检查完后形成相应的报告。

（4）试验月报。对试样进行月报管理，记录相应的月报详情，形成质量检测月报，在检测的月报中将抽取月报进行检查。

（5）设备管理。对主要检测设备的规格型号、厂家信息、采购和安装信息进行记录，对鉴定好的设备进行日常维护。

（九）档案管理

档案管理是在水利工程建设过程中，参建各方对不同的阶段和环节产生的所有电子文件进行统一的、系统化的管理，并根据水利工程建设档案管理的规范，对电子文件进行组织分类、建立索引目录，同时根据将来的应用情况进行归档管理，以便使用者能够快速查询与调阅工程的相关资料，提高文件和档案的管理水平与档案的使用效率，发挥档案知识库的作用。

档案管理主要功能如下：

（1）文档查询。主要实现文档查询，对项目划分、工程属性、工程管理、档案类别、提交单位不同的文档进行分类查询，快速有效地查阅出不同种类的文档文件。

（2）文档上传。主要实现各种文档的上传，对已上传的文档和用户本人上传的文档进行管理，并提供查看和收藏及申请、提交等操作。

（3）卷宗管理。将所有文档分别归纳为卷宗进行查询，对文档进行归类，将所有卷宗整合到一起进行下载。

（4）文档审核。对已上传的文档，进行审核查阅及归档，将审阅的文档申请修改，管理员对提出的申请具有同意和拒绝的权限，文档最终审阅完后进行归档。

（5）我的订阅。可以对用户订阅的所有文档进行修改、收藏等操作，可以对订阅内容进行项目划分、工程属性、工程管理、档案类别和提交单位等方面的设置。

（6）我的收藏。主要实现文档可以收藏到我的文件夹，方便进行查看、下载及取消等操作。

（十）安全管理

安全管理模块包括在建设单位、施工单位、监理单位建立健全的安全管理体系，确保安全责任落实到部门和个人。系统根据安全计划每月定期进行安全检查，并及时通报安全检查中发现的问题；对承担施工任务的施工队定期开展安全教育和培训，提高全员的安全意识和观念；对施工过程发现的安全隐患与安全事故及时进行教育和处理；每月对施工安全管理的情况进行总结，同时形成安全月报。

该模块主要功能如下：

（1）安全责任体系。施工单位建立安全管理体系，落实每项工作的责任人。

（2）安全培训与教育。根据安全管理的目标制订安全培训与教育的计划。

（3）事故信息。主要记录事故的类型、事故的等级、事故发生时间、事故名称、直接损失金额、事故简述等一些基本信息，并为水利工程质量事故制定分类标准，根据损失情况将事故划分为不同的等级，分别为特大质量事故、重大质量事故、较大质量事故、一般质量事故；事故可以进行自主创建，系统提供编辑和删除等基本功能。

（4）事故月报。管理月报主要对事故的年份、事故的月份、事故名称和事故发生的状态、事故编制单位进行统计和管理并提供发布和作废等操作功能，以记录所有事故的详细情况。

系统对每月的事故案例进行汇总，以便进行导出查看，主要对事故发生时间、事故发生地点、工程名称、事故等级、事故发生直接带来的经济损失、事故人员伤亡中死亡的人数和重伤的人数进行统计汇总，以及对事故的所有基本情况进行分析和综述。

（十一）日常管理

日常管理包括承包单位、监理单位、设计单位日常管理要做的主要工作，施工日志、监理日志记录了工程建设过程中遇到的问题和处理方法，以及项目负责人对问题的处理意见等。工作月报是参建单位对每个月的工作进度和任务完成的质量等进行汇总与统计，以便对后面的工作进行调整与改进，确保工程正常进行。

该模块主要功能如下：

（1）工作日志。主要实现监理日记、监理日志、旁站监理记录、监视巡视记录、安全日志、工作日志查看、施工日志、设代日志的日常工作记录，对日常工作进行修改、删除、提交等操作，监理单位将日志提交后，由管理员对日志进行审核、驳回等操作。

（2）工作月报。主要记录施工月报的基本信息，如原材料的采购、库存和计划用量，设备的采购信息，人员在建筑、安装、检验、运输、管理、辅助上的分配，检验月报情况，事故的统计信息，工程量的合同单价，合同工程量，累计完成工程量计算，工程进度计划在一定的工期阶段所完成的进度情况，质量月报、监理月报、设代月报、第三方检测月报、工作月报等。并对其进行查看、编辑、删除、发布操作。

（3）监理指令。实现对监理批复、监理通知、监理报告、工程现场书面指示、警告通知和整改通知进行报送、审核、签收的流程性管理。

（4）联合会签。实现对报告单、回复单、监理机构内部会签单、监理工程联系单、监理机构备忘录实行上报、审核、签收的审批流程。

（十二）工作平台

工作平台为水利工程项目的管理层，如项目经理、总工程师、总监理工程师等提供一个能够快速了解工程项目整体情况（如项目的进度、质量、经费与安全等实时状态）的窗口，能展现整个项目进展情况的全貌，从而使项目管理层对工程情况有更全面的了解，以便进行正确的分析与决策。

该模块主要功能如下：

（1）日程管理。实现对平时日常工作中的日志信息的管理，用日历的方式记录日志信息，将每天的工作和事务安排在日历中，并做一个有效的记录，方便管理日常的工作和事务，达到工作备忘的目的，从而实现对日志进行管理。

（2）工程新闻。对工程新闻的标题、类别、开始日期、结束日期、发布通知进行添加、删除维护等操作，以供大家及时了解最新情况。

（3）问卷调查。主要负责对工程项目的情况进行问卷调查，包含问卷名称、问卷说明、填表指导、课题主要内容、问卷编码，以及被访者的基本情况、状态等内容，对问卷的信息进行调查，提供查看、修改、删除等操作功能。

（4）大事记。主要用简述的方法记录工程在施工过程中取得成功的项目，以及具有重大影响的工程，有利于日后总结经验，了解此工程项目的发展前景。

（5）通讯录。存储项目工程所有相关人员的联系方式并进行共享。

（十三）知识管理

知识管理模块是用于获取与水利工程建设有关的知识和经验，并将其保存在知识库中。知识库的内容是建立在工程建设施工规范和工程质量评定规范的基础上，根据以往积累的工程经验和容易发生的工程质量通病，对可能发生的问题进行分析和预警，或将过去处理类似工程质量问题的案例与解决方法用于指导工程建设。

该模块主要功能如下：

（1）预警知识库。天气预警基于移动数据传输平台的集水文信息采集、传输、处理与报警，在监测区域安装信号采集终端，以气象预警信息发布系统为管理平台，对监测数据进行传输。质量预警主要体现在工程的施工建设是否存在缺漏、质量是否存在问题；进度预警主要体现在计划开始和竣工期间的工程进度是否有所滞后；人工预警主要体现在通过人工对工程情况探测出的信息进行管理。系统通过对天气变化情况的预警，引起企业对工程质量的关注，从而对进度发出转变预警，由人工确认后发出预警报告，具有启用预警和停用预警的操作权限，可以控制预警是否显示。

（2）预警提示。主要对当前预警进行提示，通过日期可以快速查询出相应的预警提示信息，主要对预警的日期、预警的类别、发出预警时间以及预警内容等详细信息进行预警提示。过期预警同样可以通过日期查询出相应时间的提示信息。

二、水利工程建设管理云平台信息处理流程

在水利工程建设领域，目前工程管理的情况是，各参建单位有的在使用一些功能单一的系统管理工程，有一些是管理人员在使用自己的计算机通过应用电子表格来管理工程的数据、进度、设计工程图等，都还没有建立一个面向多个责任主体的系统。当多个责任主体在同一个平台上管理工程的时候，有些业务流程是会发生变化的。

水利工程建设分为多个不同的阶段，在工程建设前期、施工准备阶段与工程实施的过程中，多个参建单位在同一平台上协同管理工程中需要的审批流程，如合同项目监督备案申请流程以及水利工程建设开工审批流程等。

下面以水利工程开工管理为例，介绍一下水利工程联合审批流程。

依据工程建设有关规范的规定，在每个单位工程开工前，施工单位要先提出开工申请，监理与监督单位要对工程准备情况进行检查，看其是否满足开工条件，来决定是否可以开工。

具体流程如下：

（1）施工单位在线填写合同项目开工申请表。

（2）监理单位负责复核合同项目开工申请文件，如符合要求则同意施工，

发出开工通知；如果资料不全则退回申请，要求其补充、完善申请资料。

（3）监理单位检查施工单位质量管理体系以及安全管理体系建设的完善程度。

（4）监理单位检查设计单位的服务质量。

（5）监督单位负责审查施工单位、监理单位的准备情况，决定工程是否可以开工。

（6）法人单位向监督单位递交合同项目开工申请表和备案表。

（7）监督单位审查收到的合同项目监督申请与备案表，如果满足开工条件的就发出可以开工的通知；不符合开工的条件则驳回其申请。

水利工程建设中的其他需要相关多责任主体协同联合审批的项目和业务，其审批流程与开工审批流程基本相似。

第四节　水利工程建设管理云平台
主要特色

在对目前水利工程建设所依据的国家行业相关标准规范的基础上，综合考虑水利工程建设参建单位以及业务流程的基础上建立开发的水利工程建设管理云平台，其主要特点有以下几个方面：

（1）水利工程建设管理云平台模式是一种创新与高效的管理模式。水利工程建设采用管理云平台模式是符合当前技术发展潮流的。目前信息化发展模式正处于一个重要的转型期，也是改变水利工程建设信息化管理落后状态的一个机遇，它有利于对水利工程建设实现规范化、标准化和一体化的集成管理，提高工程管理的整体水平。事实证明，建立信息系统是实现数字化和标准化最经济、最快捷和最直接的方法。

（2）实现水利工程建设文档一体化的管理。建立水利工程建设文档一体化的意义在于：它将两个阶段的分散管理统一到一个系统中的集成一体化管理；从对工程一个阶段的管理发展到对全生命周期的管理；从档案滞后的、非同步管理发展到与工程建设同步的管理。

（3）工程建设总体情况的可视化展示。为了便于项目经理、总监理工程师和各个责任单位的负责人查看工程建设的总体情况，管理云平台系统提供了几种可视化的展示方法。工程项目完成率指示表图主要用来对目前云平台中的工程项目完成率进行形象化展示。已完成工程质量的合格率主要用来对目前系统中所完成的工程其合格率统计的形象化展示。另外，水利工程建设管理云平台的其他功能，还能够对目前工程经费的使用情况进行图形化显示。

（4）发挥水利工程档案知识库与案例库的参考作用。为了充分挖掘水利工程建设档案的参考作用，使工程档案能够发挥知识库和案例库的作用，管理云平台系统建立方便档案查询和浏览的工具，让后来的参建者可以共享工程建设的经验和教训，避免出现过去出现过的问题。

水利工程建设管理云平台的用户是各参建单位的领导、部门负责人与直接操作人员。就是通过多个责任主体，如建设、勘察、设计、监理、施工、检测与监督等单位，他们各司其责、密切配合，有一个共同目标，就是很好地完成一个水利工程项目建设。根据目前水利工程建设管理云平台建设以及示范工程应用情况，可知该云平台的核心功能主要有以下几个方面。

（1）管理云平台模式下的电子文件与档案管理方法。主要表现在电子文档的产生、审签以及到自动归档这一系列的操作都是自动化的，不需要人工干预，且能够在实际系统中对其进行唯一性的标识，方便查找与阅读。主要表现在以下几个方面：

①电子文件保存方式。

②工程档案责任主体（第一责任人、第二责任人等）。

③文件归档后的分类方法。

④参建方是否需要分别保存多份同样的文件。

⑤工程档案的长期数字化保存问题。

⑥工程档案的知识库作用与档案使用方式。

⑦电子工程档案是否需要移交，档案移交是否需要再分类重组。

⑧研究水利工程档案管理的新模式。

（2）管理云平台模式下的参建单位的协同管理工作方式。在水利工程建设管理云平台的前期设计中，主要的核心思想就是构建一个主要为工程建设项目法人以及上级水行政主管部门服务的综合性平台，并且工程各参建单位都能够在此平台上开展相关业务，实现高效的协同工程建设管理方式。主要表现在以下几个方面：

①须要设计新的数据共享方式。

②须要建立新的业务审批处理流程。

③须要设计新的合作方式与信息交流方式。

（3）水利工程建设管理云平台和集成系统与其他系统的互通与数据共享。在该管理云平台建设的前期，就按照国家、水利部等相关法律法规及标准规范进行平台的顶层设计，因此该平台中的相关数据具有较好的移植性与共享性，主要体现在以下两个方面：

①与其他信息系统的互通与信息共享。主要与城乡建设部工程质量安全监管司的水利工程管理信息系统实现信息共享。

②与市场信用系统的数据共享。在后期的建设中，要达到与中华人民共和国水利部网络中心的 GIS 电子地图资源系统实现信息共享。

（4）云管理系统大范围应用要考虑的问题。管理云平台是一个开放的平台，它要具有为多用户服务的特点，要为多个责任主体提供一个协同管理的信息化工作平台。它还须要考虑以下问题：要解决多个水利工程管理的数据隔离与访问权限控制；IT 资源可动态扩展，能够同时管理多个工程，提高并发支持能力；多个信息源的数据集成与数据共享（碾压数据、灌浆数据的整合）；智能手机等移动终端的应用研究；多个系统的有效集成与数据整合。

参 考 文 献

[1]巴文永.水利工程施工技术及管理概述[J].农业开发与装备,2023(01):101-103.

[2]曹刚,刘应雷,刘斌.现代水利工程施工与管理研究[M].长春:吉林科学技术出版社,2021.

[3]常宏伟,王德利,袁云.水利工程管理现代化及发展战略[M].长春:吉林科学技术出版社,2022.

[4]陈麟.加强水利工程施工管理质量的控制措施探讨[J].城市建设理论研究(电子版),2023(08):131-133.

[5]陈伟.水利工程施工管理影响因素及应对策略[J].城市建设理论研究(电子版),2023(10):146-148.

[6]陈伟山.水利工程施工技术及其现场施工管理对策研究[J].房地产导刊,2023(02):14-15+18.

[7]崔永,于峰,张韶辉.水利工程建设施工安全生产管理研究[M].长春:吉林科学技术出版社,2022.

[8]董良泼,周永,蔡运忠.水利工程项目管理意义与措施解析[J].中文科技期刊数据库(全文版)工程技术,2022(03):33-36.

[9]高舜录.水利水电工程施工技术和管理措施[J].现代装饰,2023(03):190-192.

[10]古纳尔·艾特木汗.探析水利工程项目建设的施工安全管理[J].中文科技期刊数据库(全文版)工程技术,2022(01):71-74.

[11]郭庆贤.水利工程项目质量监督管理思考[J].新农业,2022(19):88-89.

[12]黄泳恒．水利工程建设不同阶段的现场施工管理办法[J]．大科技，2023（11）：16-18．

[13]姜海鸥．水利工程施工安全管理标准化探究[J]．大科技，2023（17）：61-63．

[14]金国磊，吴华欢，尹上．水利工程中水闸施工技术及管理措施分析[J]．水电站机电技术，2023，46（05）：96-98．

[15]孔小晋．浅谈水利工程项目施工成本管理[J]．山西水利科技，2023（01）：68-69．

[16]蓝震钜．水利工程项目的质量监督管理措施分析[J]．珠江水运，2022（21）：45-47．

[17]李向龙．水利工程建设施工管理及质量控制要求分析[J]．中国高新科技，2023（05）：125-127．

[18]李玉．水利工程项目的施工成本控制与管理[J]．中文科技期刊数据库（文摘版）工程技术，2022（07）：185-187．

[19]李宗权，苗勇，陈忠．水利工程施工与项目管理[M]．长春：吉林科学技术出版社，2022．

[20]刘爱军．水利工程项目质量监督管理研究[J]．模型世界，2022（24）：91-93．

[21]屈凤臣，王安，赵树．水利工程设计与施工[M]．长春：吉林科学技术出版社，2022．

[22]宋宏鹏，陈庆峰，崔新栋．水利工程项目施工技术[M]．长春：吉林科学技术出版社，2022．

[23]苏权．水利工程施工质量与安全管理措施研究[J]．现代物业，2023（05）：91-93．

[24]孙泉．水利工程项目施工成本控制与管理的优化探究[J]．工程建设与设计，2022（21）：239-241．

[25]唐尊刚．探究水利工程施工管理中的安全和质量控制[J]．商品与质量，2023（03）：16-18．

[26]田茂志，周红霞，于树霞．水利工程施工技术与管理研究[M]．长春：吉林科学技术出版社，2022．

[27]汪钰博，王远明，陈末．水利工程项目成本风险评估研究[J]．中文科技期刊数据库（全文版）工程技术，2022（02）：66-71．

[28]王东升.水利工程项目施工管理探析[J].科海故事博览,2022(09):73-75.

[29]王东胜,闫晋阳,林俐,等.水利工程项目合同管理问题与对策探析[J].内蒙古水利,2022(12):67-68.

[30]王伟.水利工程施工管理特点及质量控制[J].城市建设理论研究(电子版),2023(03):31-33.

[31]王远.水利工程地基施工技术管理分析[J].房地产导刊,2023(01):73-75.

[32]魏永强,方瑛琪,宋会民.现代水利工程项目管理[M].长春:吉林科学技术出版社,2021.

[33]杨鹏.水利工程施工管理影响因素及应对策略[J].城市建设理论研究(电子版),2023(03):146-148.

[34]尹红莲,庄玲.现代水利工程项目管理[M].3版.郑州:黄河水利出版社,2021.

[35]于萍,孟令树,王建刚.水利工程项目建设各阶段工作要点研究[M].长春:吉林科学技术出版社,2022.

[36]袁坤.水利工程施工管理特点及质量管理控制分析[J].大科技,2023(04):55-57.

[37]翟春荣.水利工程项目管理问题及对策研究[J].水利水电快报,2022,43(S2):66-67+76.

[38]张晓涛,高国芳,陈道宇.水利工程与施工管理应用实践[M].长春:吉林科学技术出版社,2022.

[39]张燕明.水利工程施工与安全管理研究[M].长春:吉林科学技术出版社,2021.

[40]赵德勇.水利工程项目质量监督管理研究[J].城市周刊,2022(35):39-41.

[41]赵黎霞,许晓春,黄辉.水利工程与施工管理研究[M].长春:吉林科学技术出版社,2022.

[42]赵娜.水利工程施工技术及其现场施工管理[J].中文科技期刊数据库(引文版)工程技术,2023(04):30-33.

[43]赵长清.现代水利施工与项目管理[M].汕头:汕头大学出版社,2022.

[44]周运军．水利工程施工中导流施工技术的应用管理[J]．产城（上半月），2023（01）：100-102．

[45]朱卫东，刘晓芳，孙塘根．水利工程施工与管理[M]．武汉：华中科技大学出版社，2022．

[46]朱友聪，张建平．水利工程管理技术[M]．北京：中国水利水电出版社，2021．

后　记

　　不知不觉间，本书的撰写工作已经接近尾声，作者颇有不舍之情。本书是作者在研究水利工程数年后，投入大量精力进行数据调研后创作出的作品，可以说倾注了作者全部的心血。同时，本书在创作过程中得到社会各界的广泛支持，在此表示衷心的感谢！

　　本书第一主编刘波负责编写第二章、第三章、第四章、第六章、第十四章共 10 万字；第二主编刘洋洋负责编写第一章、第五章、第八章、第十二章、第十三章，共 10 万字；第三主编王俊负责编写第七章、第九章、第十章、第十一章，共 10 万字。

　　感谢创作过程中给予帮助的诸位朋友，正是因为他们的不懈努力与精益求精的专业精神，以及他们对作者的鼓励，才使得《水利工程的施工组织和管理研究》成书呈现在读者面前。文中难免存在不足之处，希望得到各位同行及专家的批评指正。